室内设计成套方案精选

酒店客房

武 峰　王深冬　主编

中国建筑工业出版社

本书为室内设计成套方案精选。2000年陆续出版的"峰和图库"《CAD室内设计施工图常用图块》系列图集，在读者中有着深远的影响，深受设计人员的欢迎。但设计总在不断地求新，为了适应装饰装修行业求变的发展，"峰和图库"又在升级换代的思考中推出了成套方案图集：室内设计方案成套化，包括彩色效果图、施工图、材料表等，目的是为了减轻设计师繁重的工作负担，并促进设计产业规范化。

本集为酒店客房装饰设计成套方案施工图，包括快捷客房、标准客房、豪华客房、商务套房、行政套房、总统套房等，共13套范例。

本系列图集可供室内设计人员、装饰装修技术人员工作参考，亦可供环境设计及建筑设计人员及建筑、艺术院校师生学习参考。

责任编辑：朱象清　李东禧　陈小力
责任设计：赵明霞
责任校对：姜小莲

图书在版编目（CIP）数据

室内设计成套方案精选. 酒店客房/武峰，王深冬主编. —北京：中国建筑工业出版社，2010.12
ISBN 978-7-112-12706-1

Ⅰ.①室… Ⅱ.①武…②王… Ⅲ.①饭店-室内设计-图集　Ⅳ.①TU238-64

中国版本图书馆CIP数据核字（2010）第248684号

《室内设计成套方案精选》
酒 店 客 房
编委会成员名单

武　峰	朱伯才	袁世民	翟炎锋
侯　震	尤逸南	孙以栋	王加强
武　山	王深冬	张海民	王政强
常　恺	孙德峰	王红江	刘　军
毛一心	宋成杰	耿海榕	左小枫
于　斌	高　伟	慕战宇	保智勇
李　明	黄洪源	王利民	马增峰
高宝营	韦李花	齐　智	张海涛
李银秀	张鲁培	李银夏	周宇辉
谢　盈	张宏颖		

室内设计成套方案精选
酒店客房
武峰　王深冬　主编
＊
中国建筑工业出版社出版、发行（北京西郊百万庄）
各地新华书店、建筑书店经销
北京嘉泰利德公司制版
北京中科印刷有限公司印刷
＊
开本：880×1230毫米 1/16　印张：21　字数：672千字
2010年12月第一版　2010年12月第一次印刷
定价：**168.00**元
ISBN 978-7-112-12706-1
（19998）
版权所有　翻印必究
如有印装质量问题，可寄本社退换
（邮政编码 100037）

编 者 的 话

首先感谢长期使用"峰和图库"系列丛书的广大设计师及读者，丛书2001年出版已经十年，在这个过程中，同我们一起成长的设计师大都已成为国内设计行业的骨干力量。在丛书出版过程中，很多设计师及施工单位提出了许多宝贵的意见，让我们对本行业也有了更深刻的了解。"设计"总在不断地求新，总是像人们展示出最大的变化，怎样适应本行业的快速发展，从而能更好地为设计师提供具有目的性、前瞻性、创新性、整体性的设计资源，是我们长期探索和整合的目标。

如今单纯的施工图图集已经不能满足市场的实际需求，在设计师朋友及读者的反馈中，成套方案的需求越来越明显。成套方案即效果图方案加配套施工图、材料表整套方案。这个形式将使设计师及读者在参考使用上更加方便和便捷。"峰和图库"系列丛书的销售人群还是过分针对了施工图设计和绘图人员，新系列《室内设计成套方案精选》将扩充新内容，包含效果图、施工图、材料表等。并考虑了更广泛的读者对象，涵盖了设计人员，装饰装修工程项目经理与现场技术人员、操作人员，业主与甲方也同样可以使用新系列。

《室内设计成套方案精选》就是在这种情况下应运而生的。新系列成套方案精选以囊括公装和家装为细分市场的长期计划（住宅、宾馆、餐饮、办公、商业、文教、展示、医疗、公共空间、洗浴、娱乐、景观）成套案例。

为了尽快获得更快更新的设计资源，需要广大的设计师参与本系列图书的编撰工作。随着互联网的发展，这已成为现实。今后我们将通过"书网结合"的模式来加快图书的编辑，为广大设计师提供一个出版自己优秀作品的平台。近十年的发展，大批设计师设计出了很多优秀作品，因为工作繁忙大都没有整理出版，可以说是一种资源浪费，"峰和图库"现为广大设计师同仁提供了展示和交易作品的平台，只要设计师把优秀作品上传到"峰和图库"网站中，我们将选择优秀的作品加以出版，使设计师有个展示平台。

"专业为室内设计师提供优质图纸源文件服务"是"峰和图库"长期以来不懈努力的方向。经历了多年的发展，"峰和图库"网站 <http://WWW.DWG-COOL.COM> 已经是为金牌系列用户提供的配套专业性服务网站，设计师拥有一个设计资源丰富、使用便捷的数据库，将大大提升工作效率和增强企业竞争力。今后，"峰和图库"电子商务平台，除了为广大新老客户提供更多商务拓展的良机以外，我们还会努力整合符合设计师习惯的建材商品知识库信息、在线预算以及在线材料表生成系统等，均是为了减轻设计师繁重的工作负担和促进室内设计产业的规范化。这些成果也将陆续出版成图书与广大读者见面。在此，我们要特别感谢中国建筑工业出版社对这种创新模式的支持，真诚希望大家对我们提出宝贵的意见和建议，以便我们能够更好地为业界朋友们提供更为专业化的电子商务服务。在互联网高速发展的今天，"峰和图库"将与您携手共创和谐未来。

本书《室内设计成套方案精选——酒店客房》涵盖了快捷客房、标准客房、豪华套房、商务套房、行政套房、总统套房方案。不仅可以为设计师提供参考，也可直接借鉴使用，从而减轻设计师的工作负担，节省更多的时间和精力来投入到更具价值的创意之中。希望通过此书我们能携手共进，做出更好的设计、更优秀的金牌工程。

此书大量图稿由谢盈、李霞、张宏颖、蒲朝辉、胡浩等同志协助绘制，在此表示衷心感谢。

目录
CONTENTS

快捷客房范例

快捷客房效果图范例一 —————— 图码 2

快捷客房施工图范例一 —————— 图码 3

快捷客房效果图范例二 —————— 图码10

快捷客房施工图范例二 —————— 图码11

快捷客房效果图范例三 —————— 图码17

快捷客房施工图范例三 —————— 图码18

快捷客房效果图范例四 —————— 图码25

快捷客房施工图范例四 —————— 图码26

标准客房范例

标准客房效果图范例一

标准客房施工图范例一

标准客房效果图范例二

标准客房施工图范例二

标准客房效果图范例三

标准客房施工图范例三

标准客房效果图范例四

标准客房施工图范例四

标准客房效果图范例五

标准客房施工图范例五

———— 图码33

———— 图码34

———— 图码40

———— 图码41

———— 图码48

———— 图码49

———— 图码59

———— 图码60

———— 图码71

———— 图码72

豪华套房范例

豪华套房效果图范例 ———— 图码 84

豪华套房施工图范例 ———— 图码 85

商务套房范例

商务套房效果图范例 ———— 图码 98

商务套房施工图范例 ———— 图码 99

行政套房范例

行政套房效果图范例 ———— 图码112

行政套房施工图范例 ———— 图码113

总统套房范例

总统套房效果图范例 ———— 图码133

总统套房施工图范例 ———— 图码135

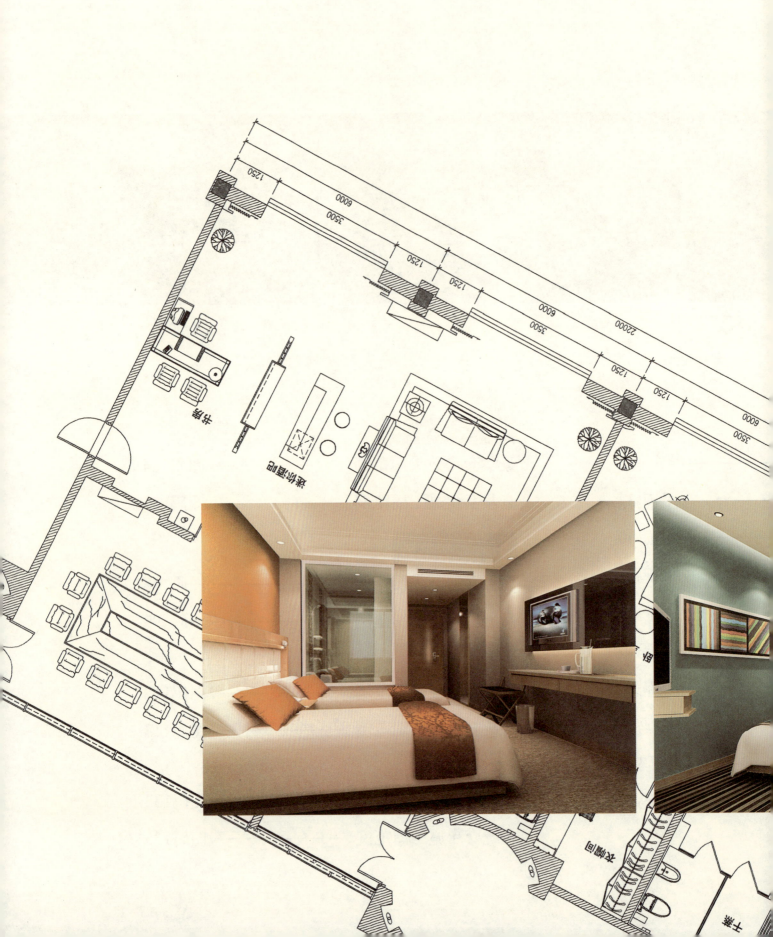

SELLECTION OF INTERIOR DESIGN PROJECT

酒店客房
HOTEL ROOMS

快捷客房范例
EXAMPLES OF EXPRESS ROOM

-Interior Design-

快捷客房效果图范例一

EXAMPLES | OF PERSPECTIVE DRAWING FOR EXPRESS ROOM

登录"峰和图库"网站，获取更多成套设计方案

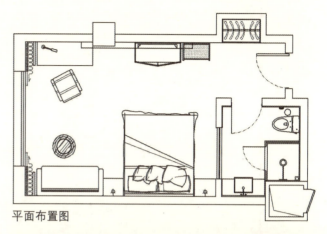

平面布置图

登录"峰和图库"网站，获取更多成套设计方案

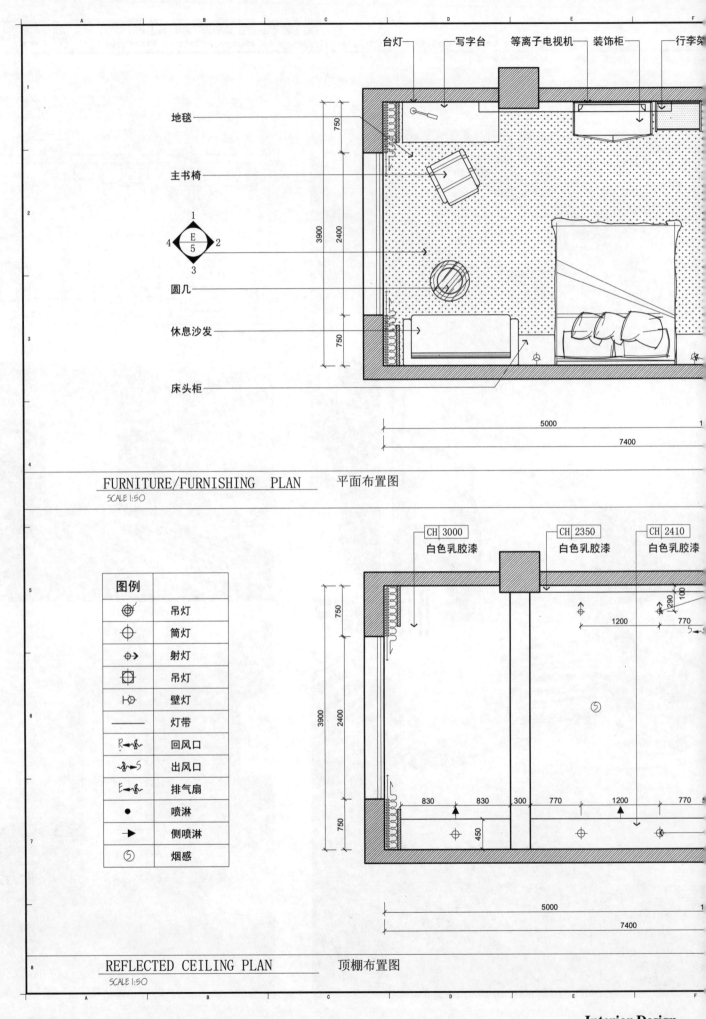

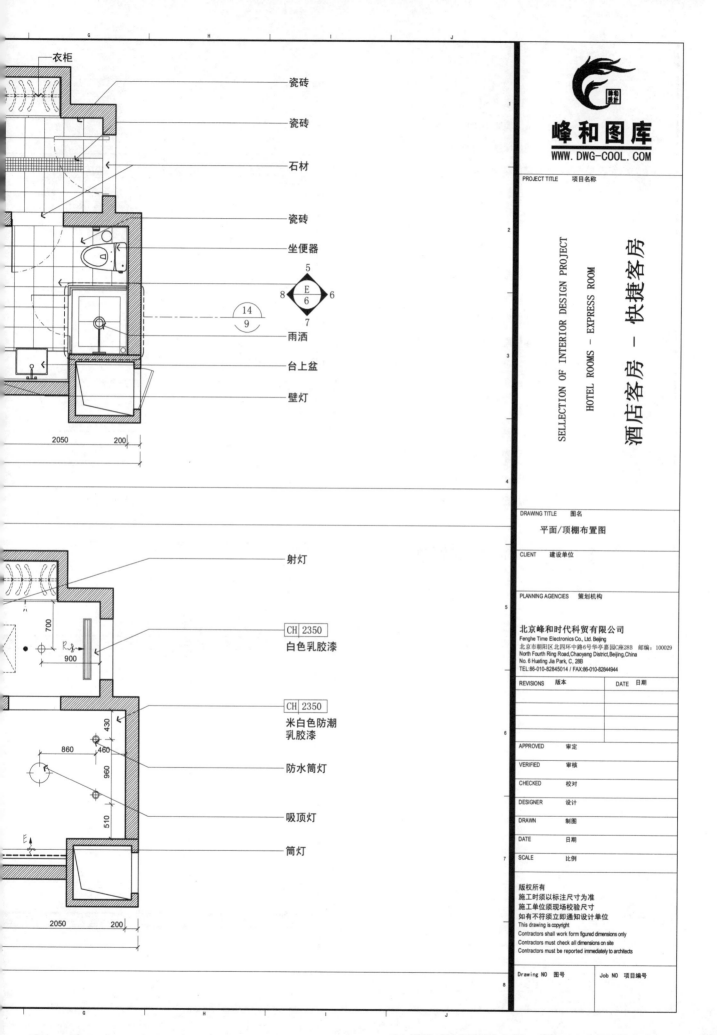

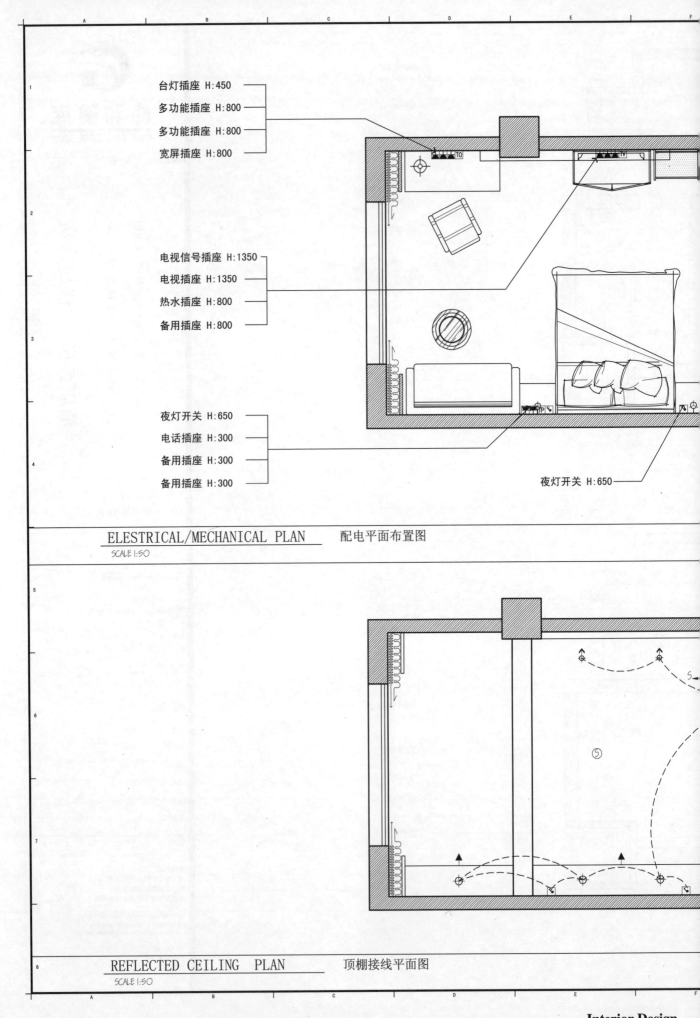

ELESTRICAL/MECHANICAL PLAN   配电平面布置图
SCALE 1:50

REFLECTED CEILING PLAN   顶棚接线平面图
SCALE 1:50

-Interior Design-

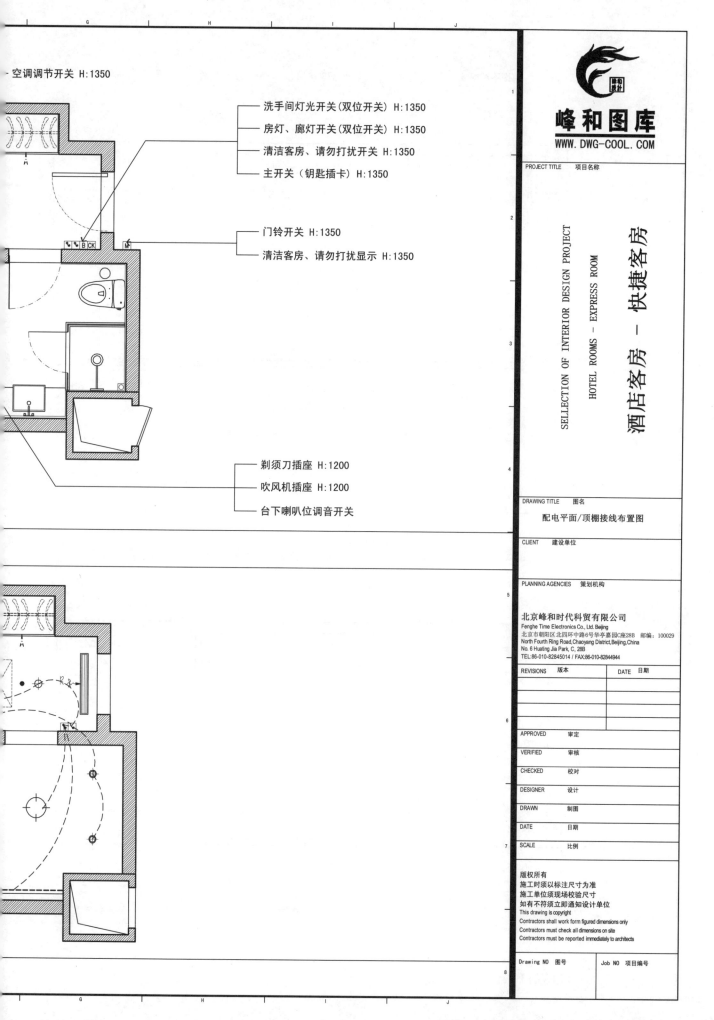

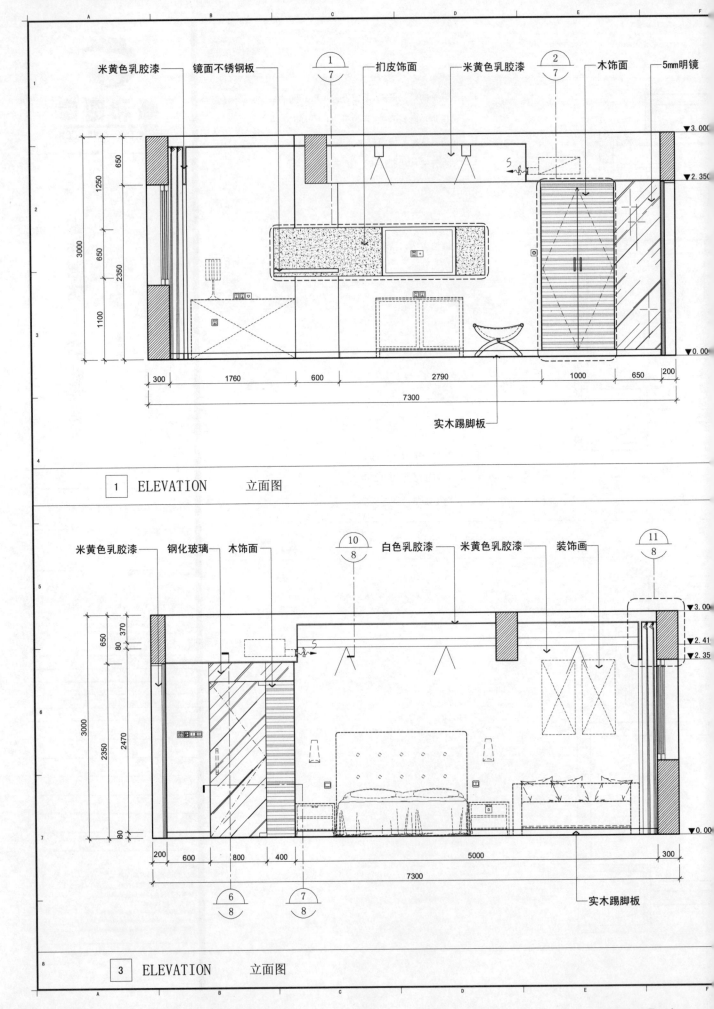

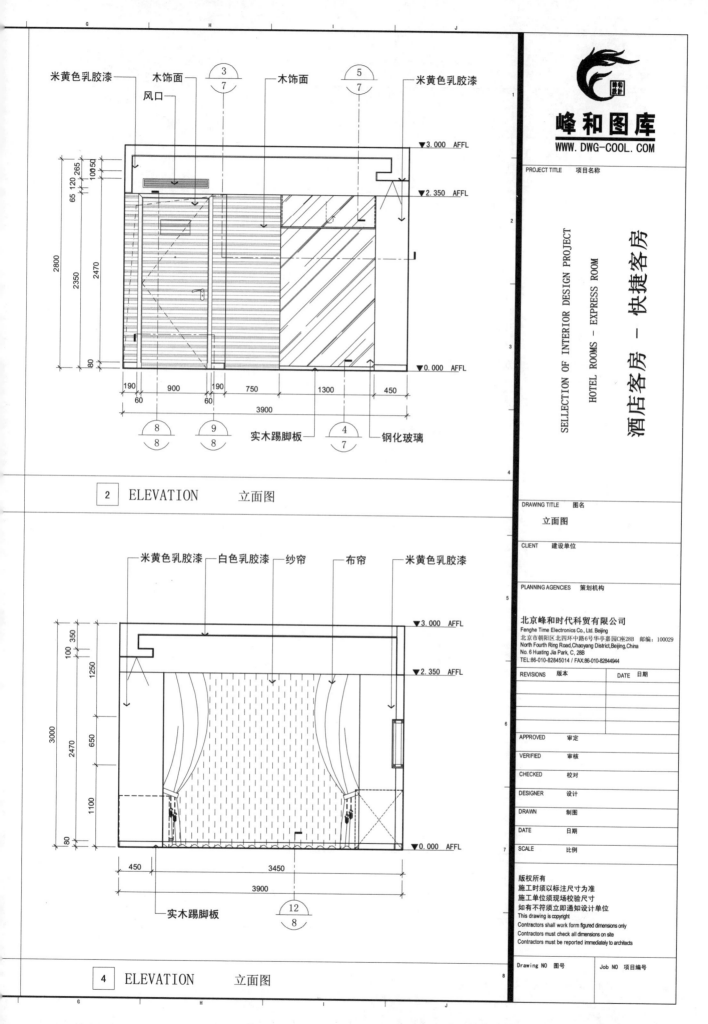

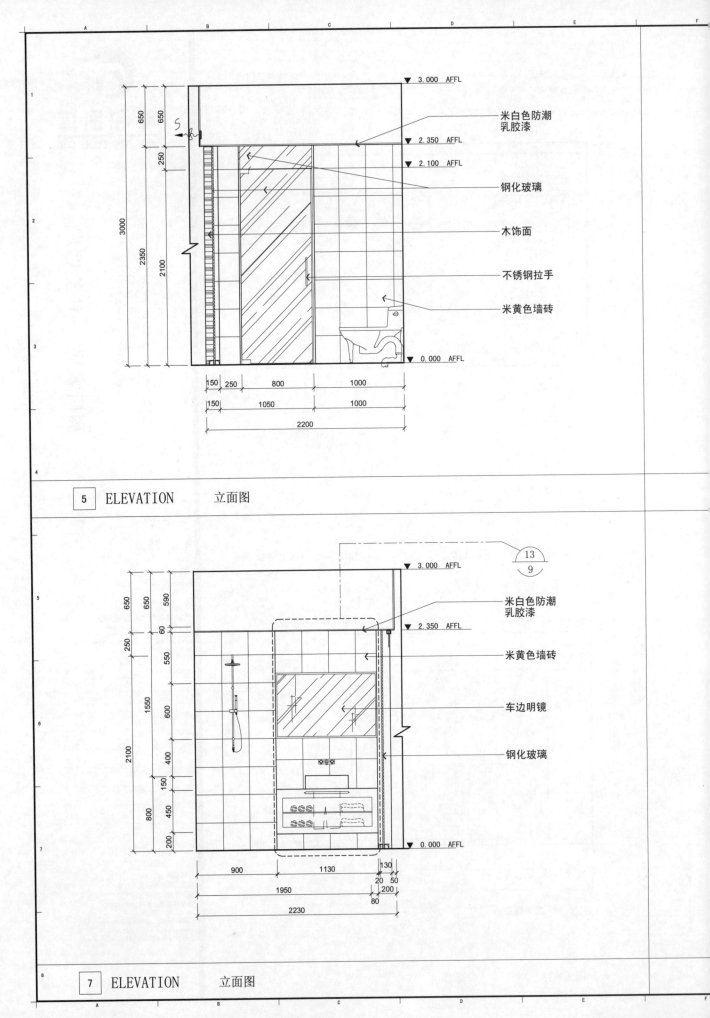

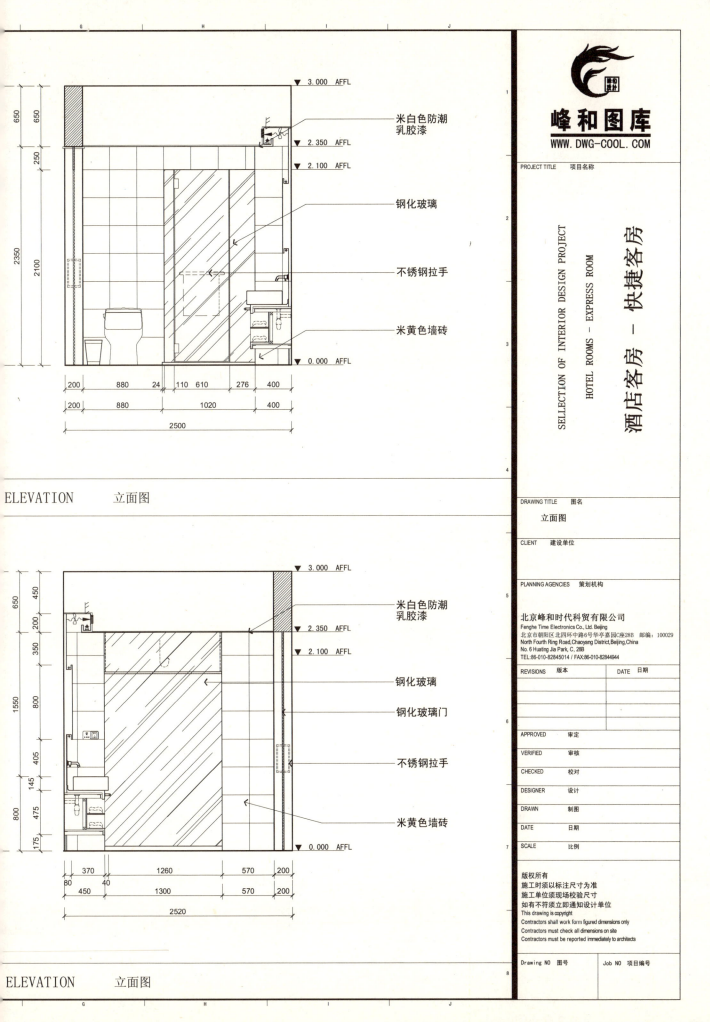

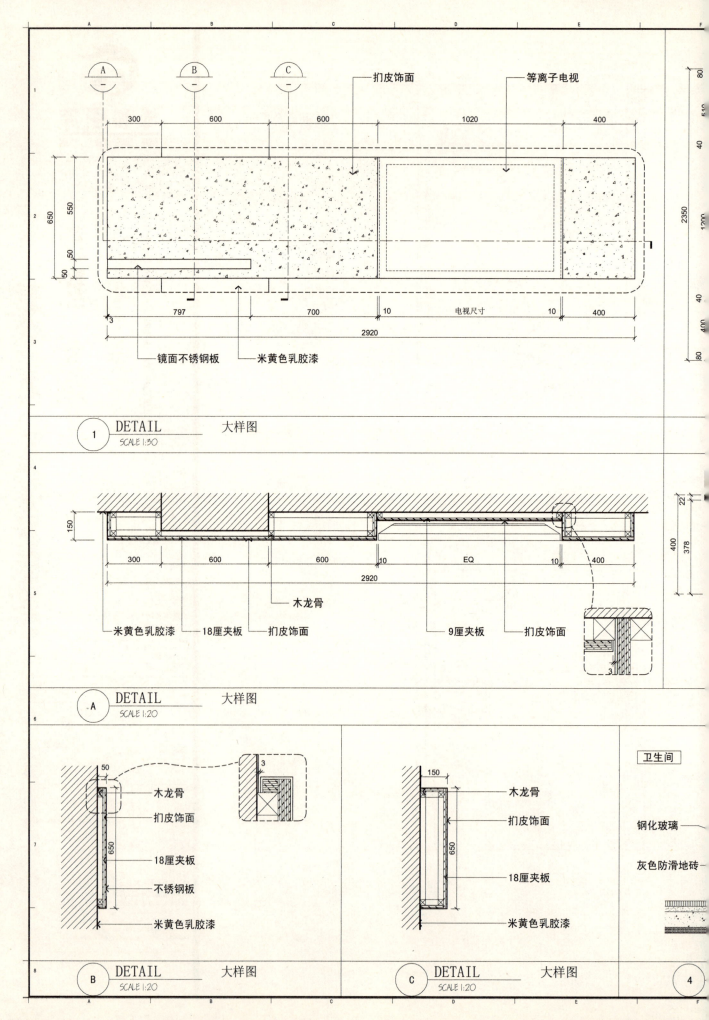

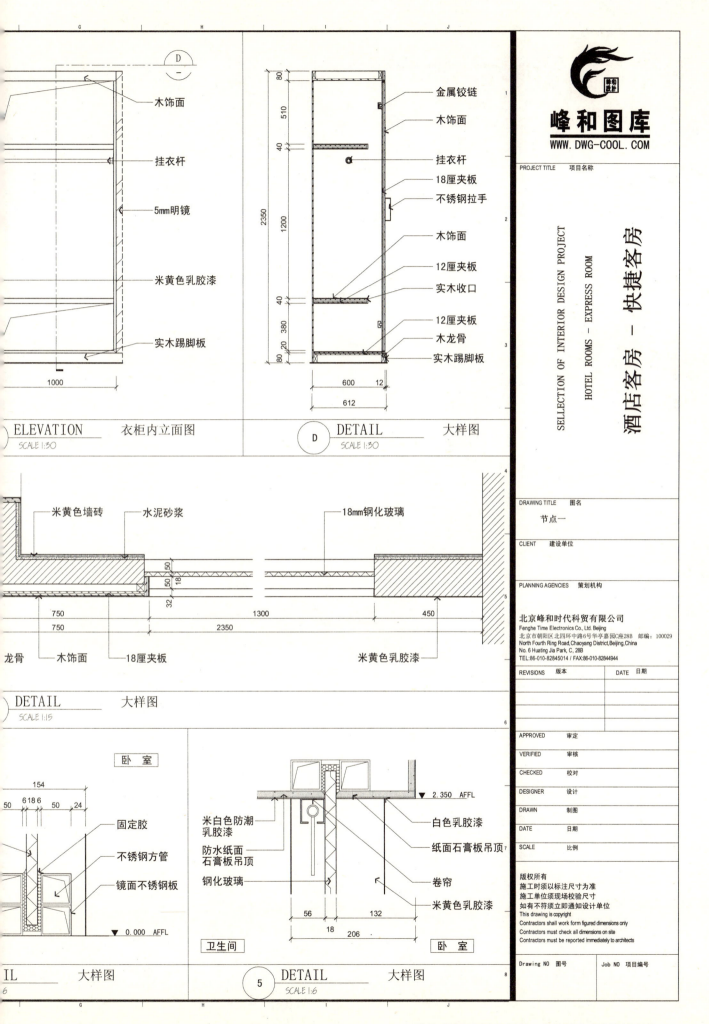

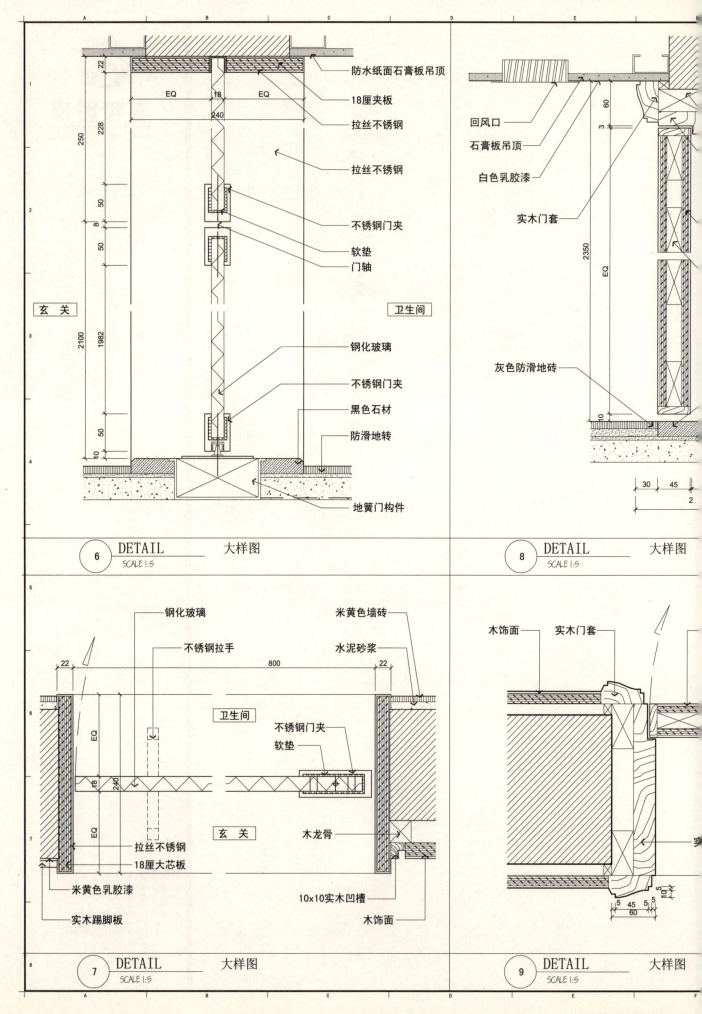

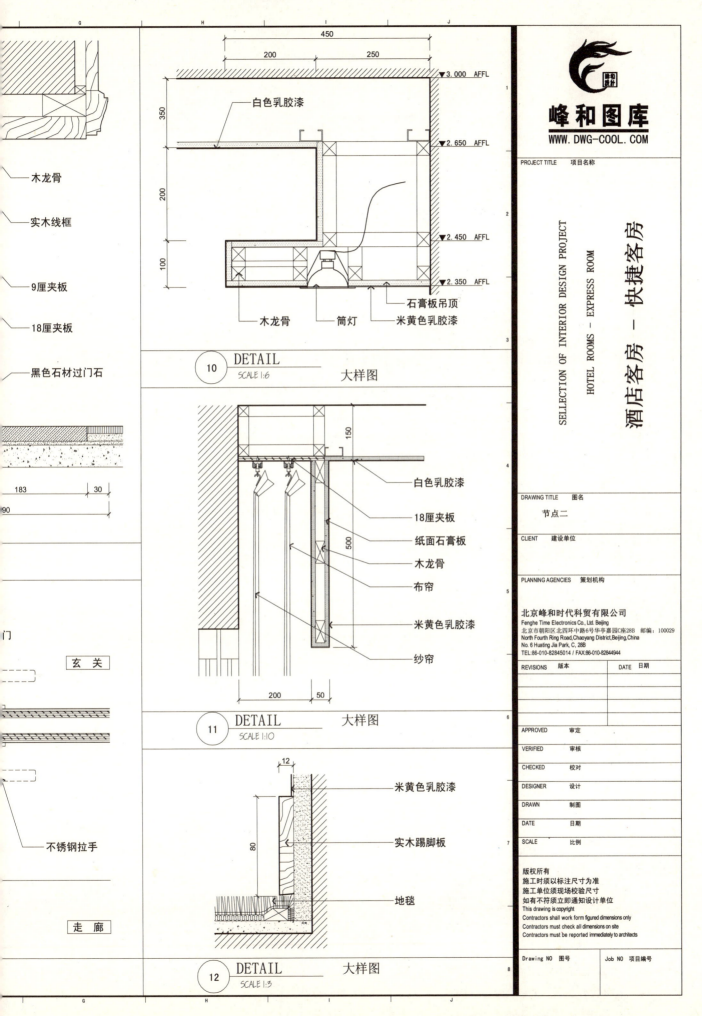

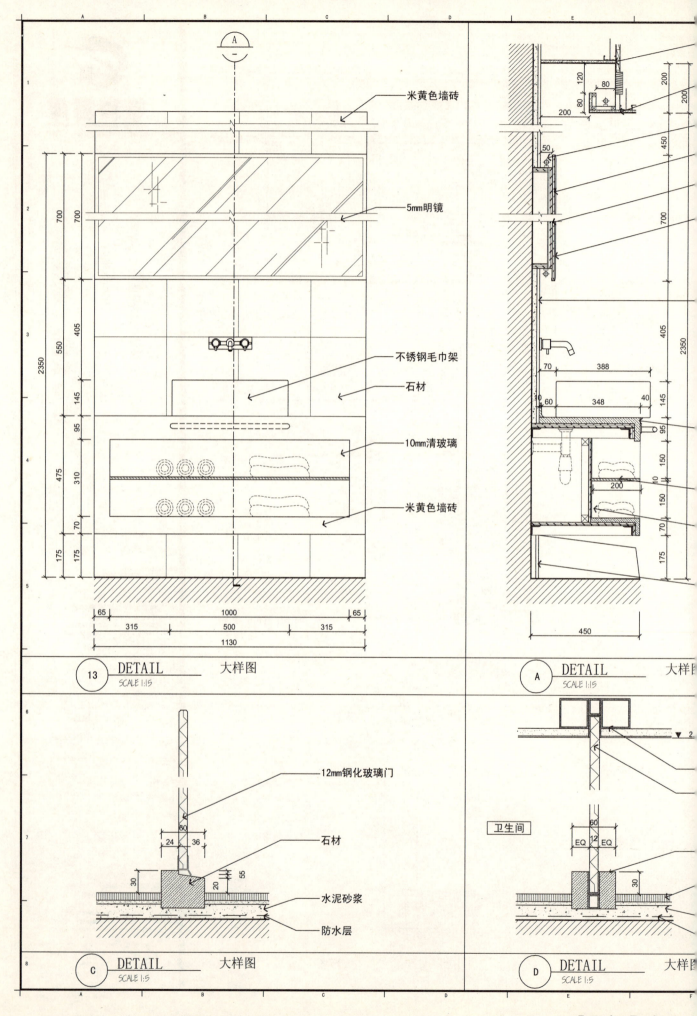

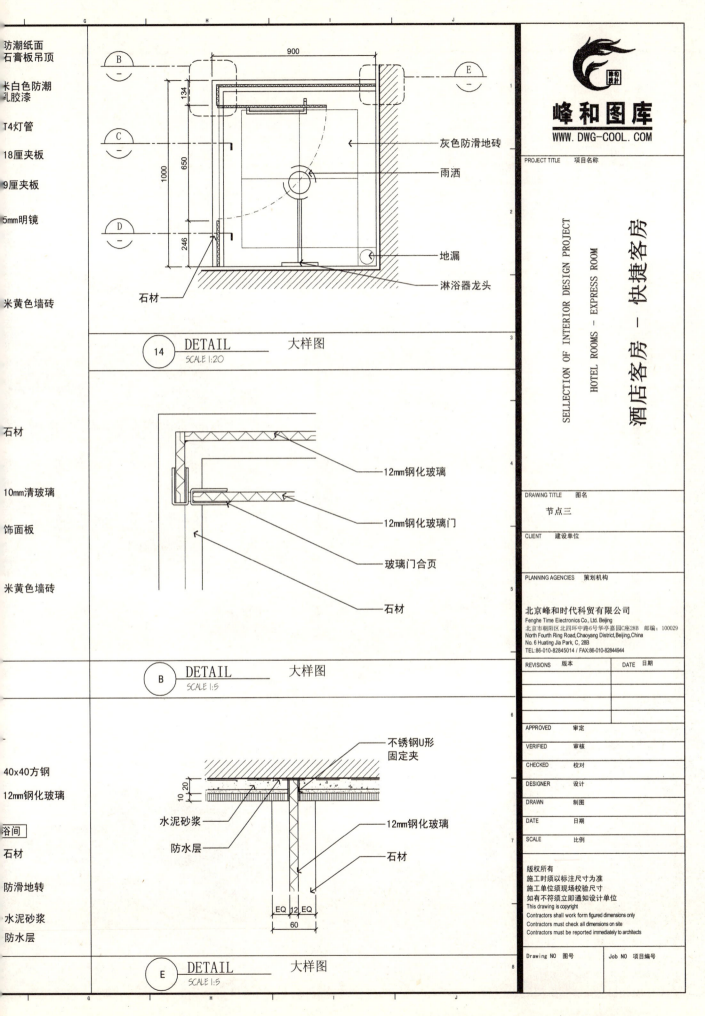

-Interior Design-

快捷客房效果图范例二
EXAMPLES Ⅱ OF PERSPECTIVE DRAWING FOR EXPRESS ROOM

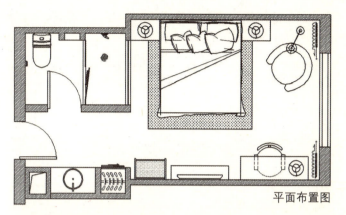

平面布置图

登录"峰和图库"网站，获取更多成套设计方案

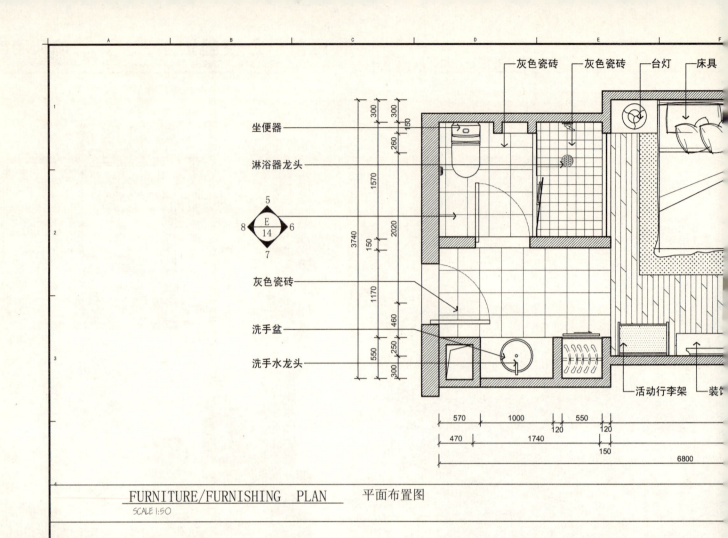

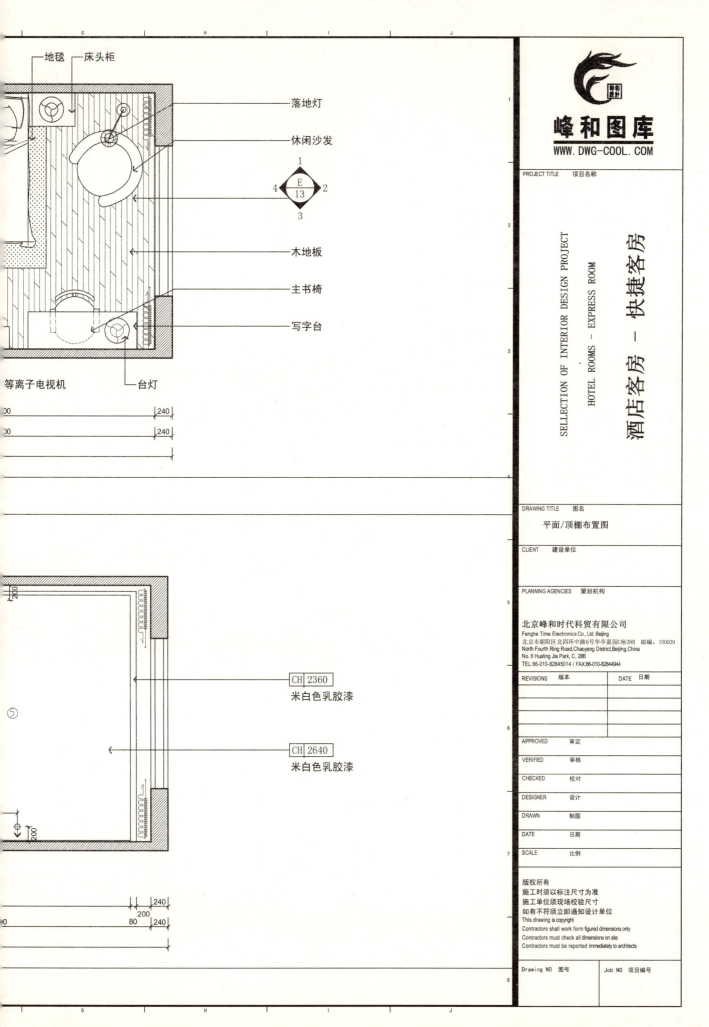

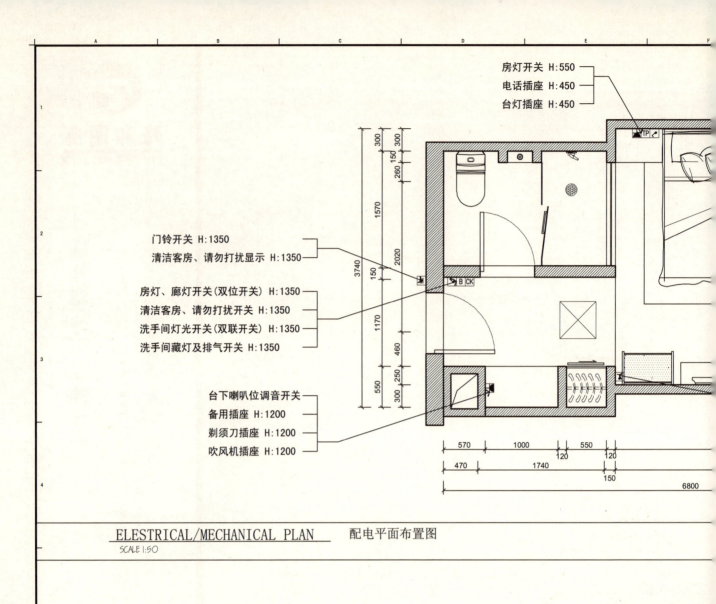

房灯开关 H:550
电话插座 H:450
台灯插座 H:450

门铃开关 H:1350
清洁客房、请勿打扰显示 H:1350

房灯、廊灯开关(双位开关) H:1350
清洁客房、请勿打扰开关 H:1350
洗手间灯光开关(双联开关) H:1350
洗手间藏灯及排气开关 H:1350

台下喇叭位调音开关
备用插座 H:1200
剃须刀插座 H:1200
吹风机插座 H:1200

ELESTRICAL/MECHANICAL PLAN　　配电平面布置图
SCALE 1:50

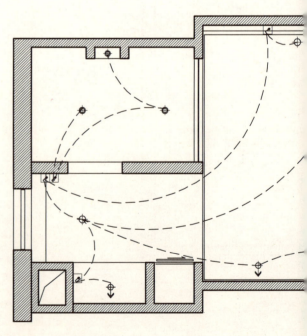

REFLECTED CEILING PLAN　　顶棚接线平面图
SCALE 1:50

-Interior Design-

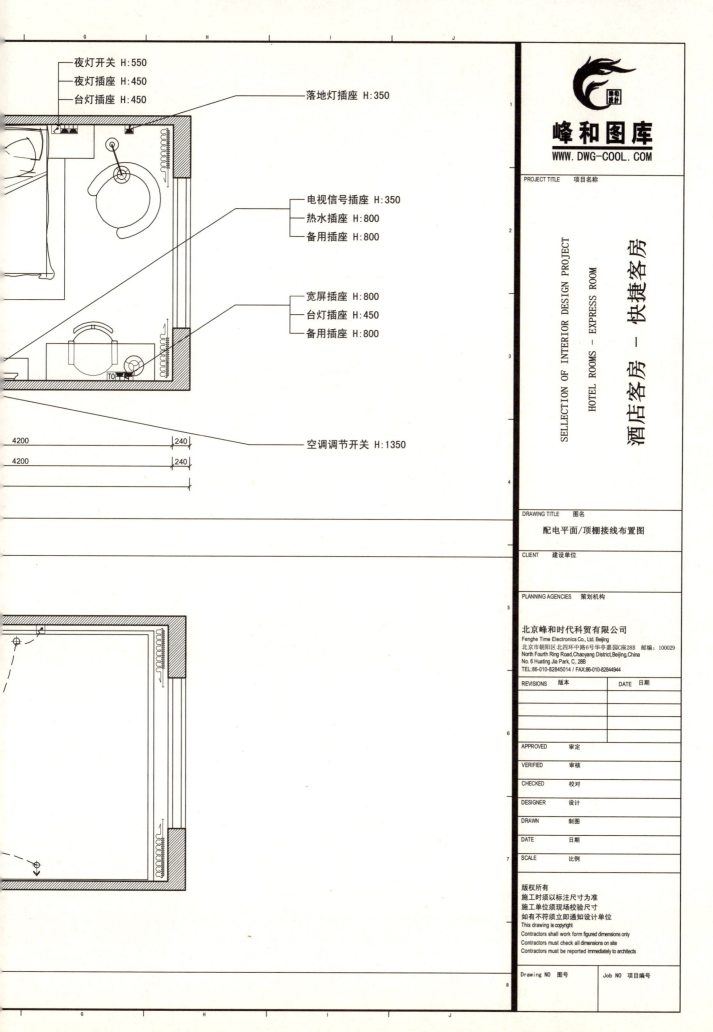

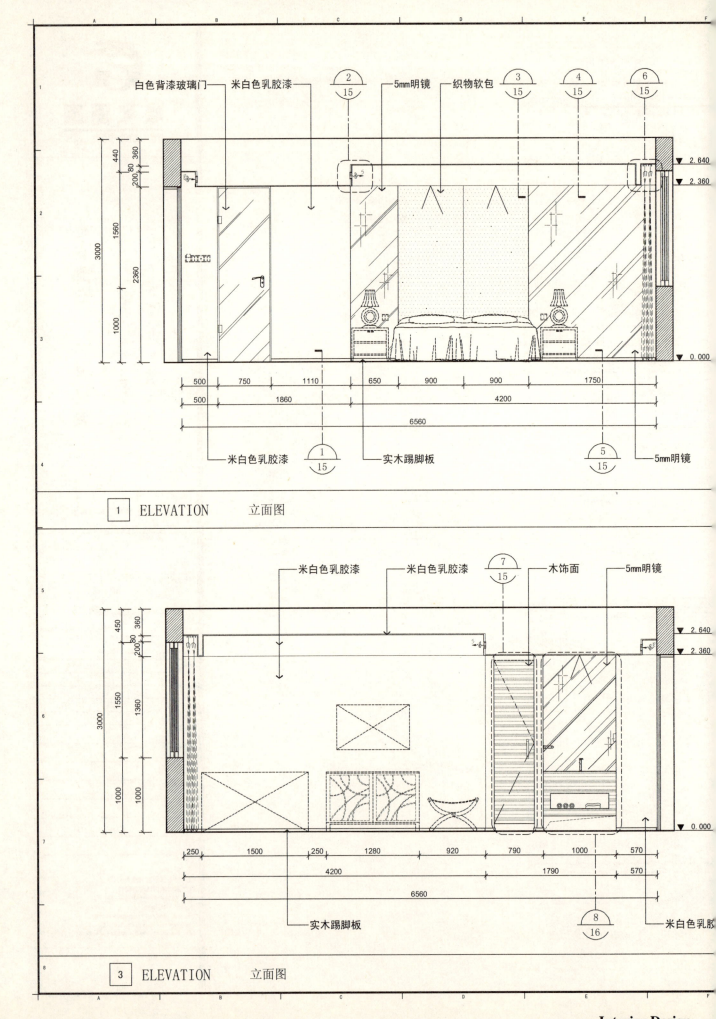

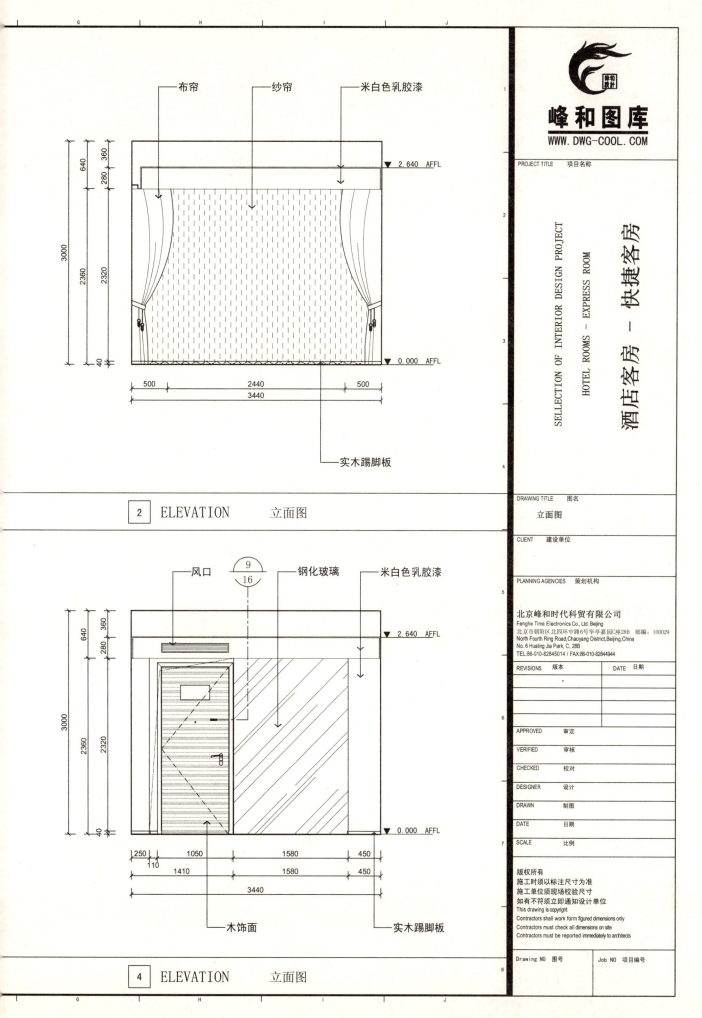

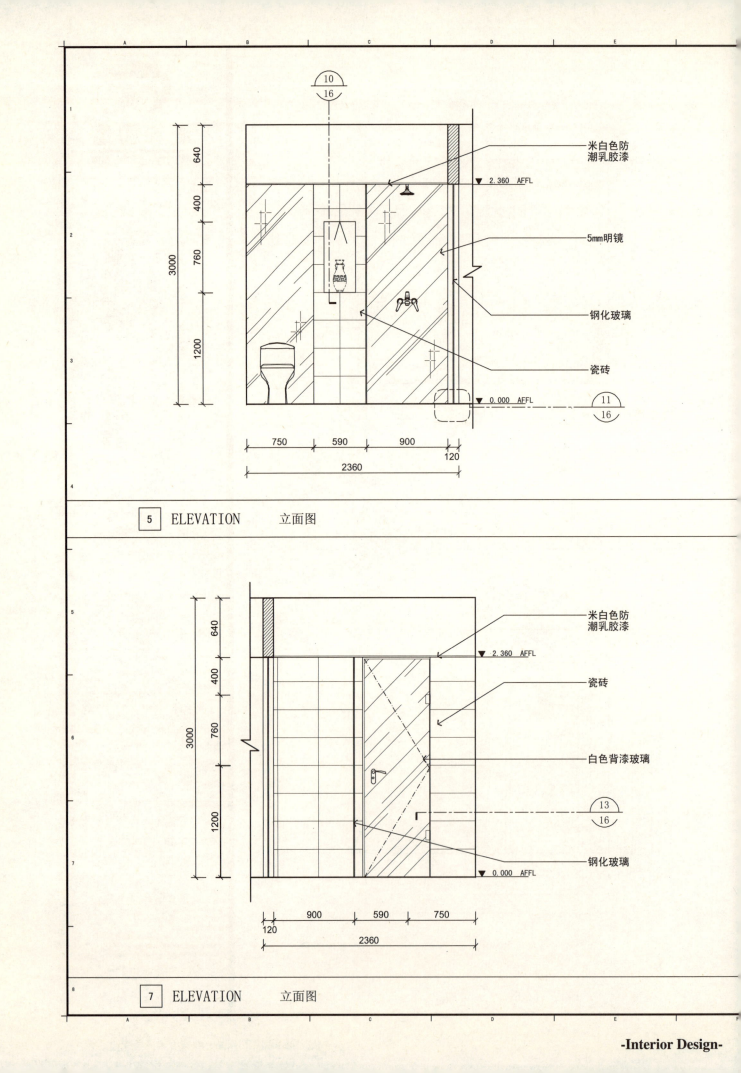

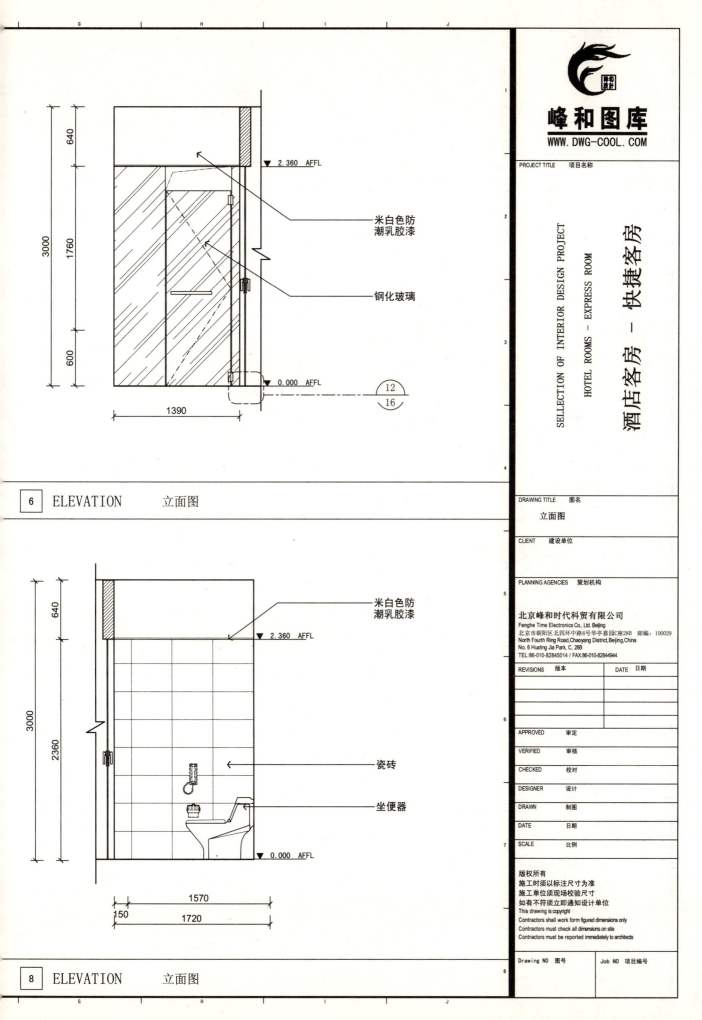

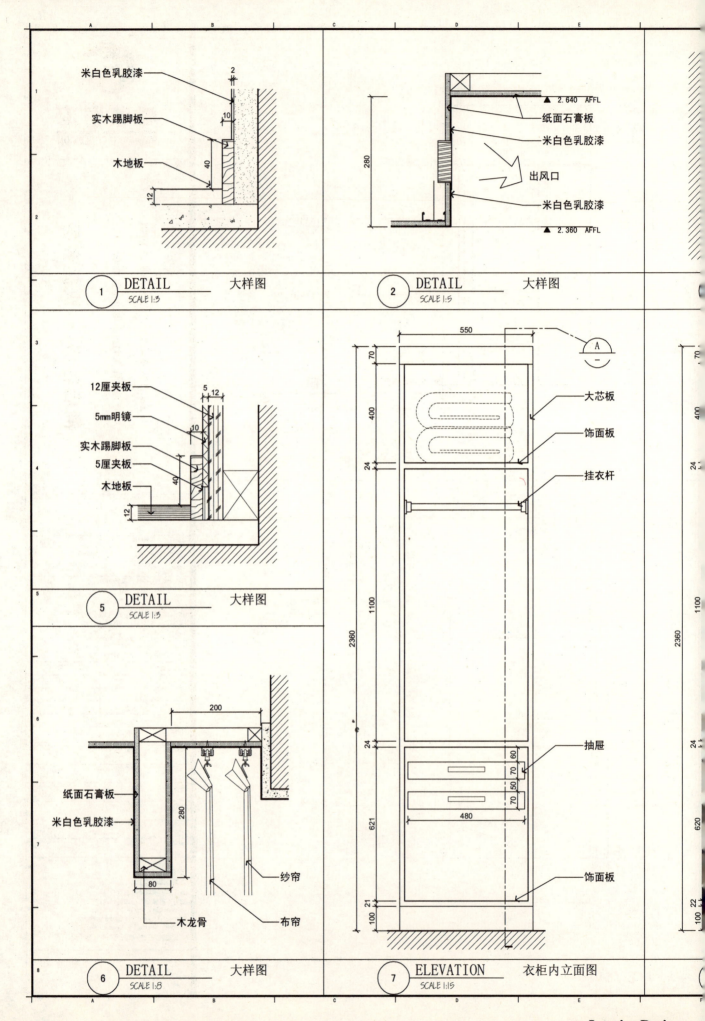

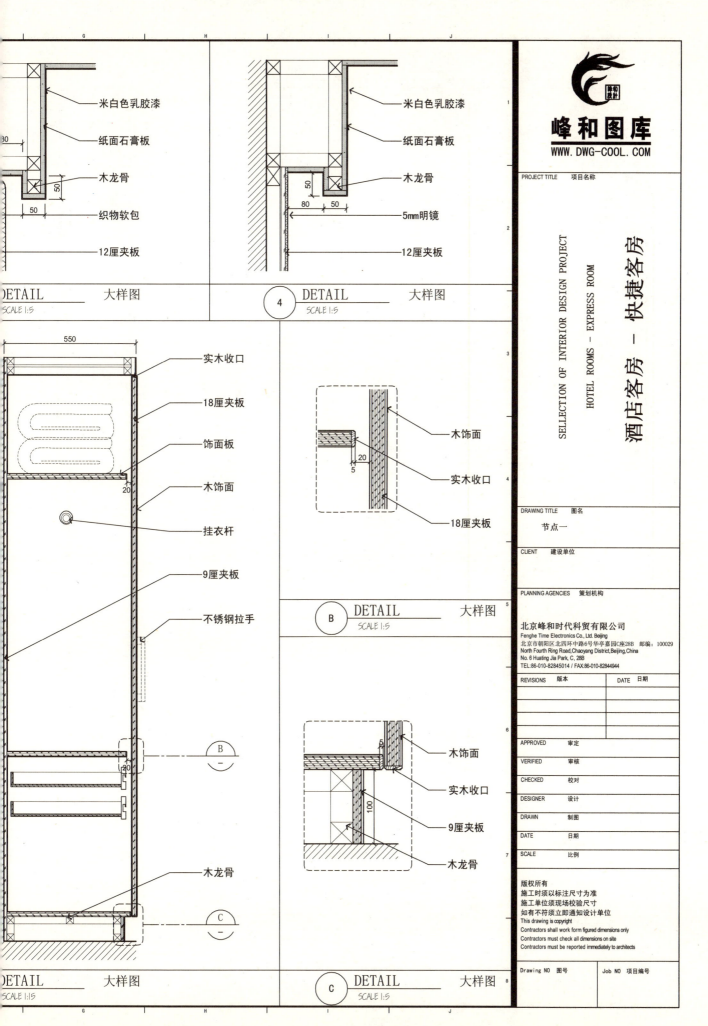

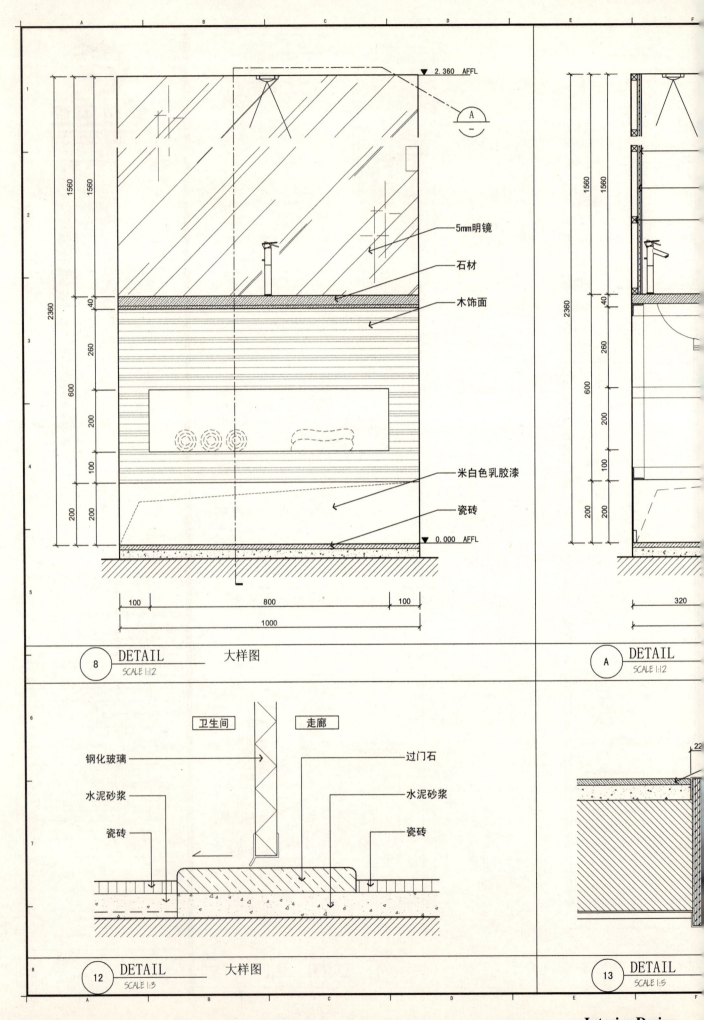

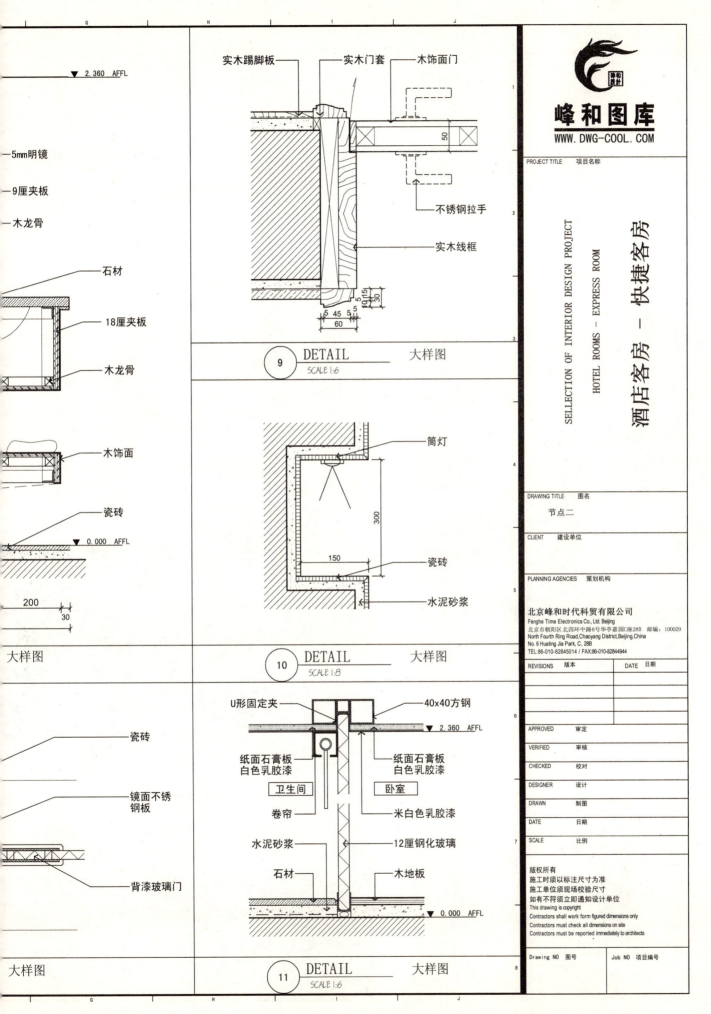

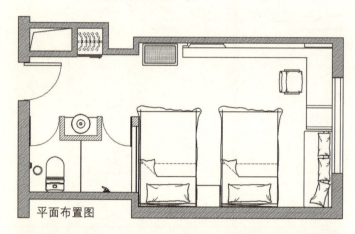

平面布置图

-Interior Design-

快捷客房效果图范例三 峰和图库
EXAMPLES Ⅲ OF PERSPECTIVE DRAWING FOR EXPRESS ROOM

登录"峰和图库"网站，获取更多成套设计方案

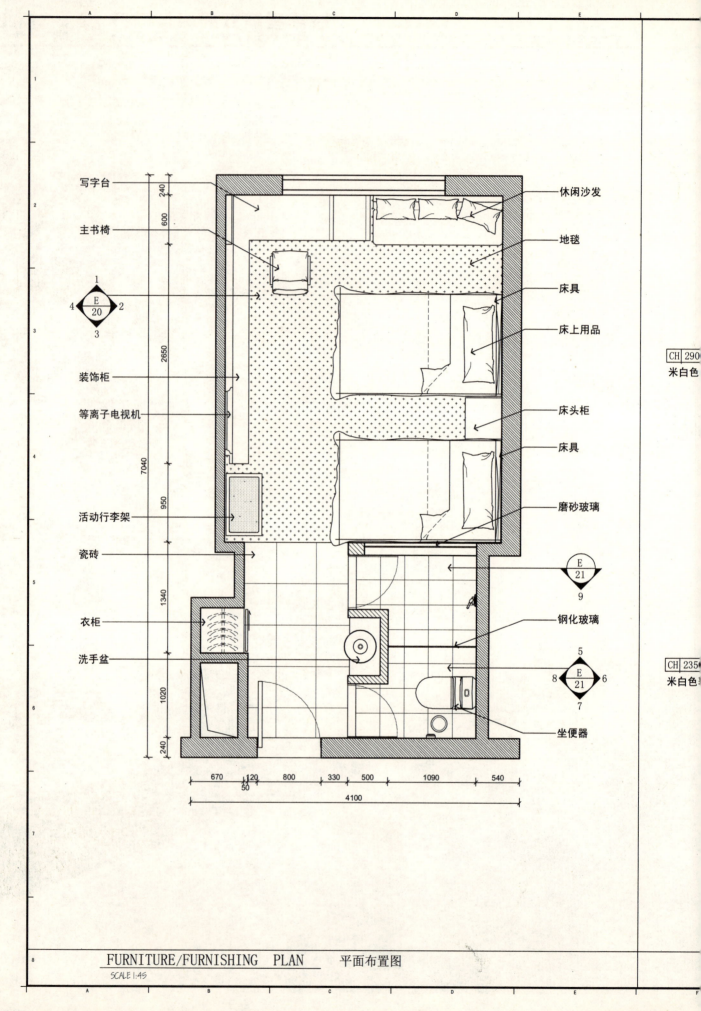

FURNITURE/FURNISHING PLAN   平面布置图
SCALE 1:45

-Interior Design-

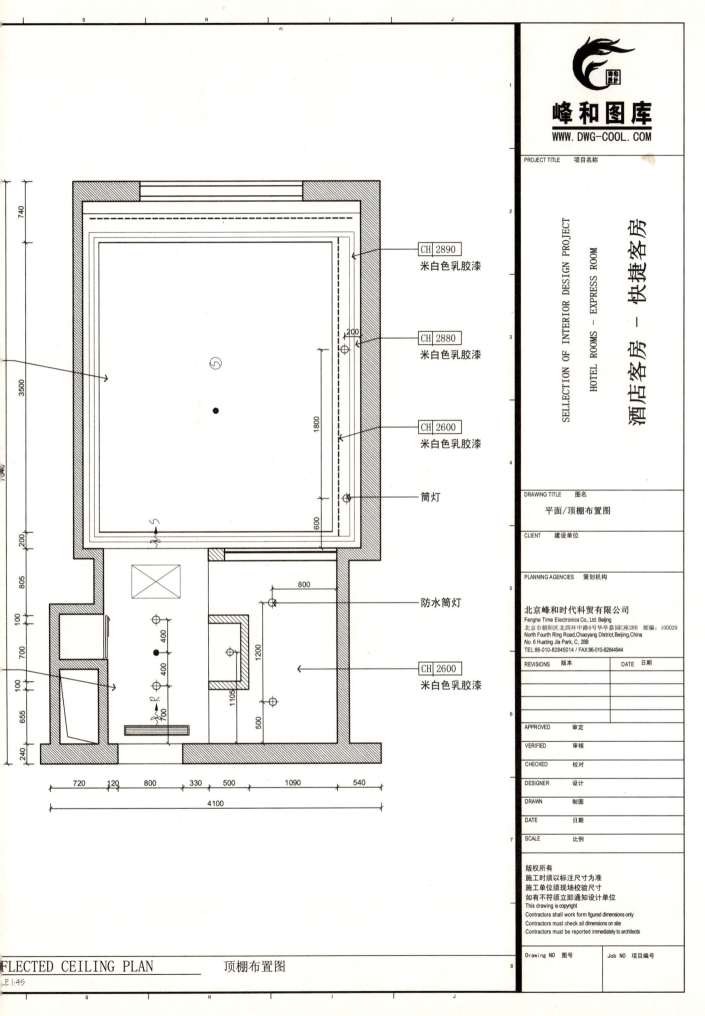

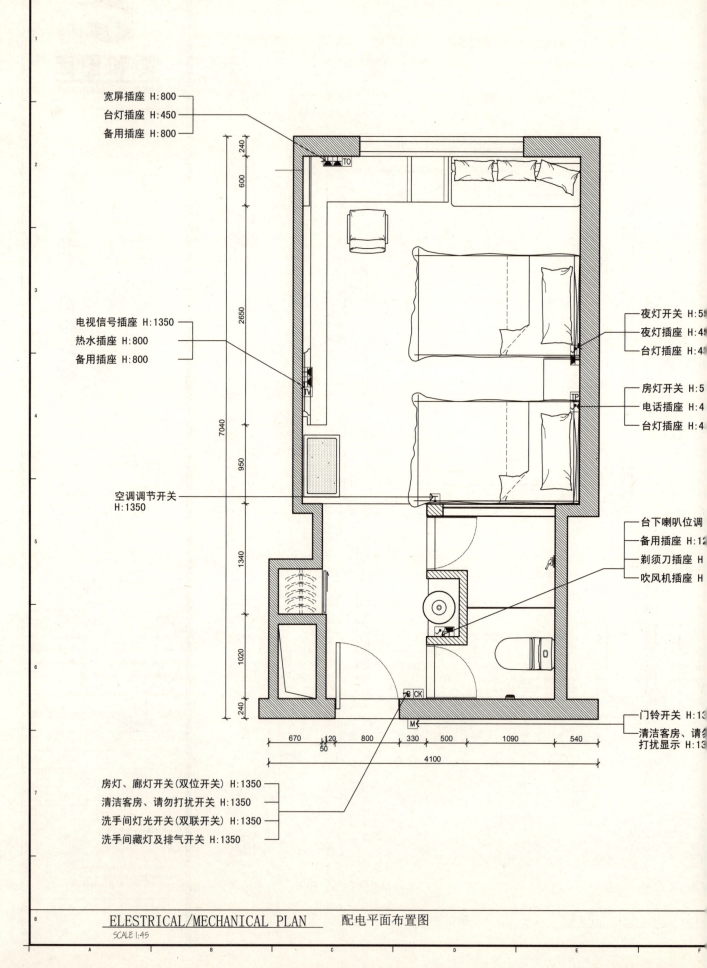

ELESTRICAL/MECHANICAL PLAN　配电平面布置图
SCALE 1:45

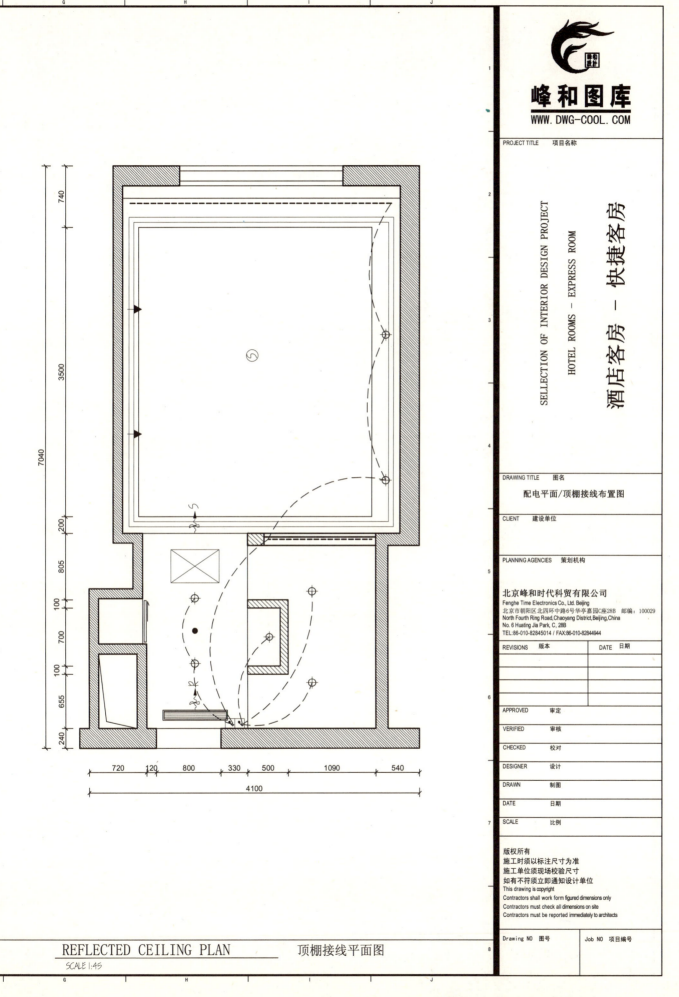

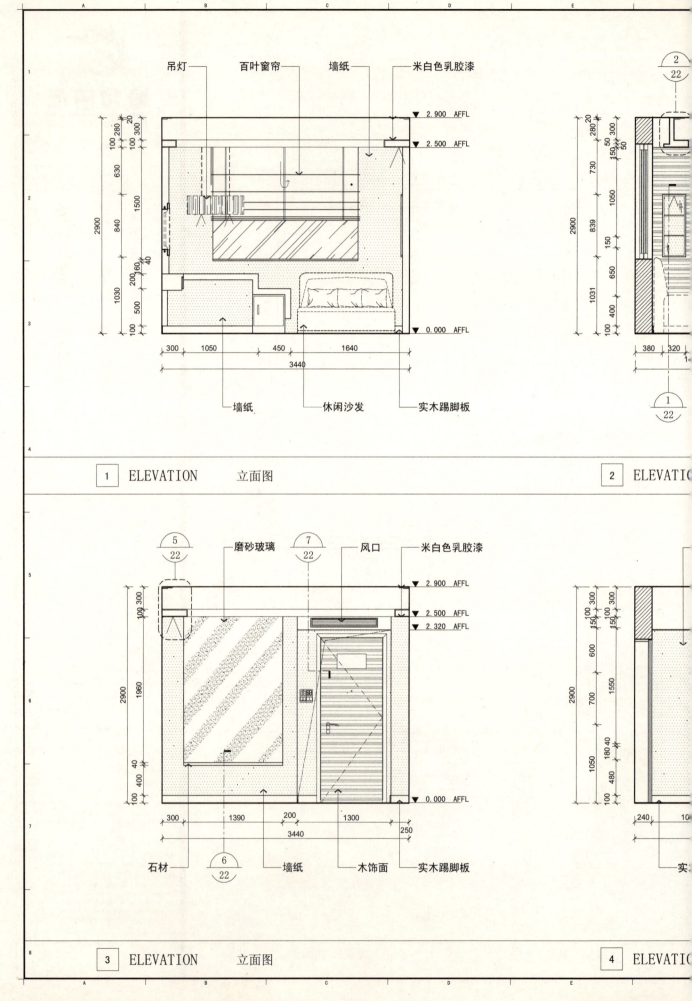

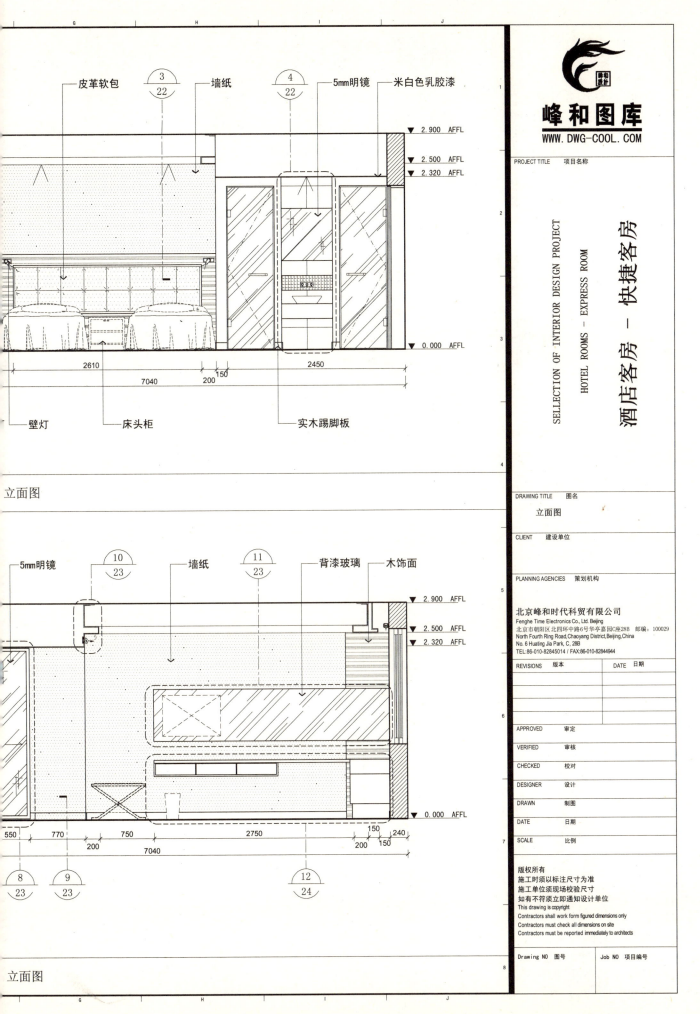

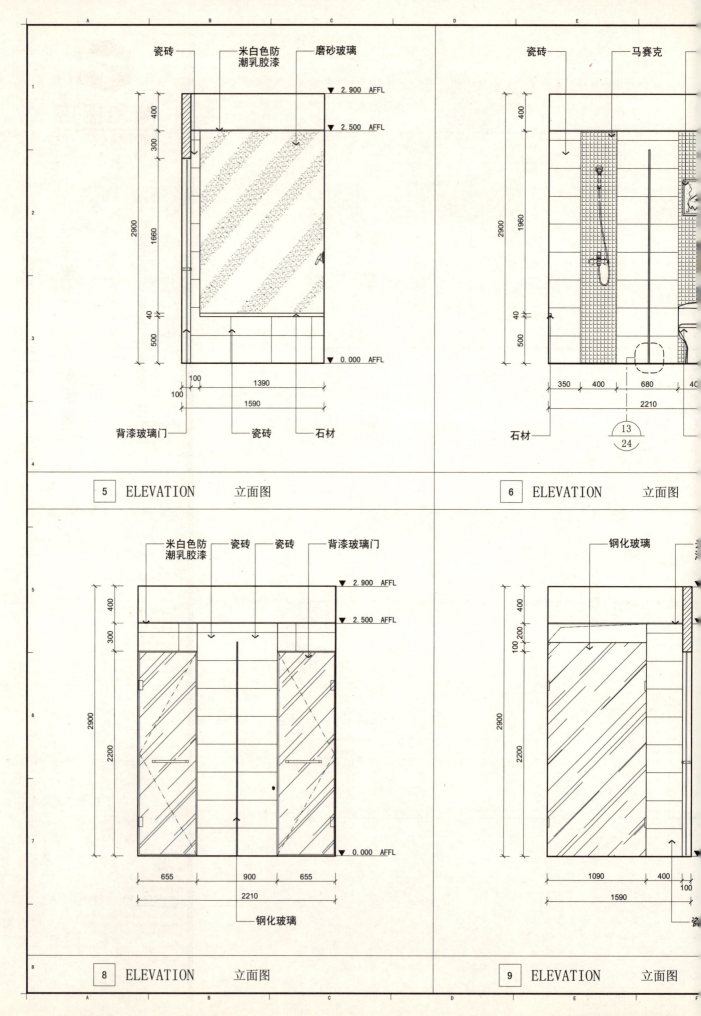

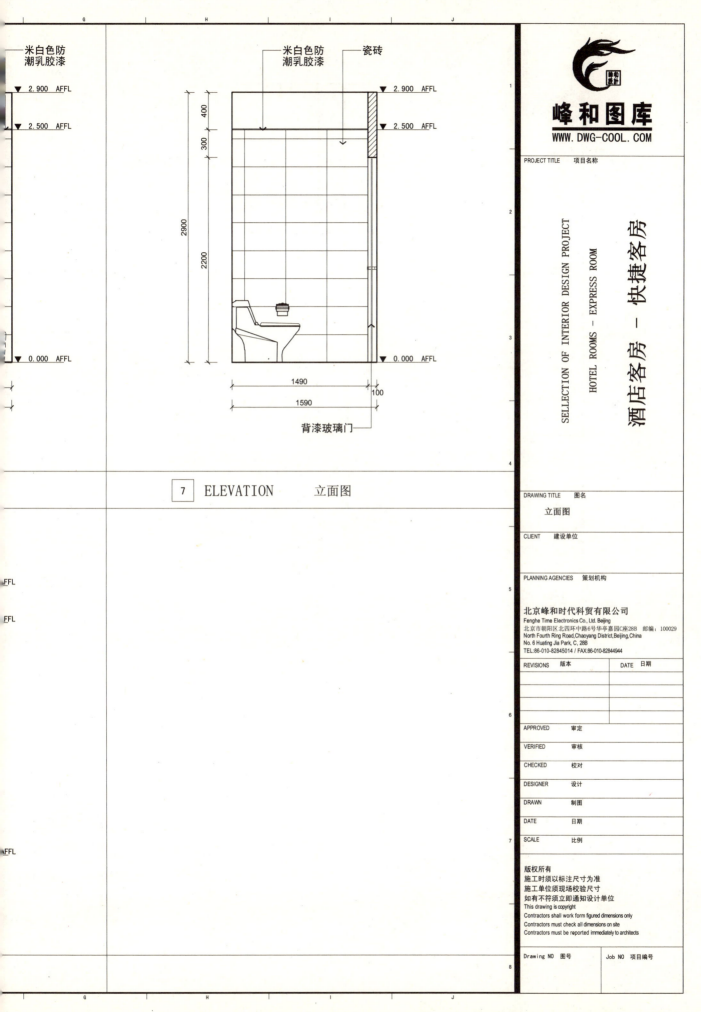

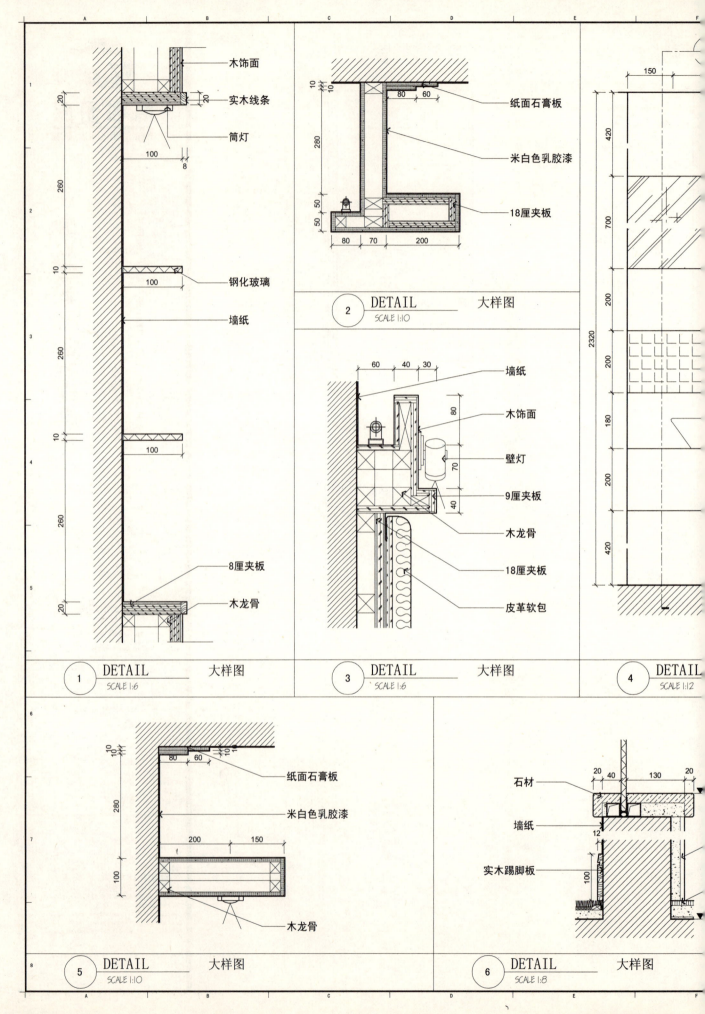

-Interior Design-

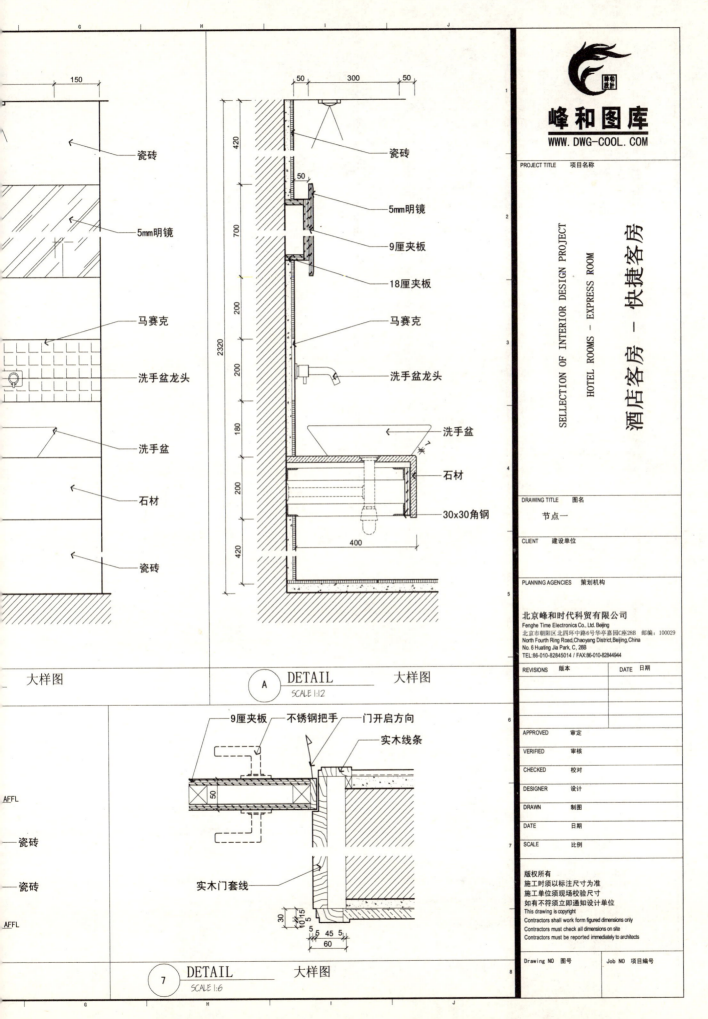

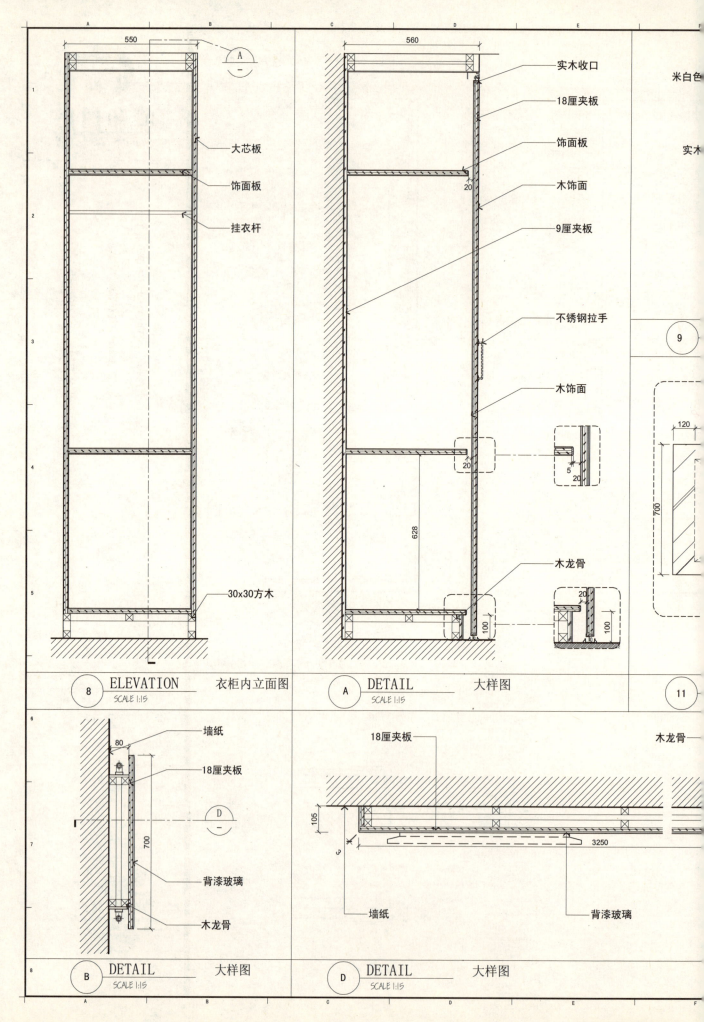

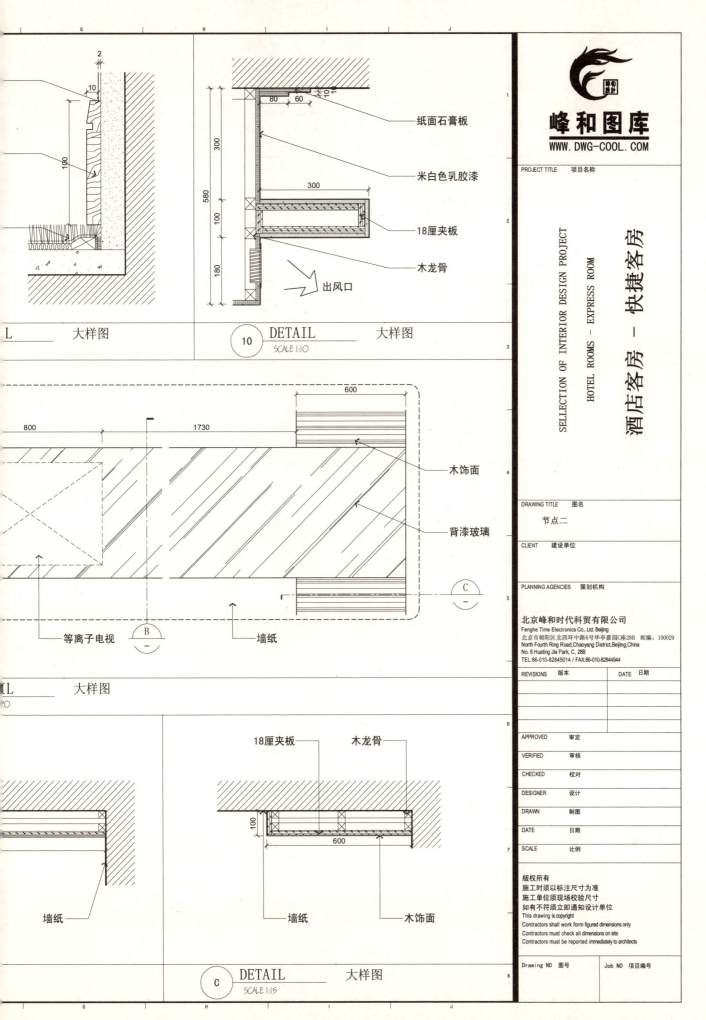

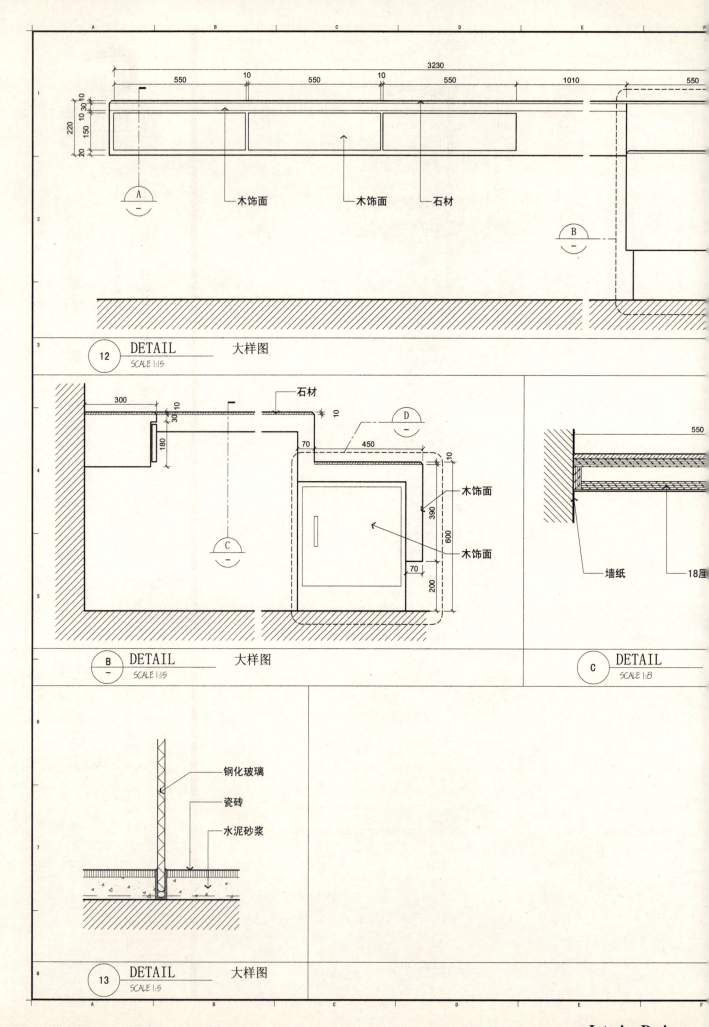

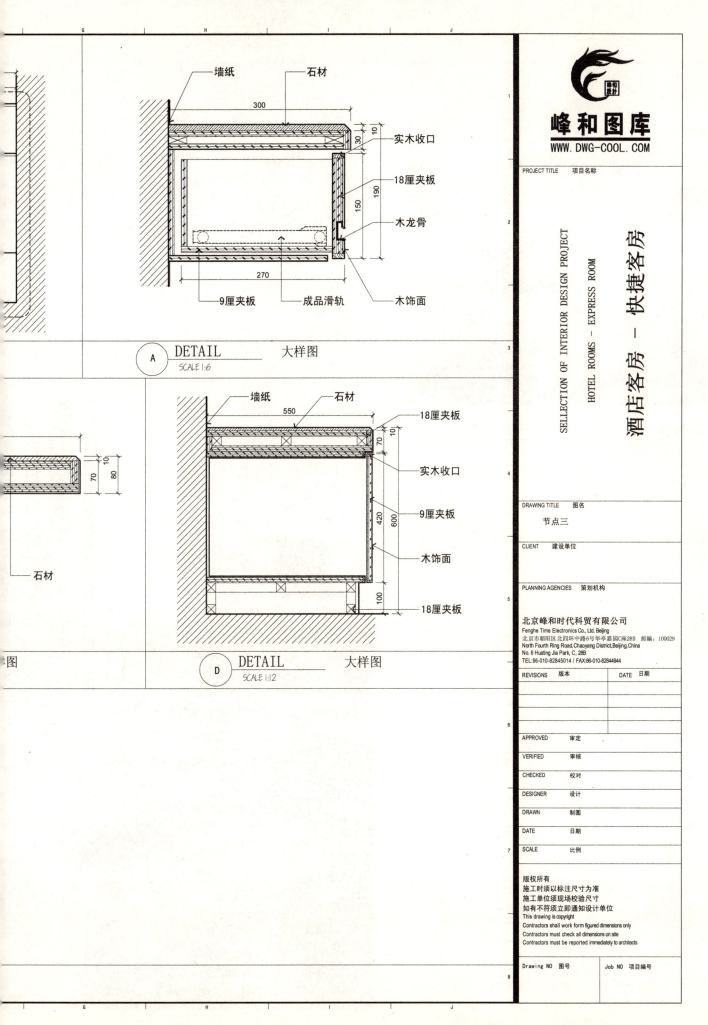

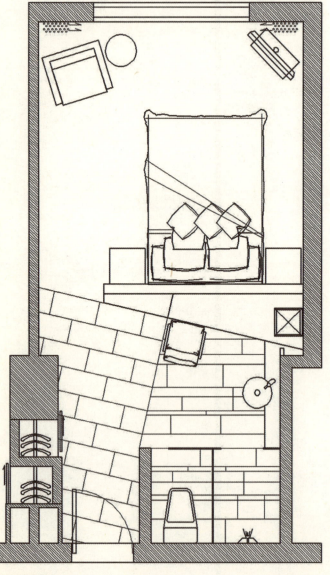

平面布置图

-Interior Design-

快捷客房效果图范例四
EXAMPLES IV OF PERSPECTIVE DRAWING FOR EXPRESS ROOM

登录"峰和图库"网站,获取更多成套设计方案

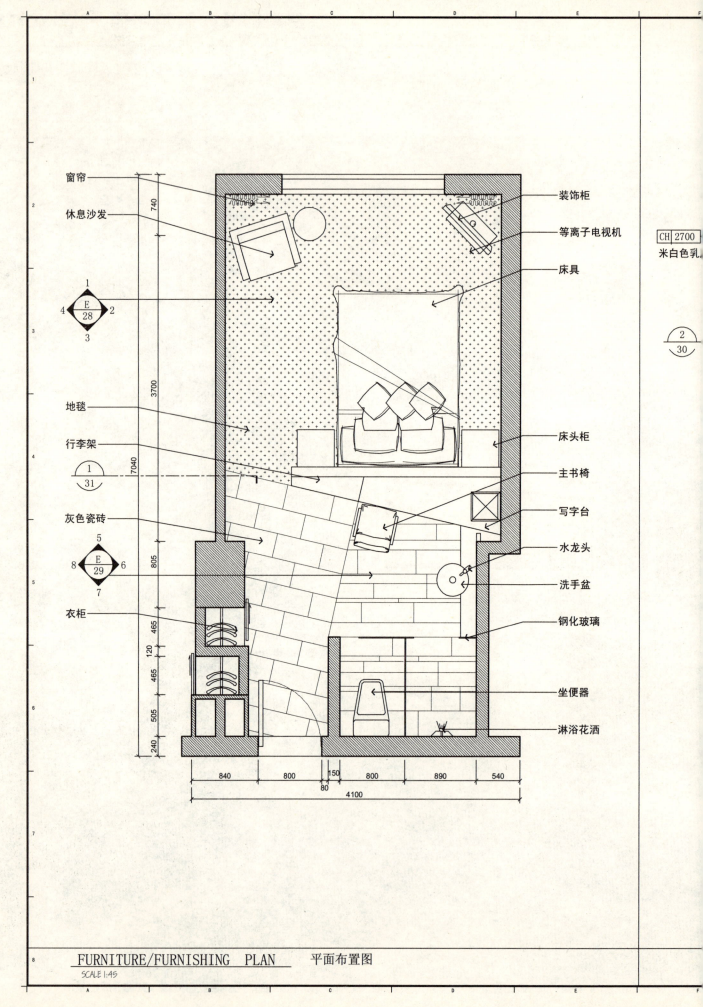

FURNITURE/FURNISHING PLAN 平面布置图
SCALE 1:45

-Interior Design-

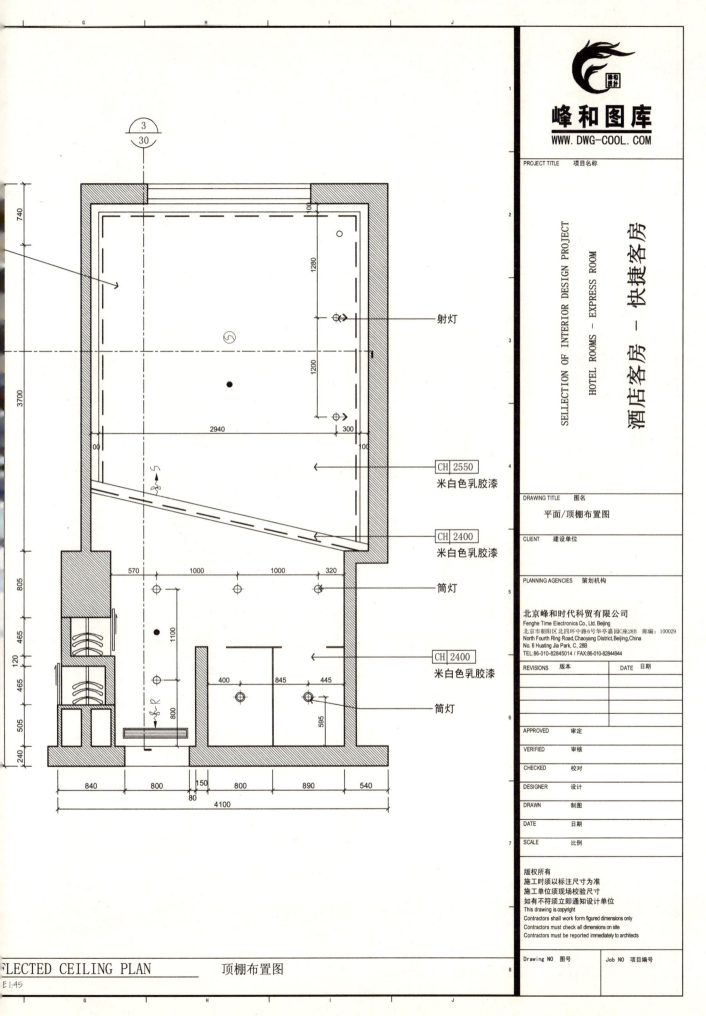

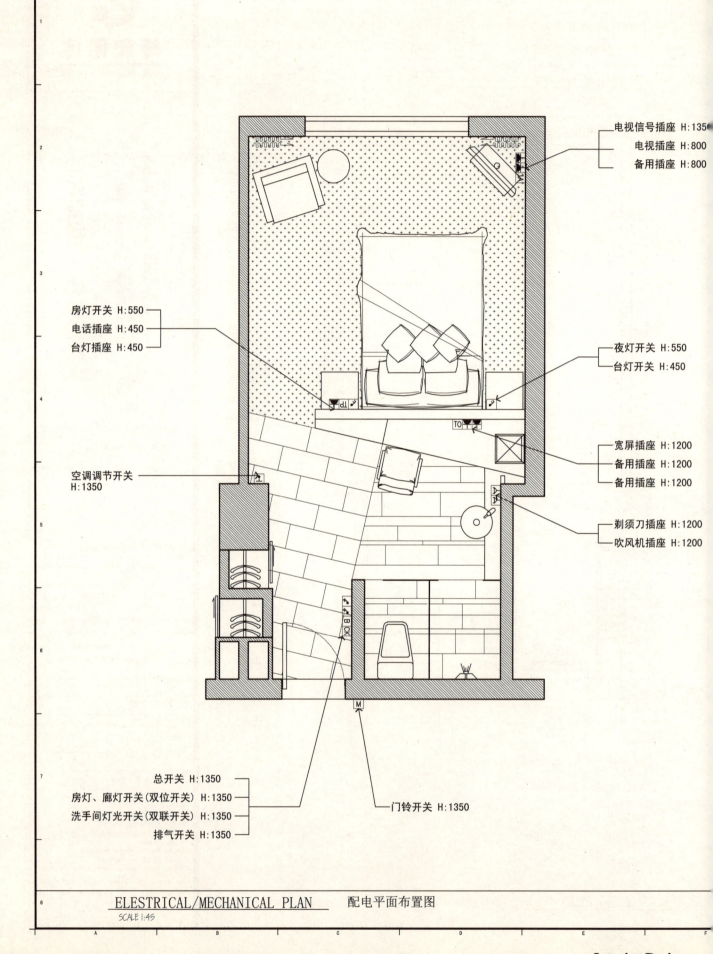

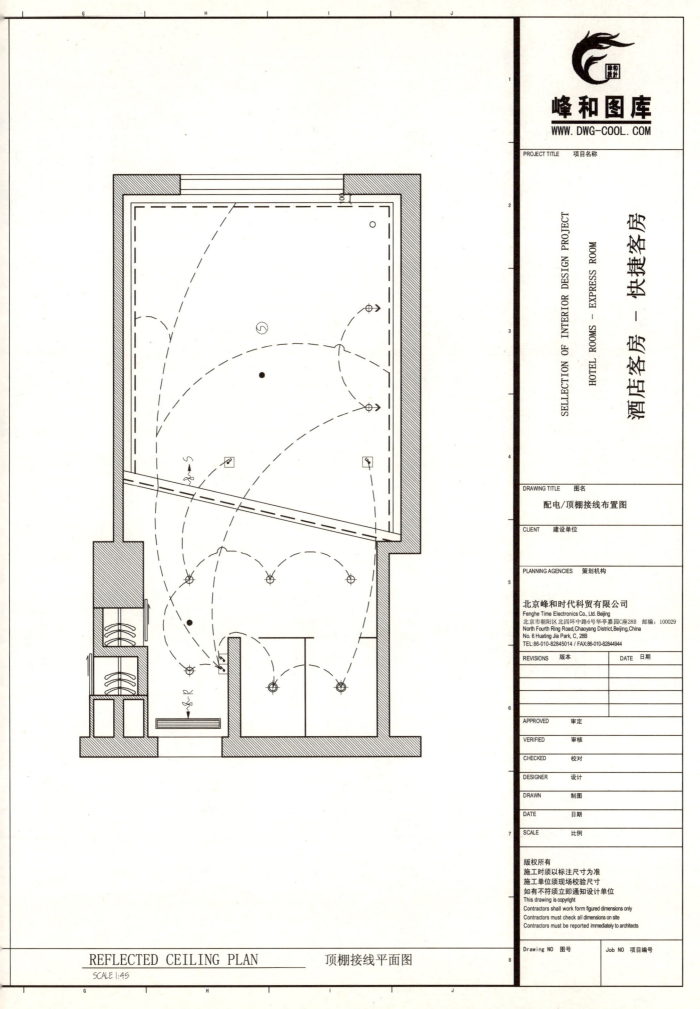

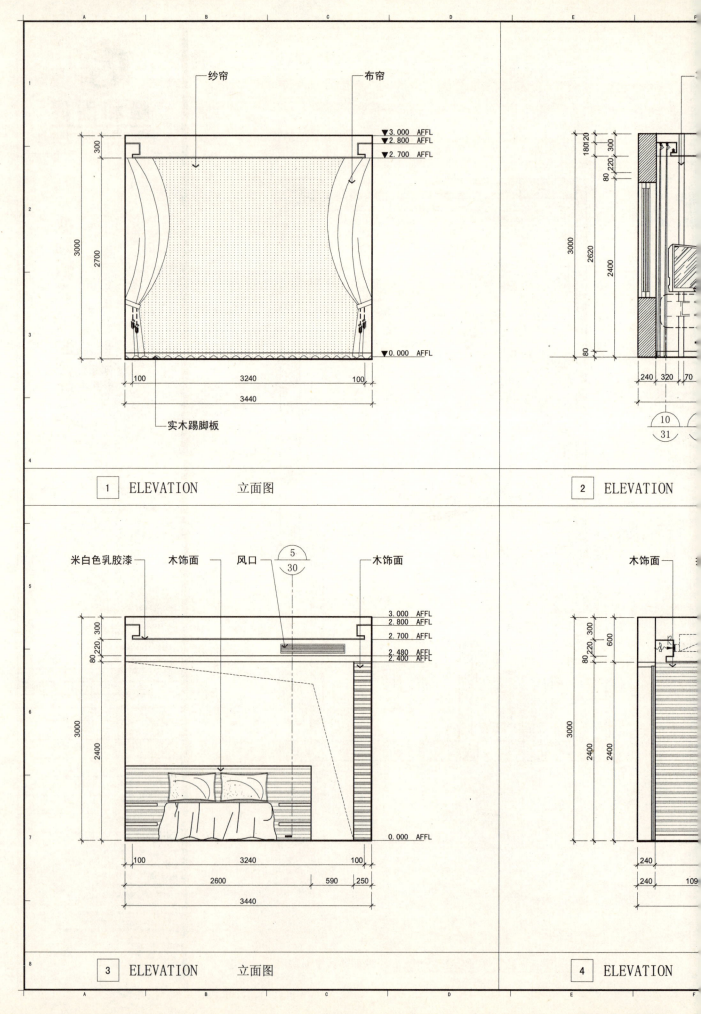

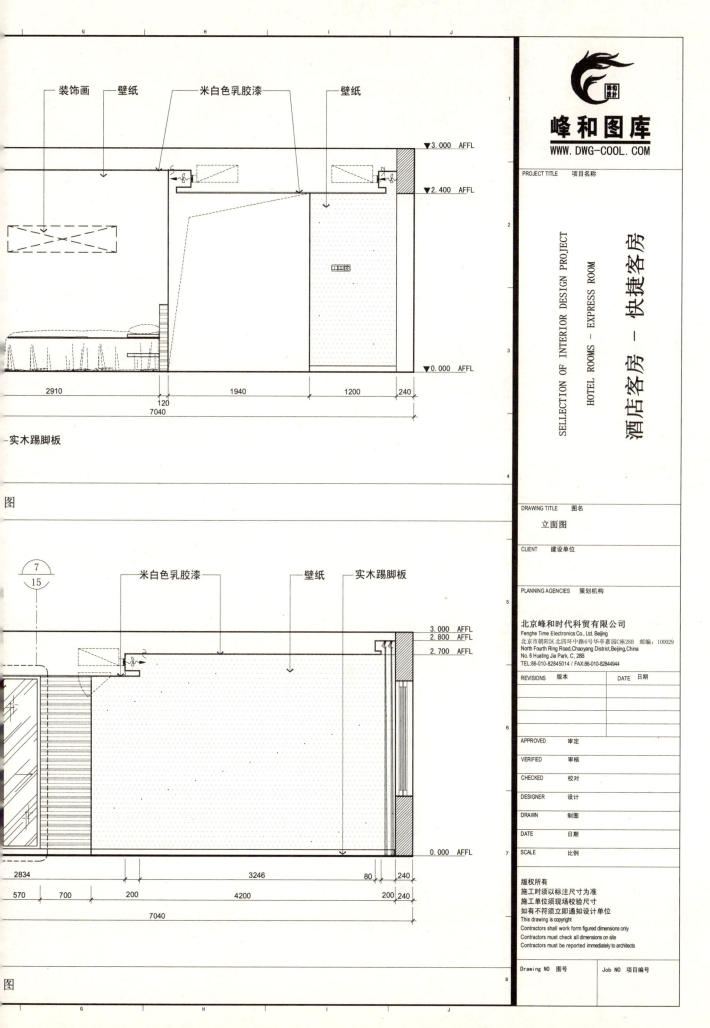

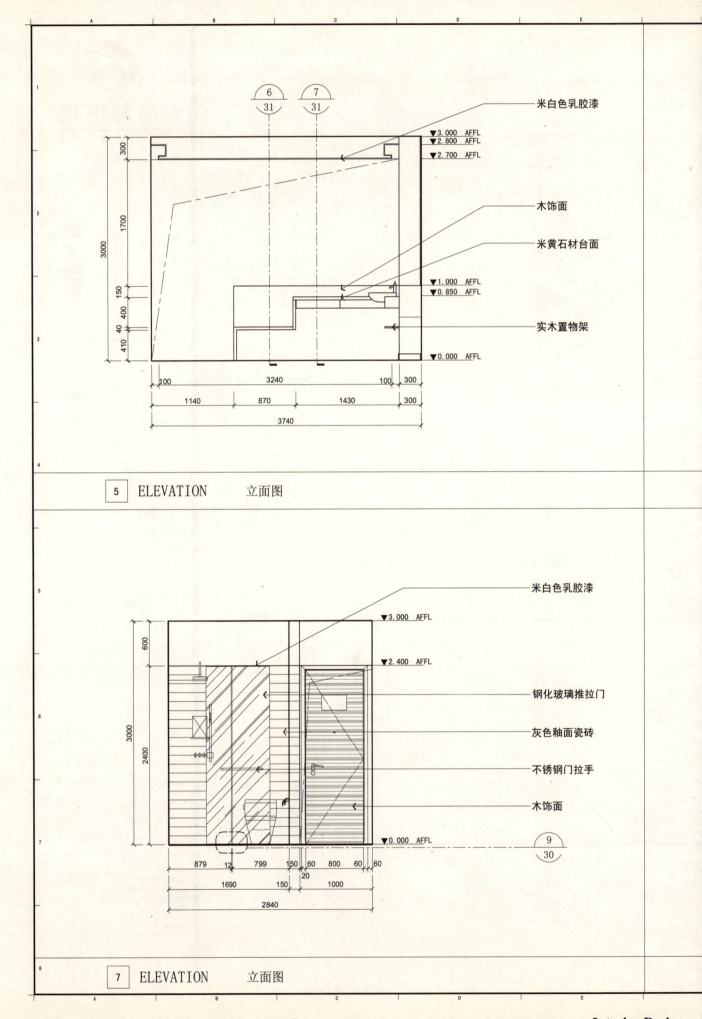

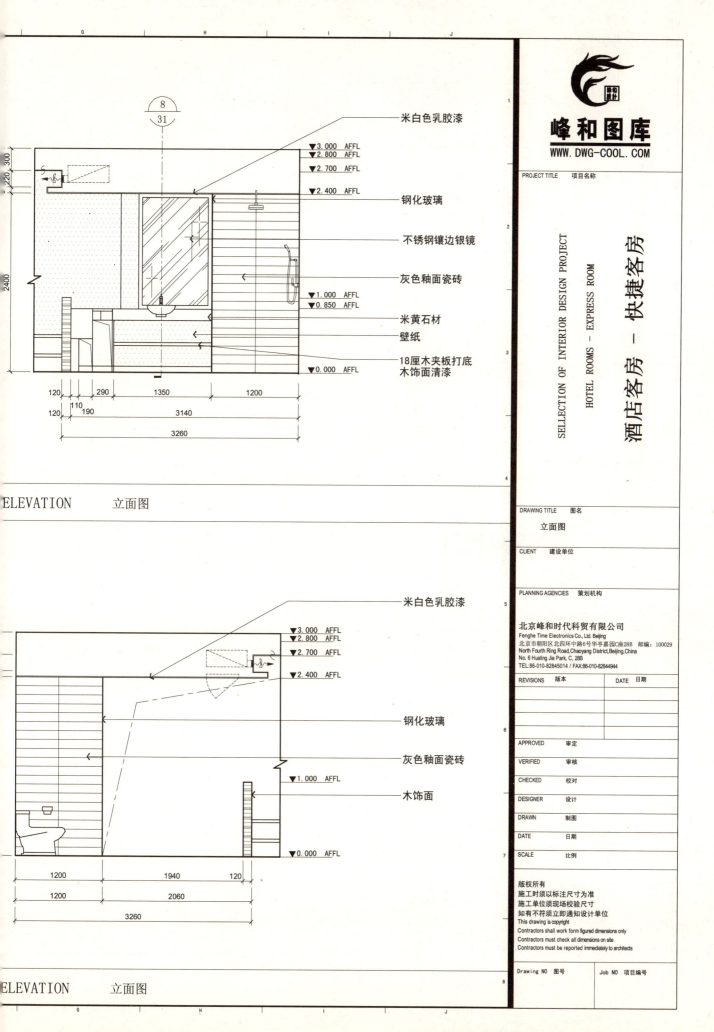

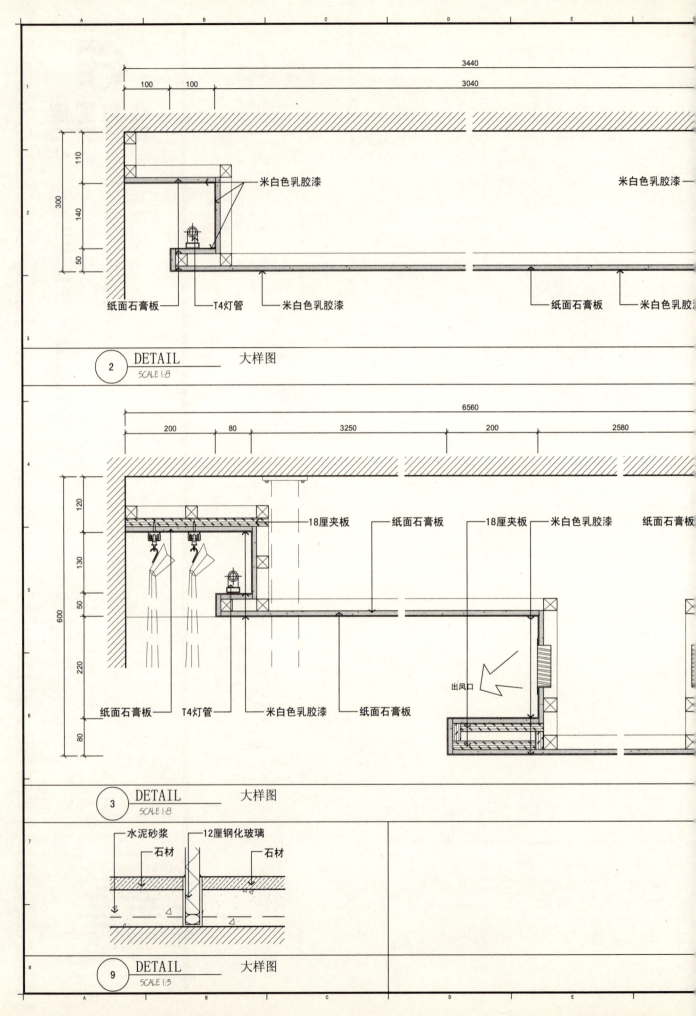

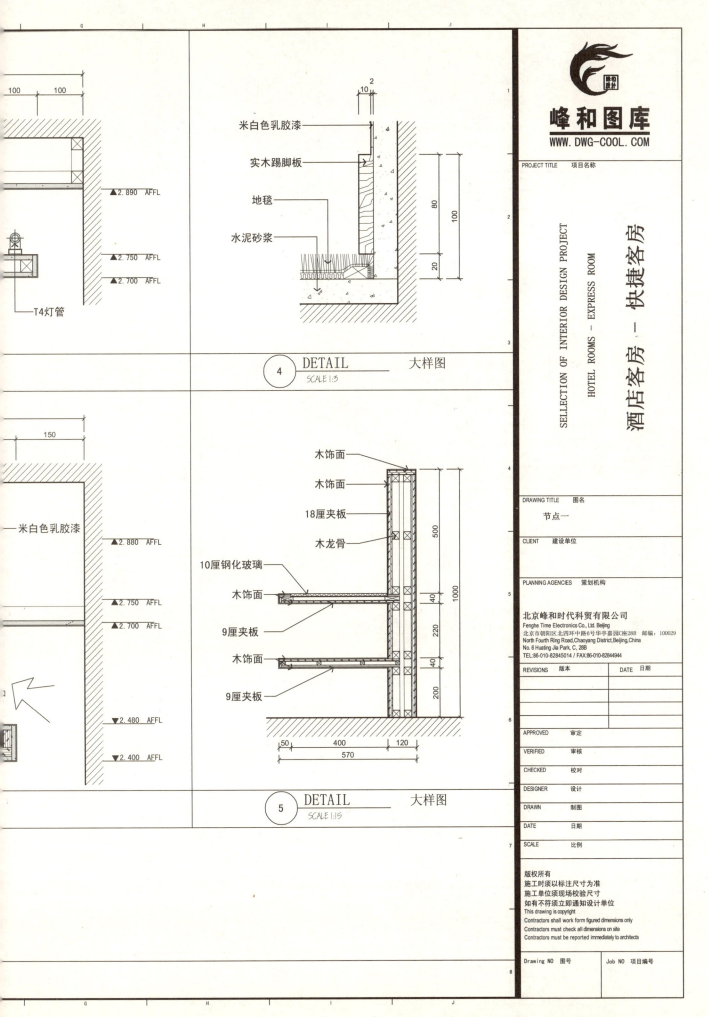

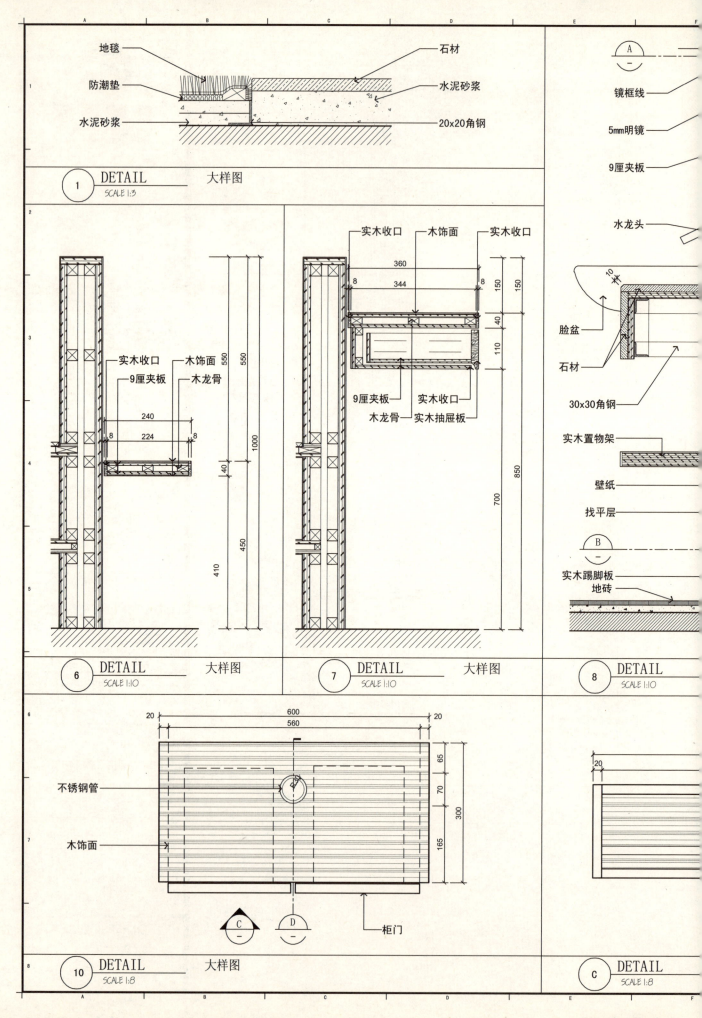

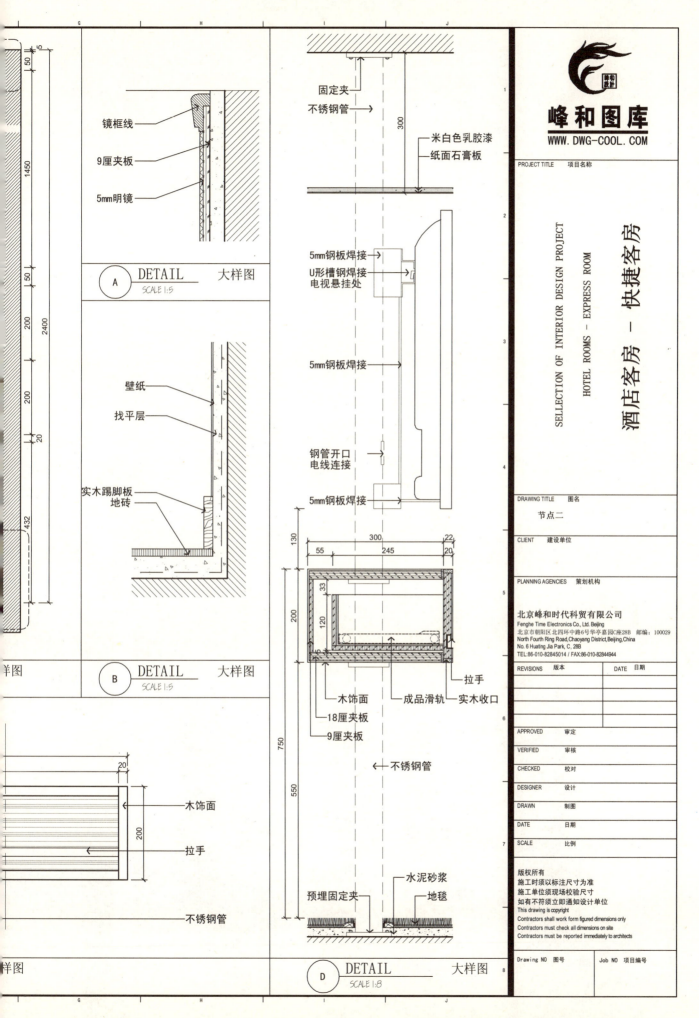

SELLECTION OF INTERIOR DESIGN PROJECT

酒店客房
HOTEL ROOMS

标准客房范例
EXAMPLES OF STANDARD ROOM

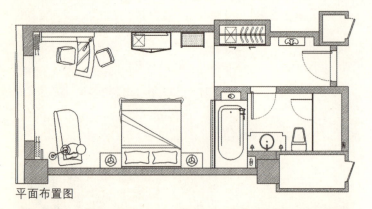

平面布置图

-Interior Design-

标准客房效果图范例一

EXAMPLES | OF PERSPECTIVE DRAWING FOR STANDARD ROOM

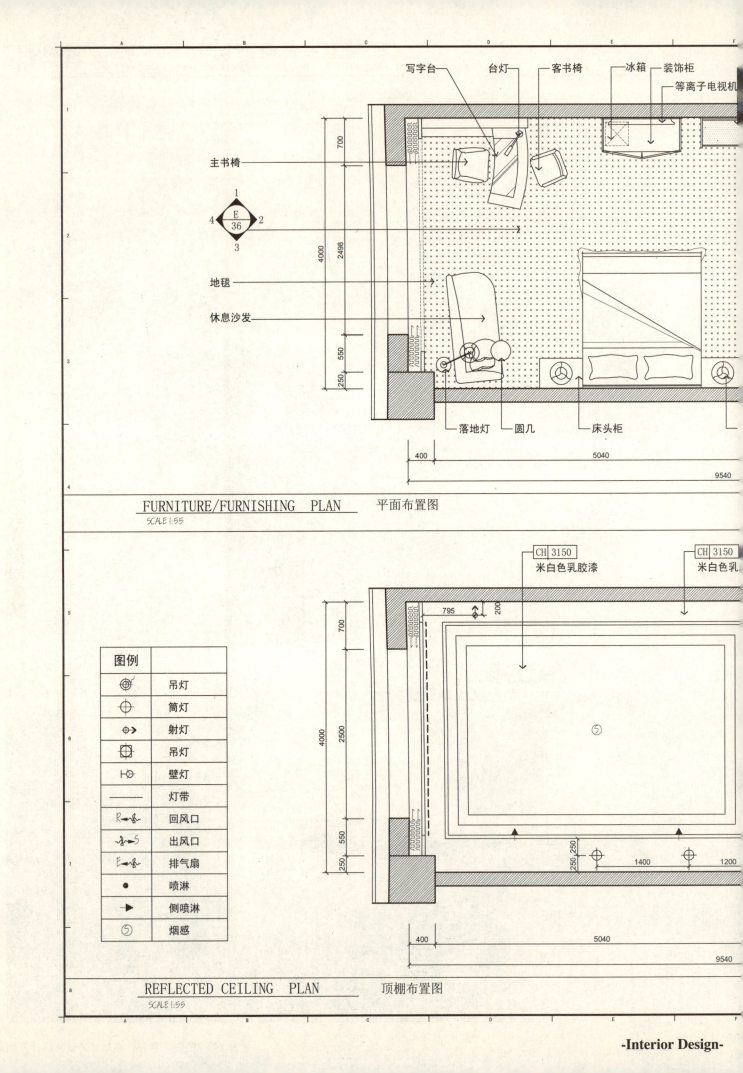

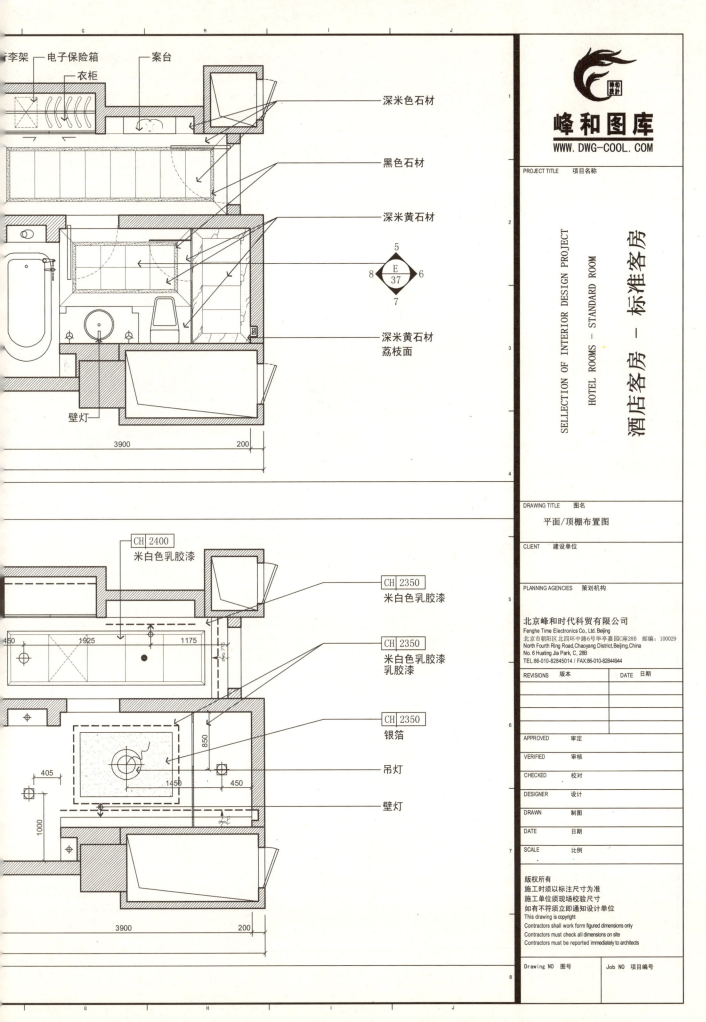

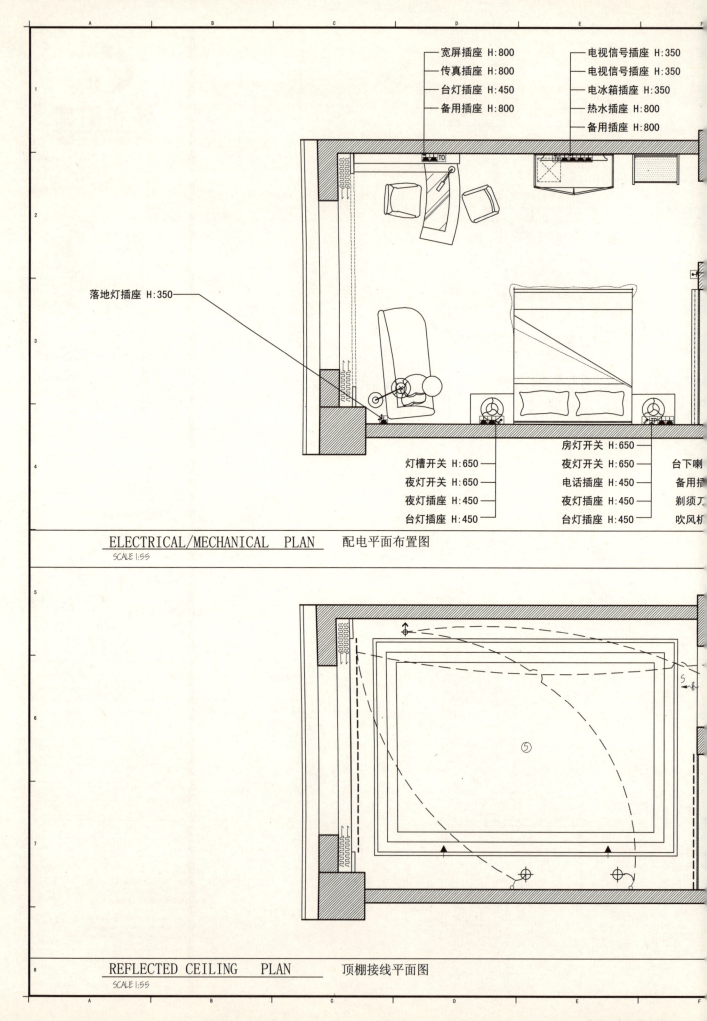

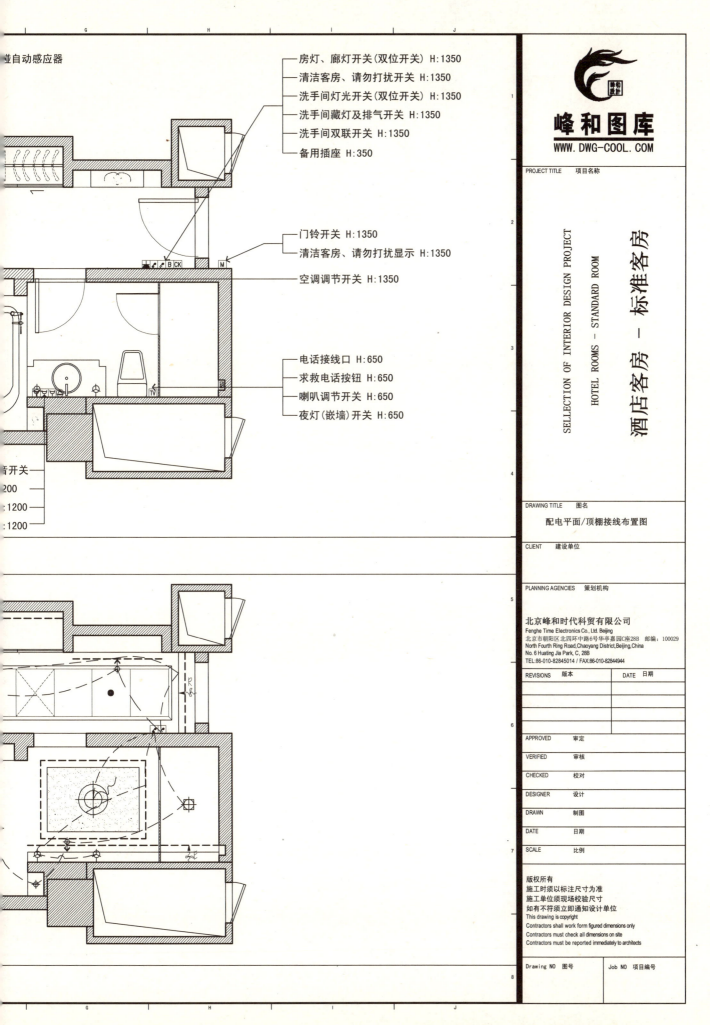

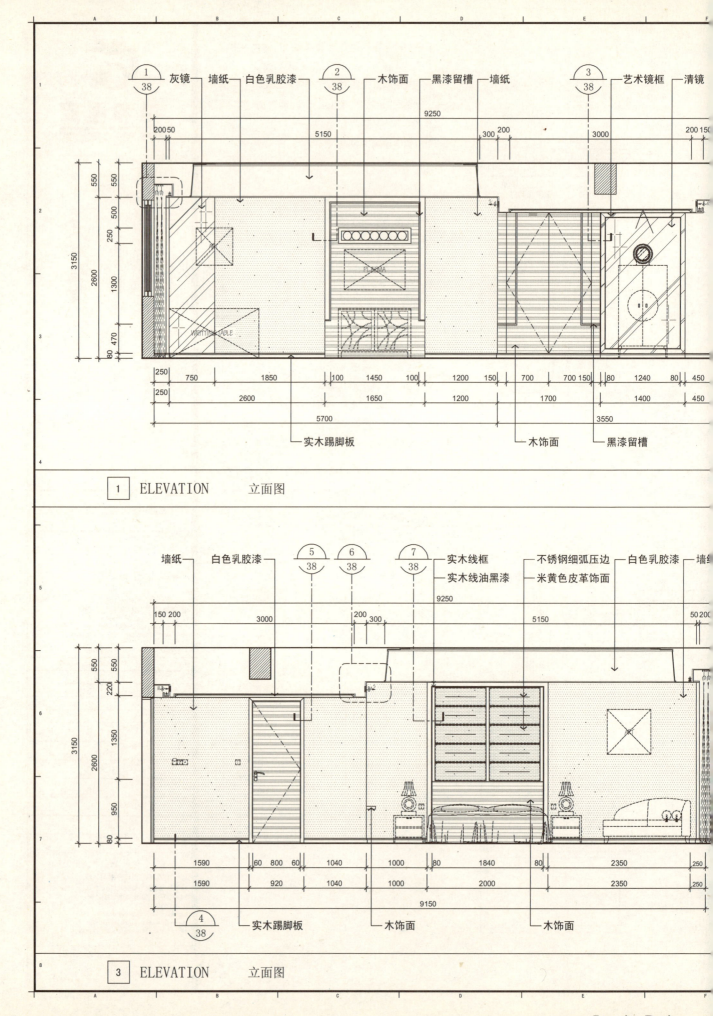

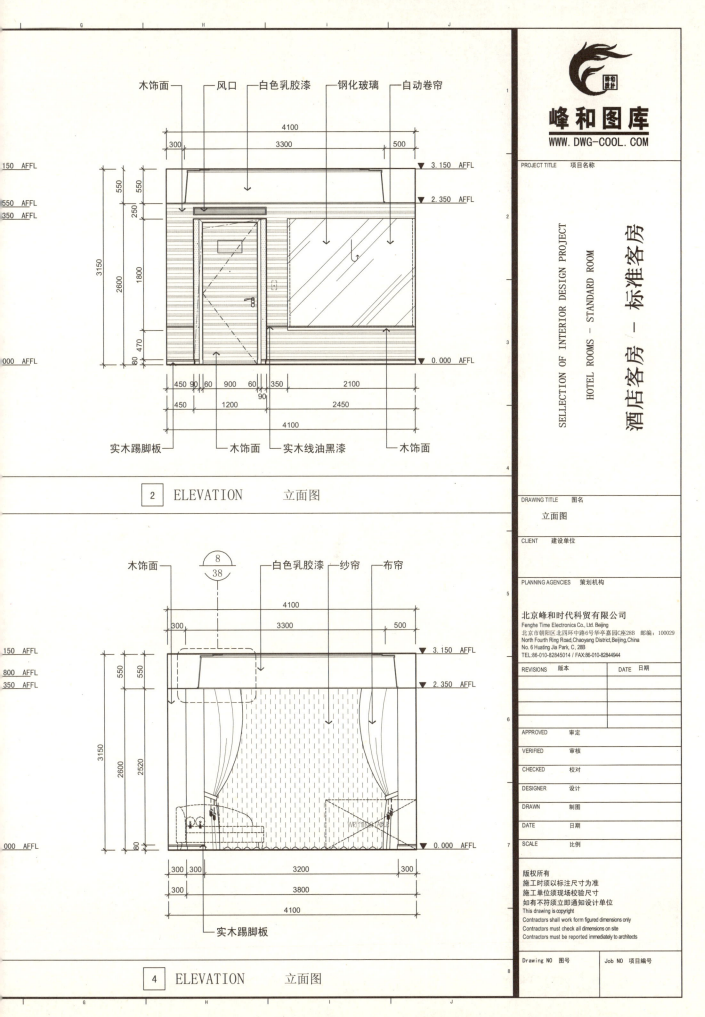

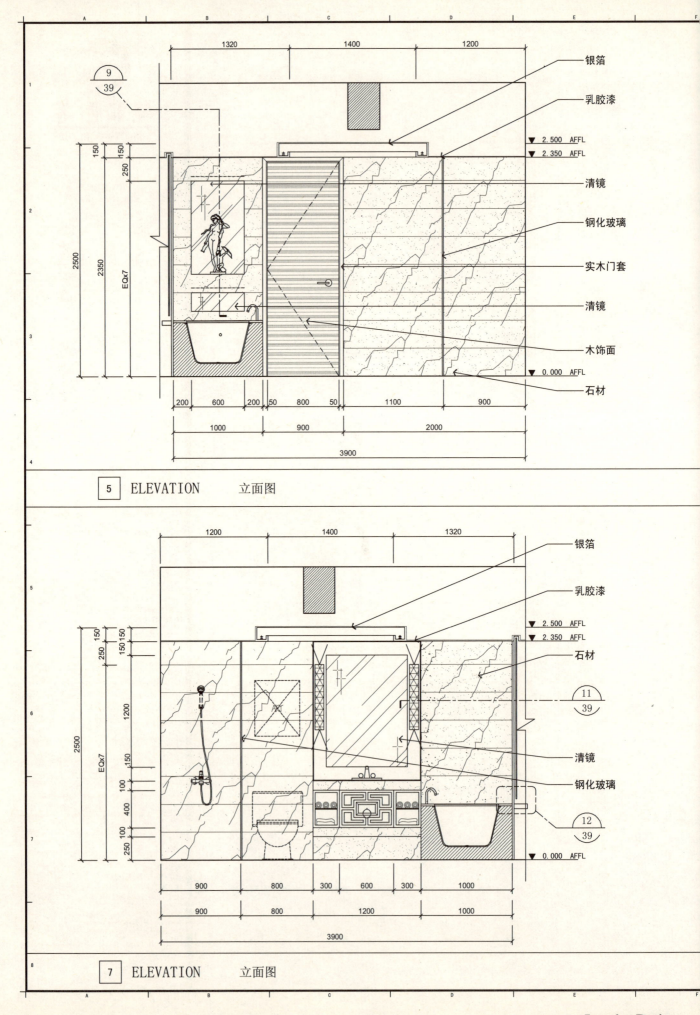

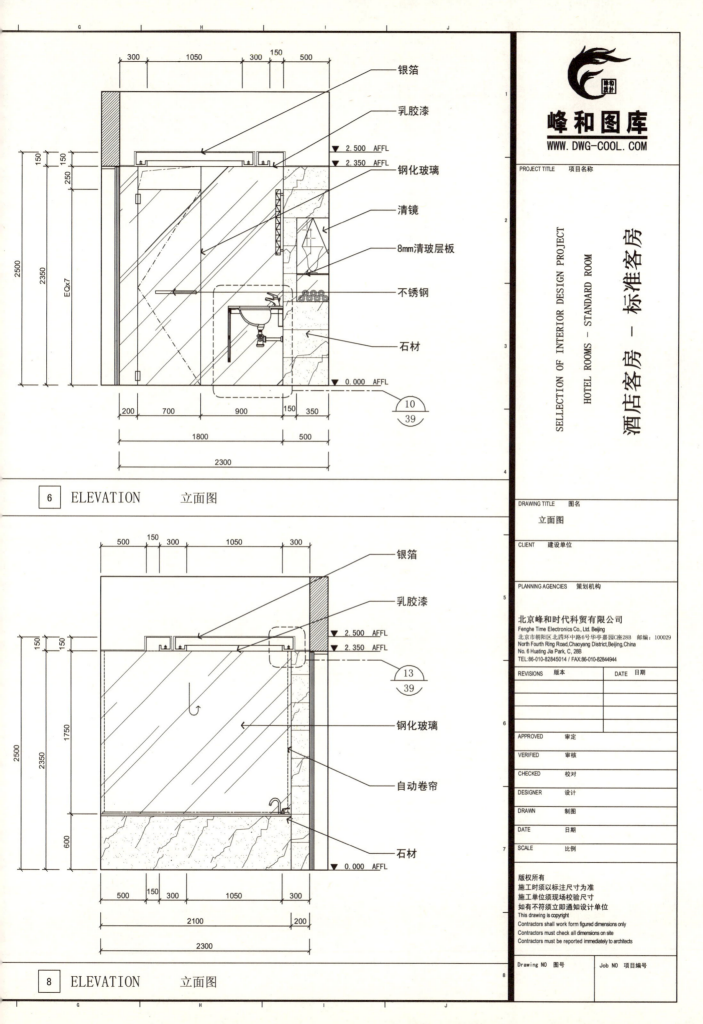

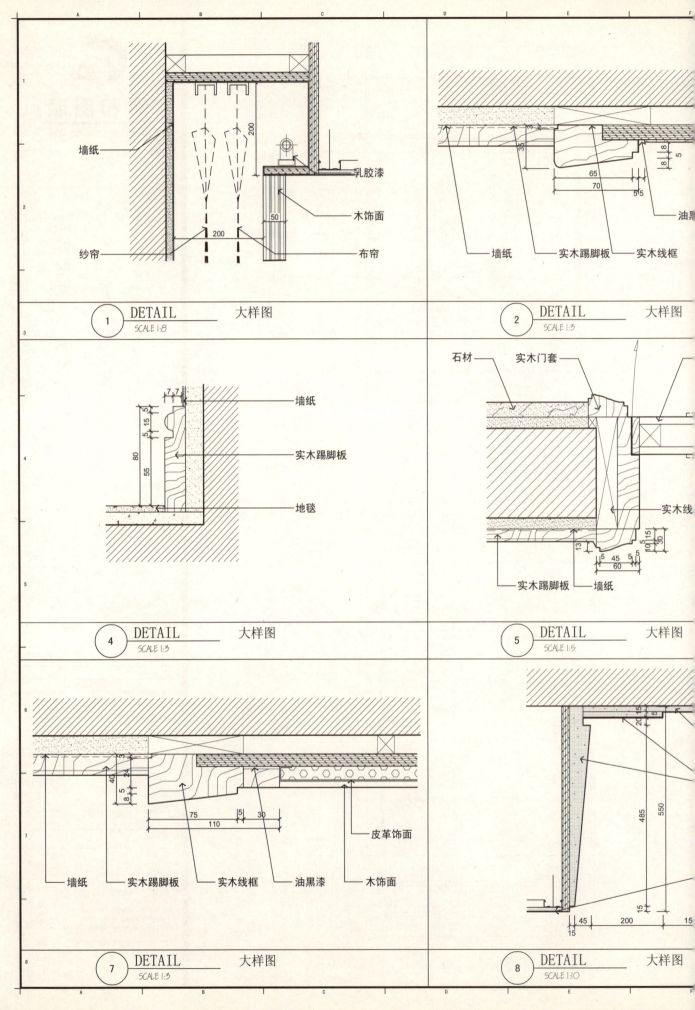

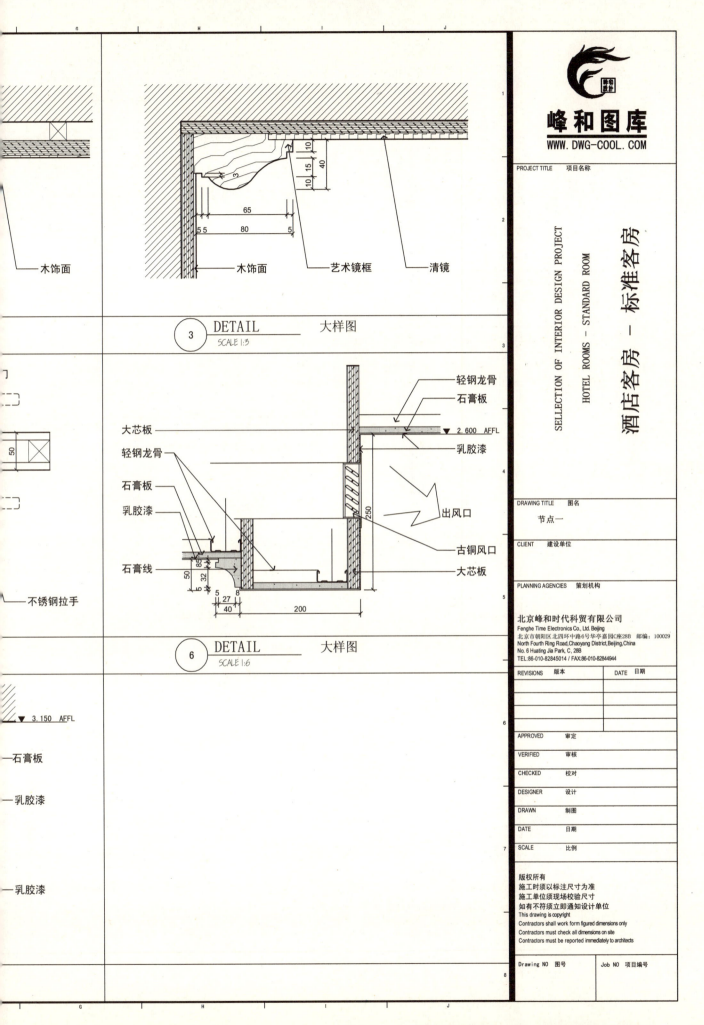

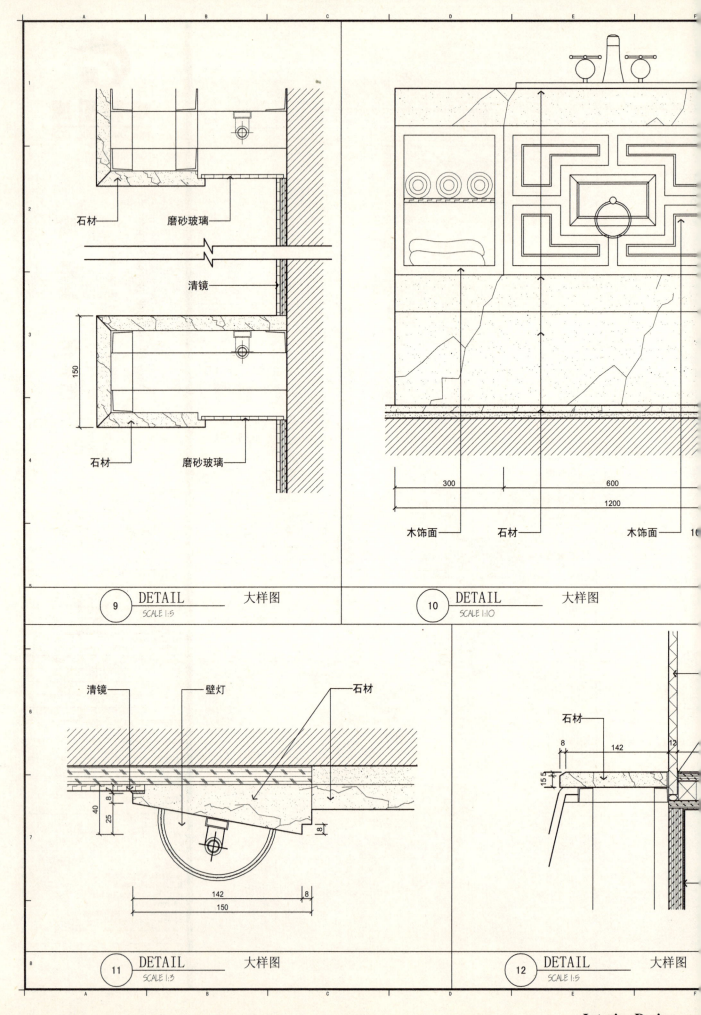

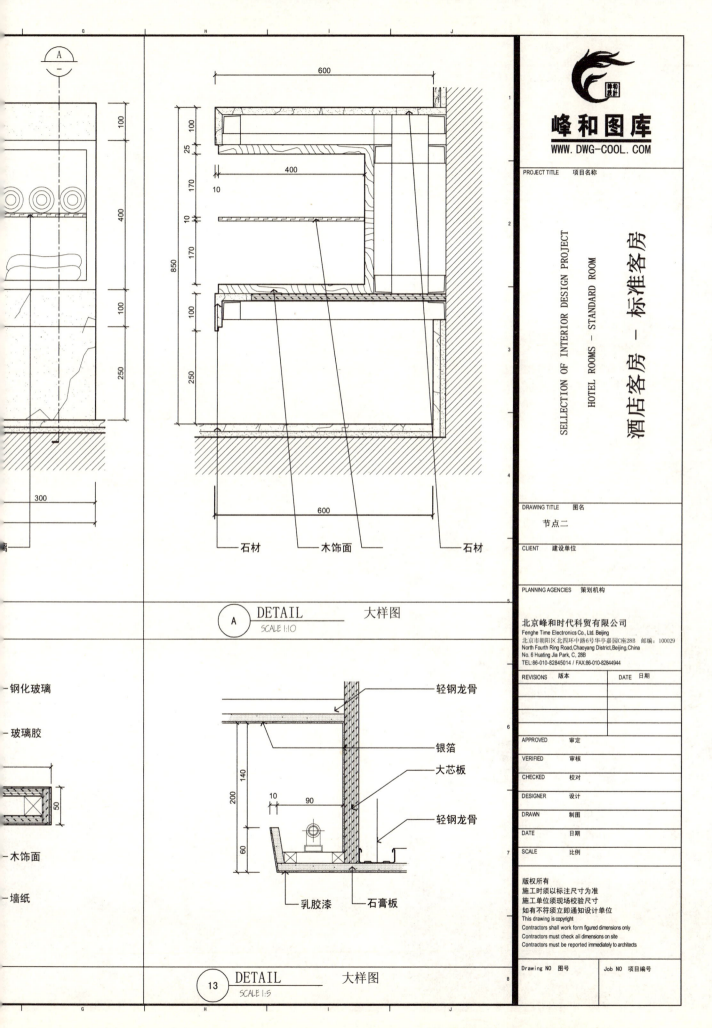

-Interior Design-

标准客房效果图范例二
EXAMPLES II OF PERSPECTIVE DRAWING FOR STANDARD ROOM

登录"峰和图库"网站，获取更多成套设计方案

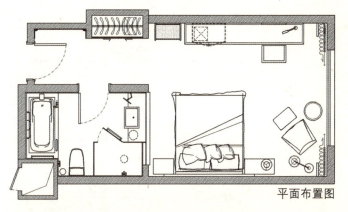

平面布置图

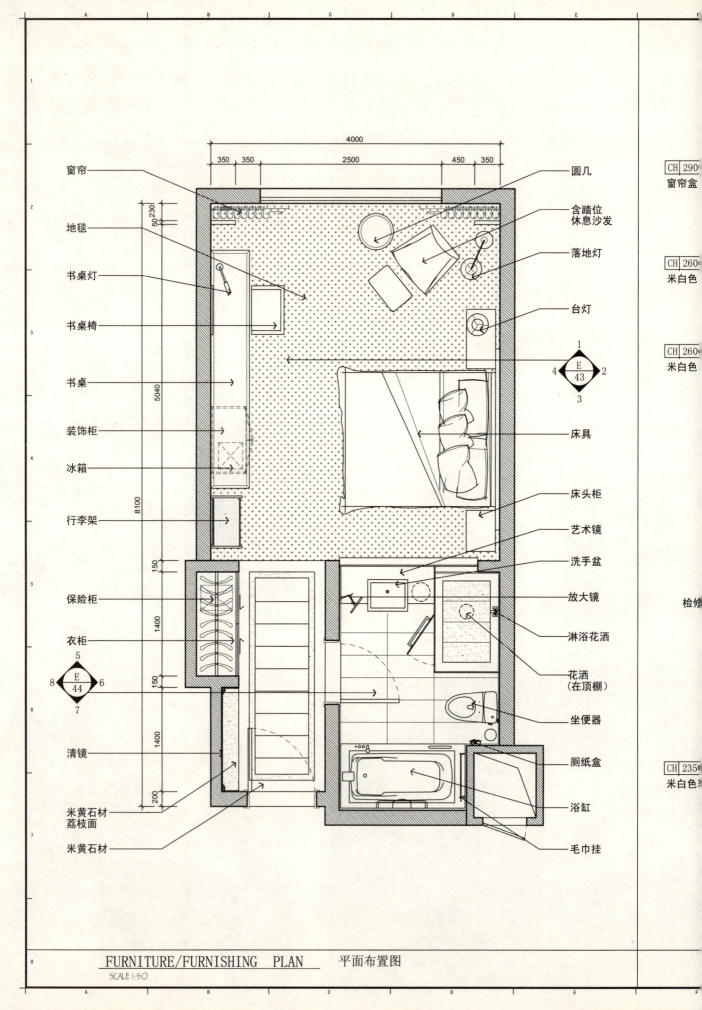

FURNITURE/FURNISHING PLAN　平面布置图
SCALE 1:50

-Interior Design-

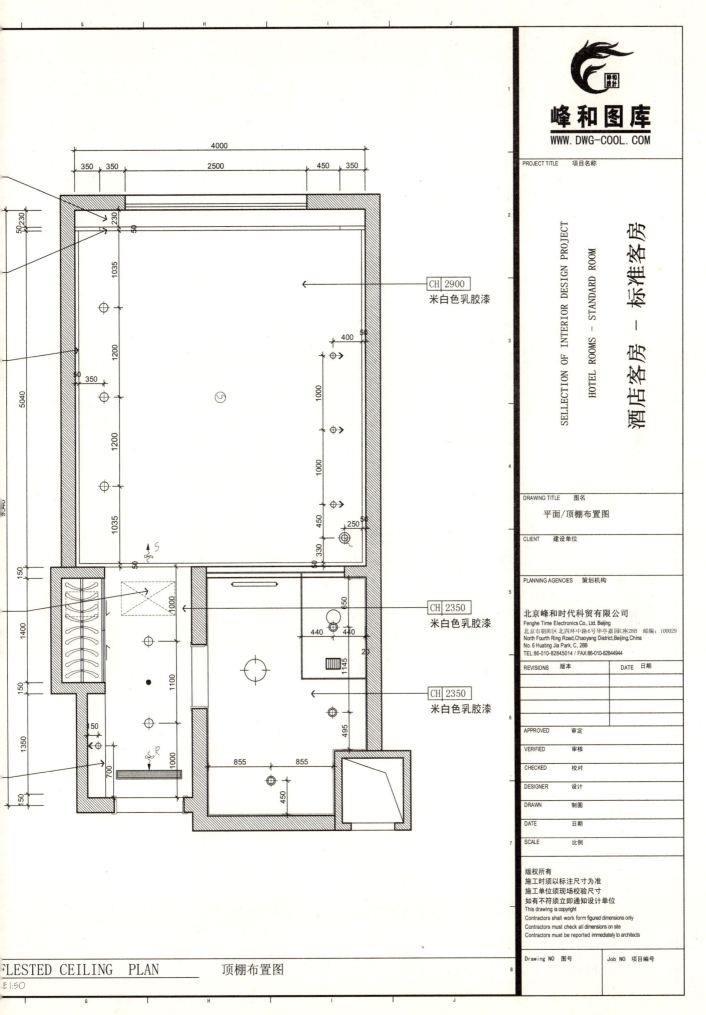

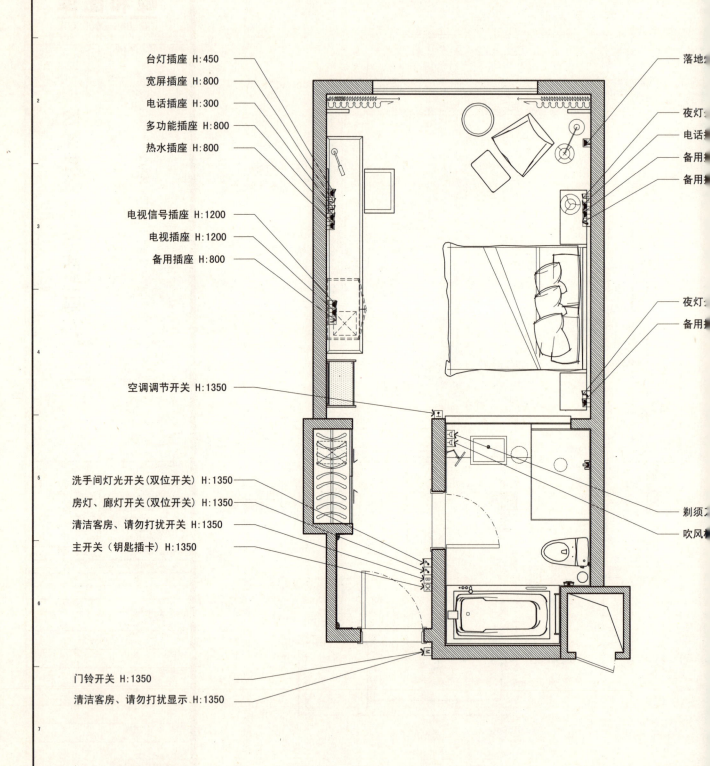

ELESTRICAL/MECHANICAL PLAN 配电平面布置图
SCALE 1:55

-Interior Design-

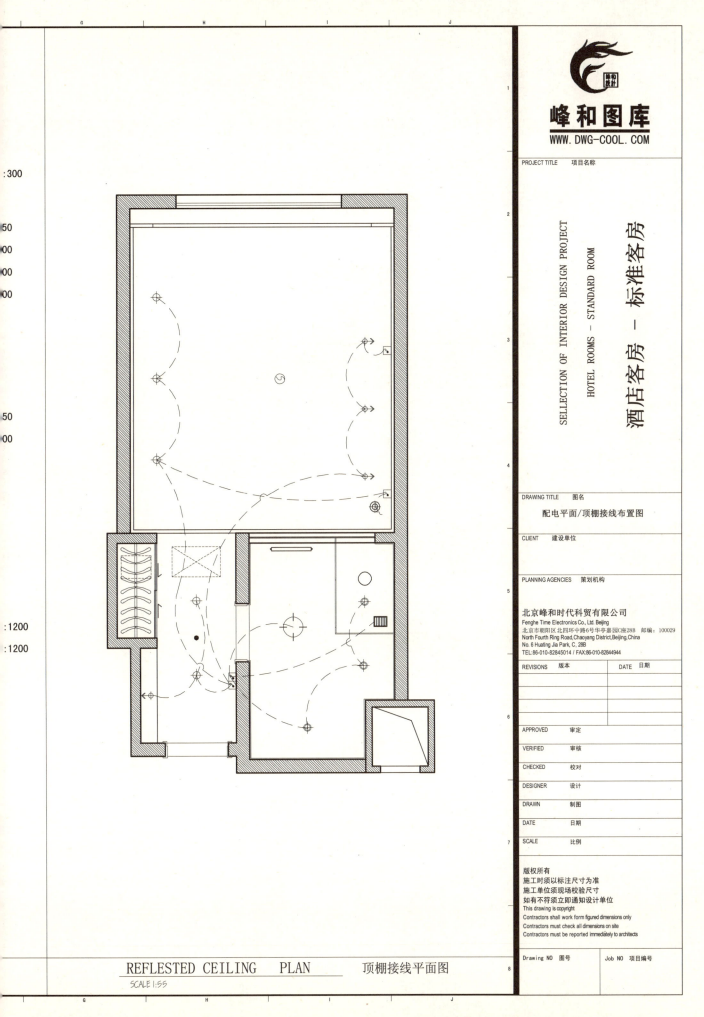

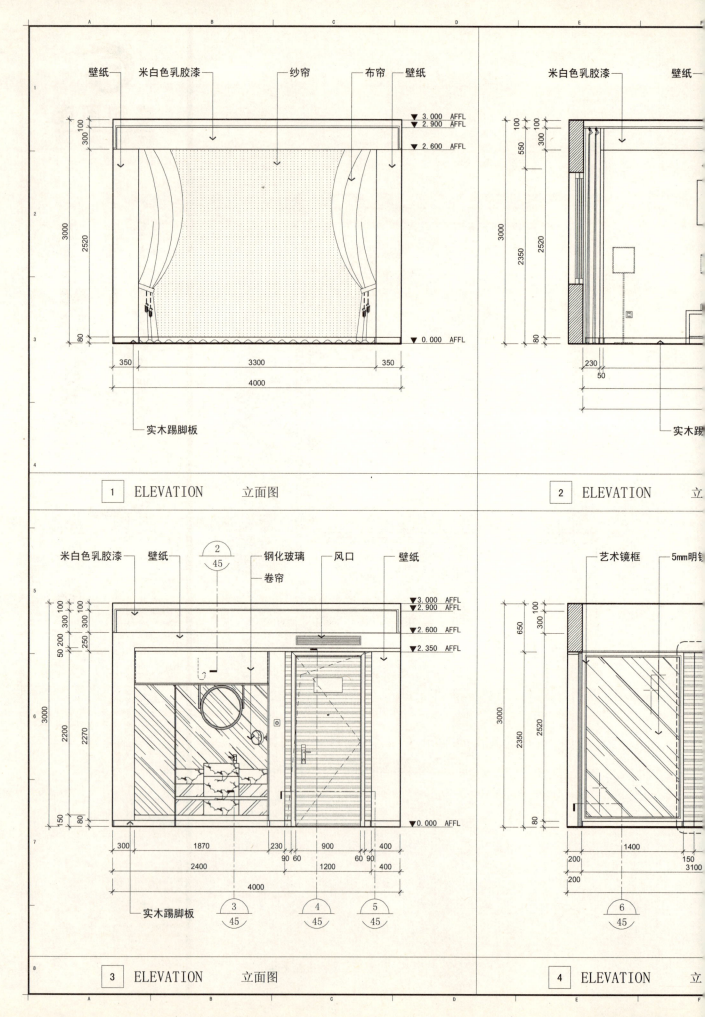

-Interior Design-

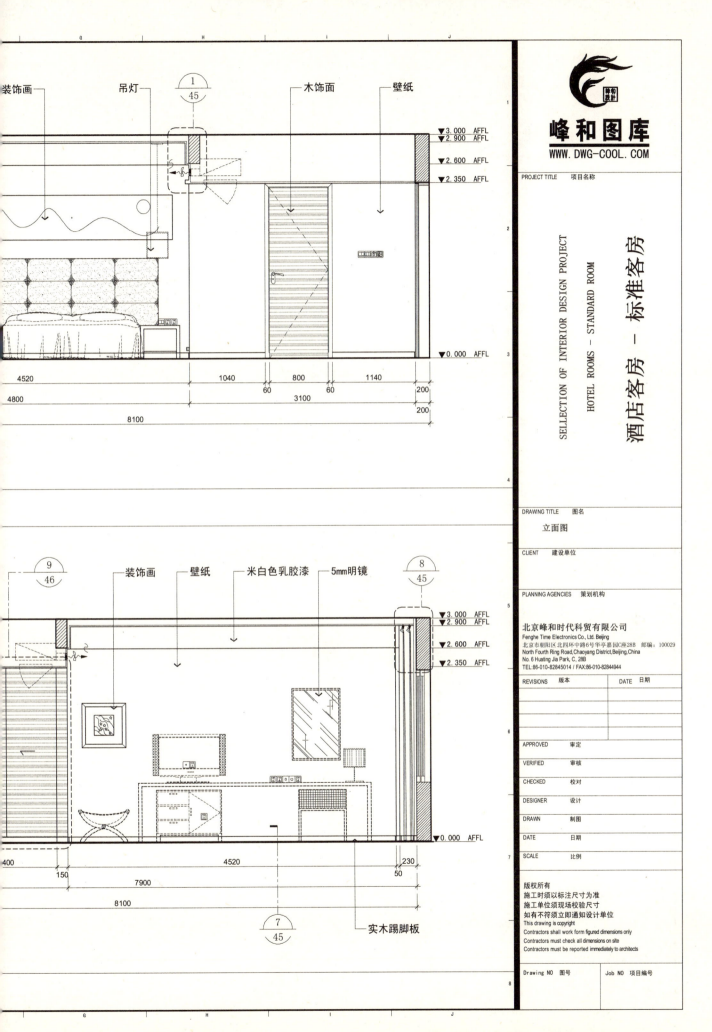

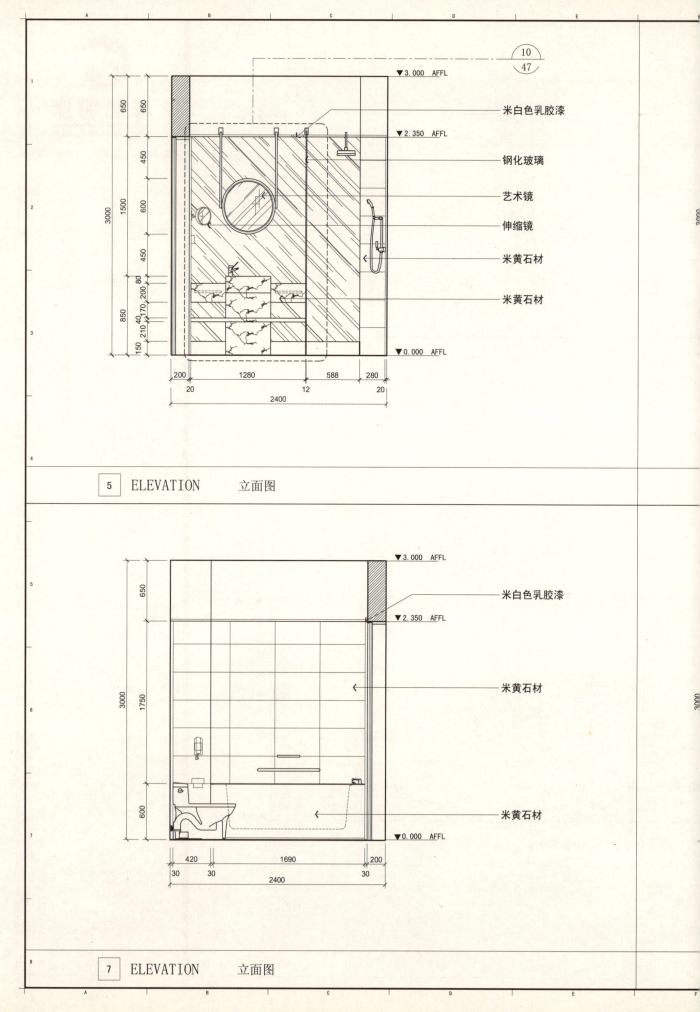

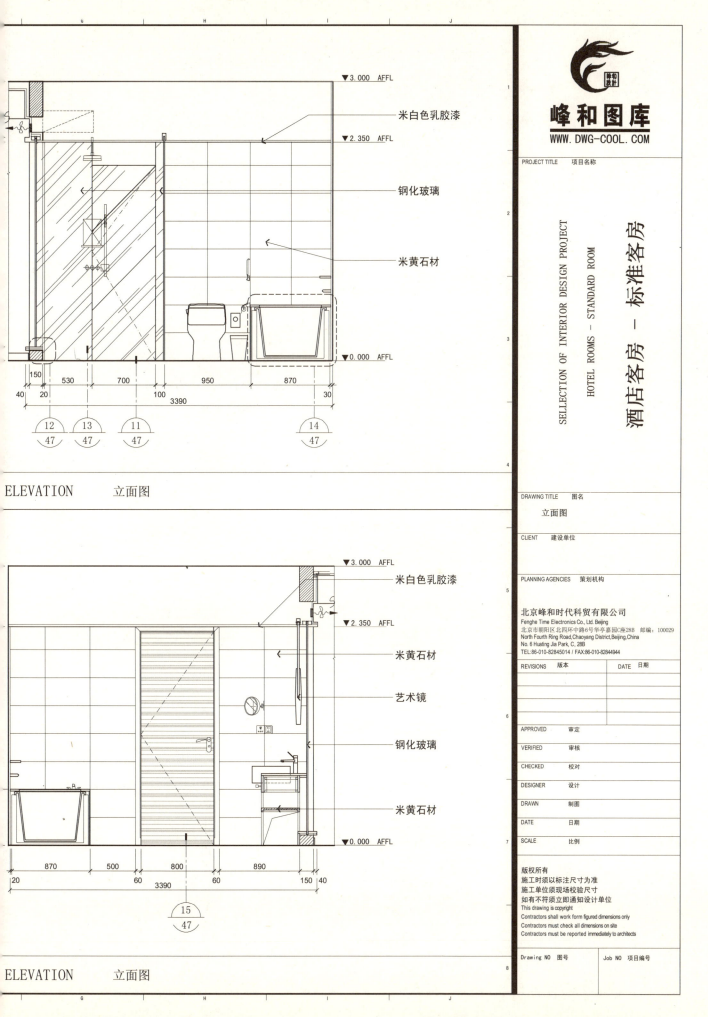

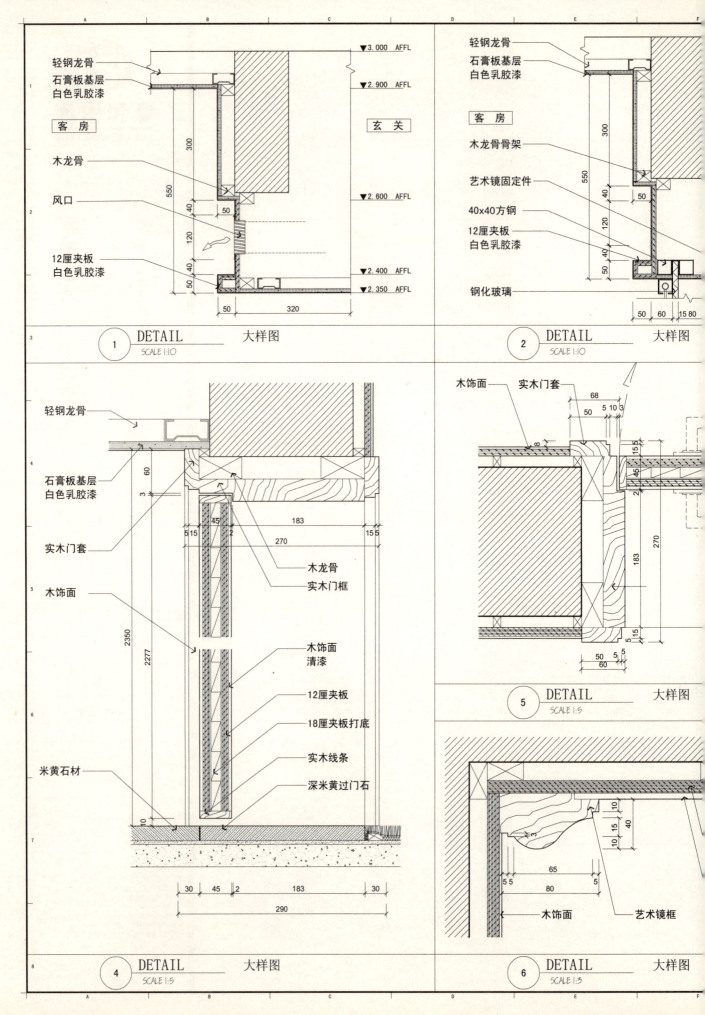

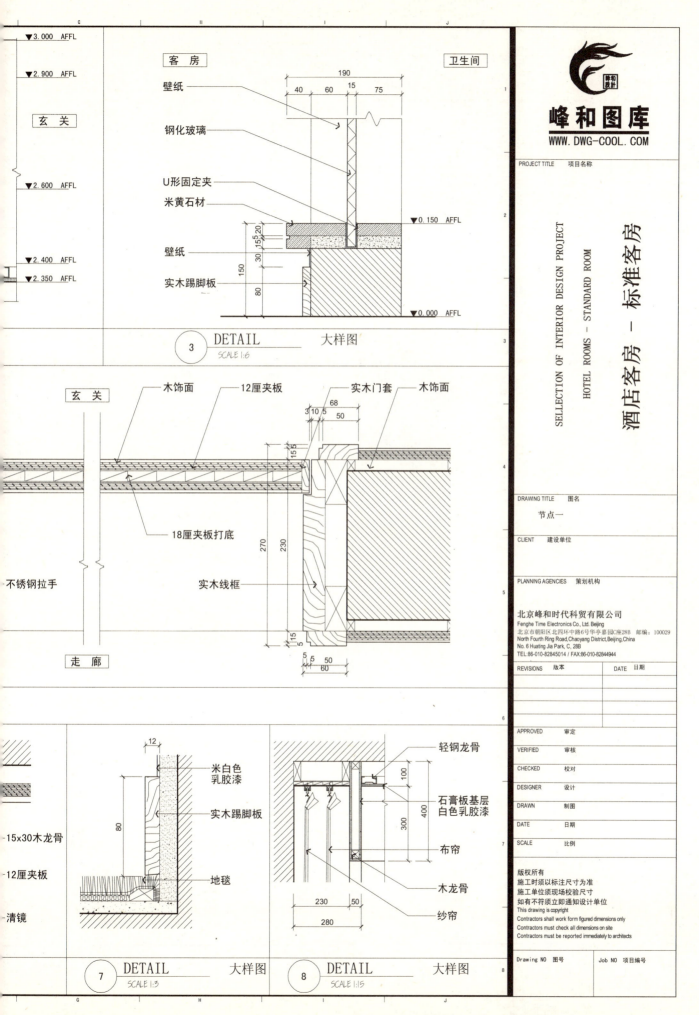

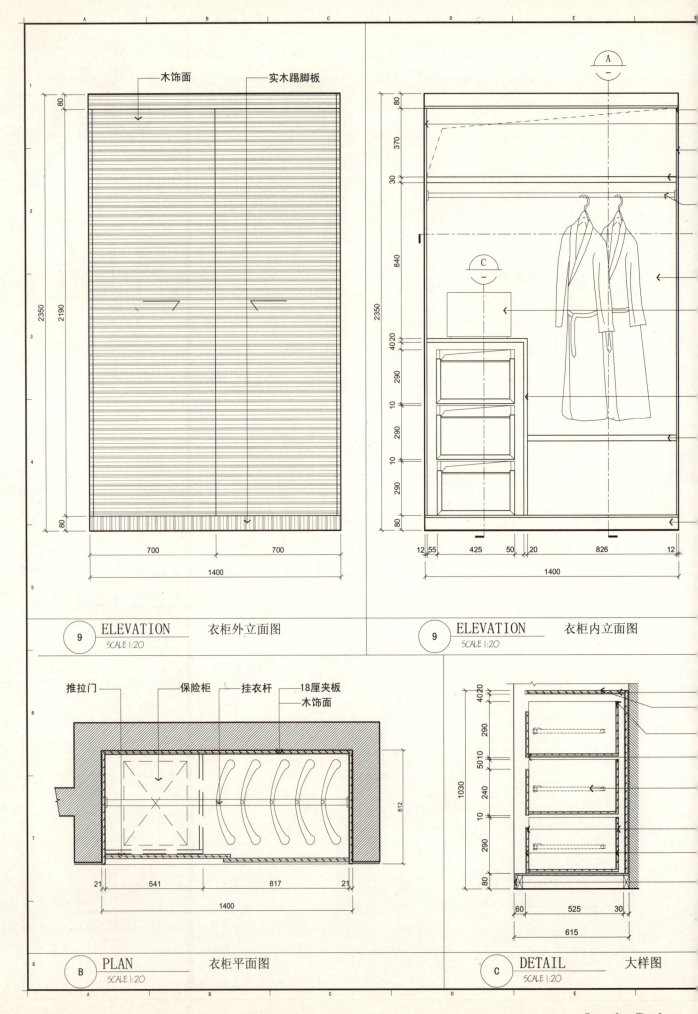

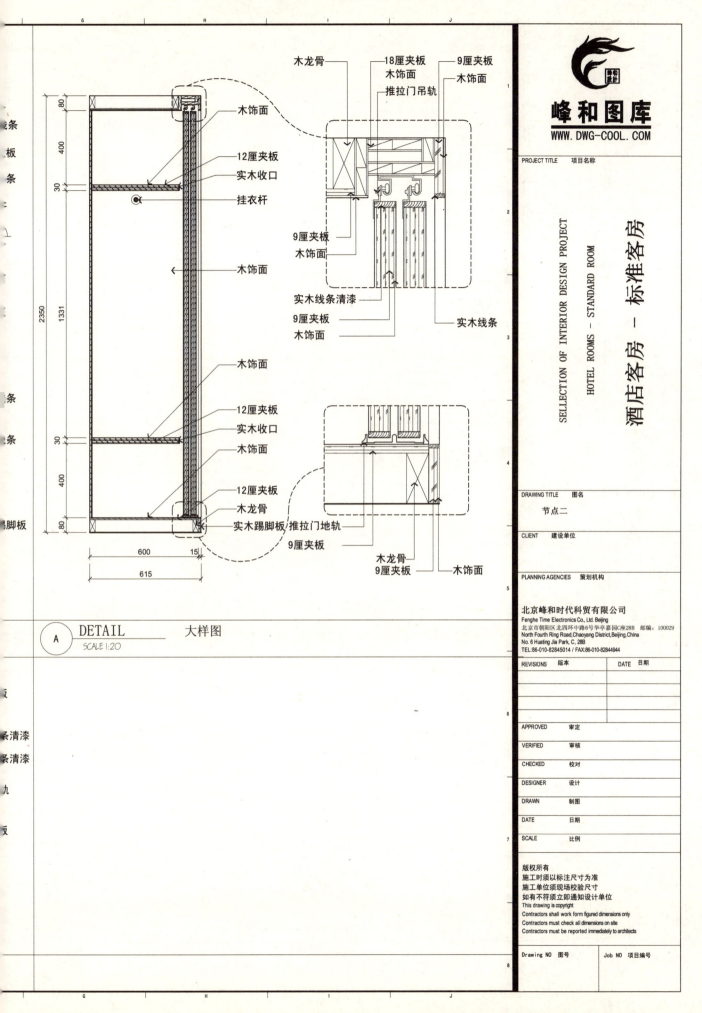

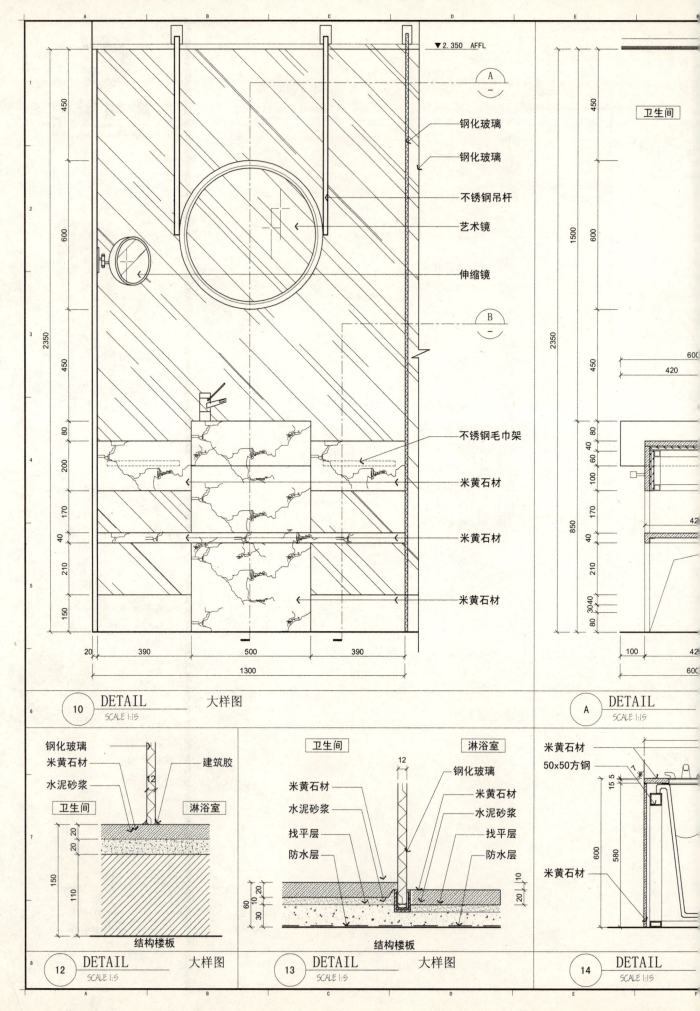

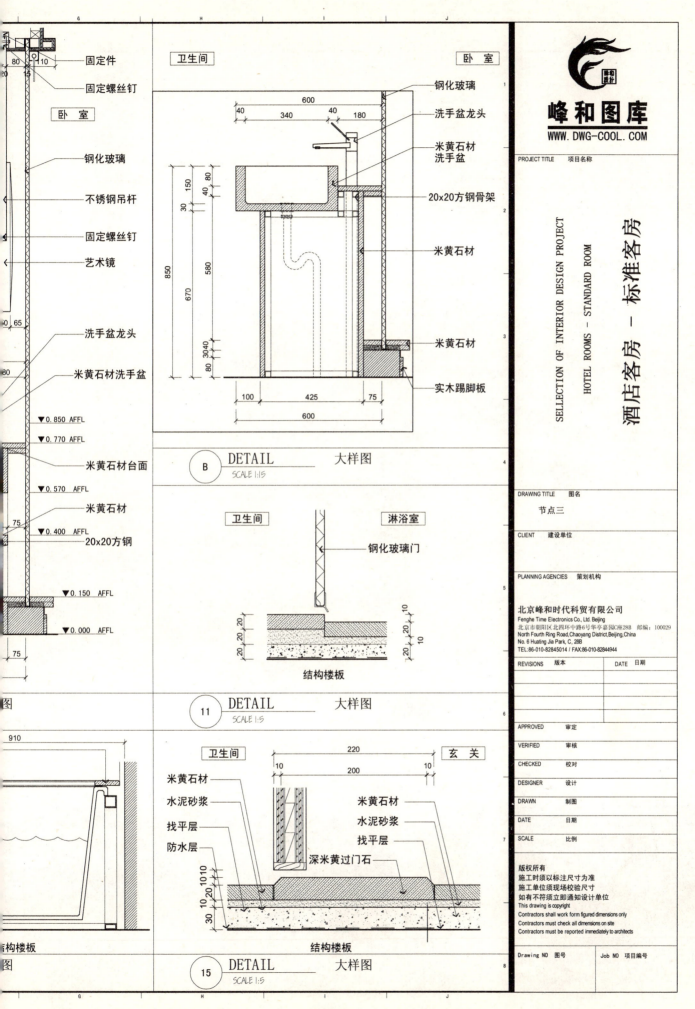

-Interior Design-

标准客房效果图范例三

EXAMPLES III OF PERSPECTIVE DRAWING FOR STANDARD ROOM

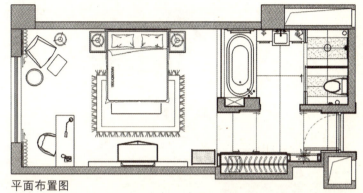

平面布置图

登录"峰和图库"网站，获取更多成套设计方案

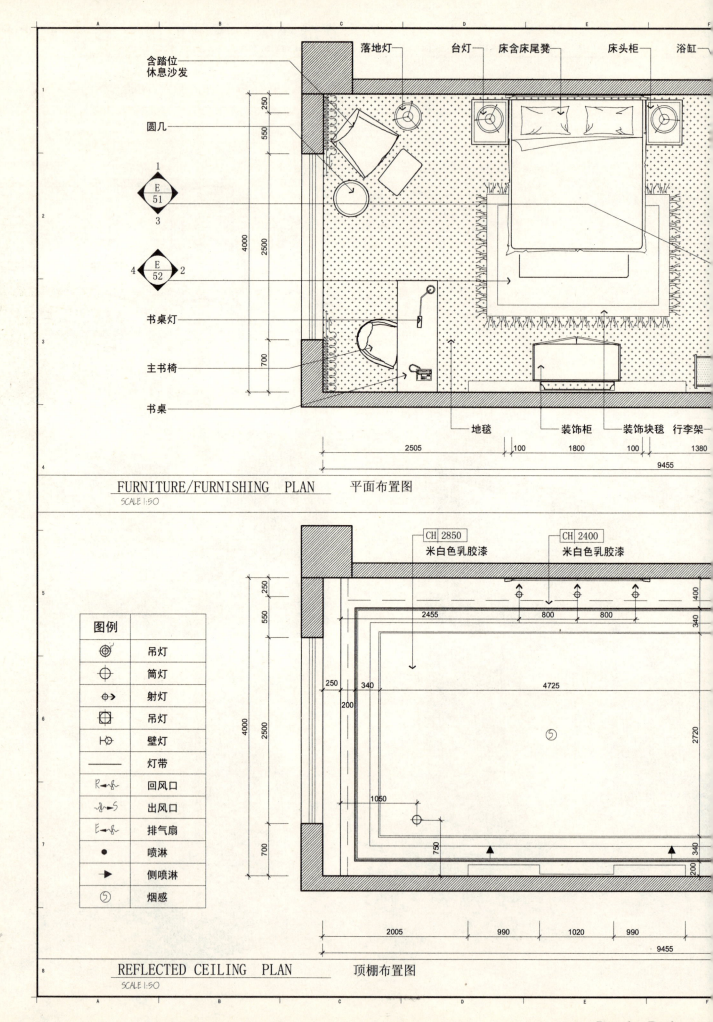

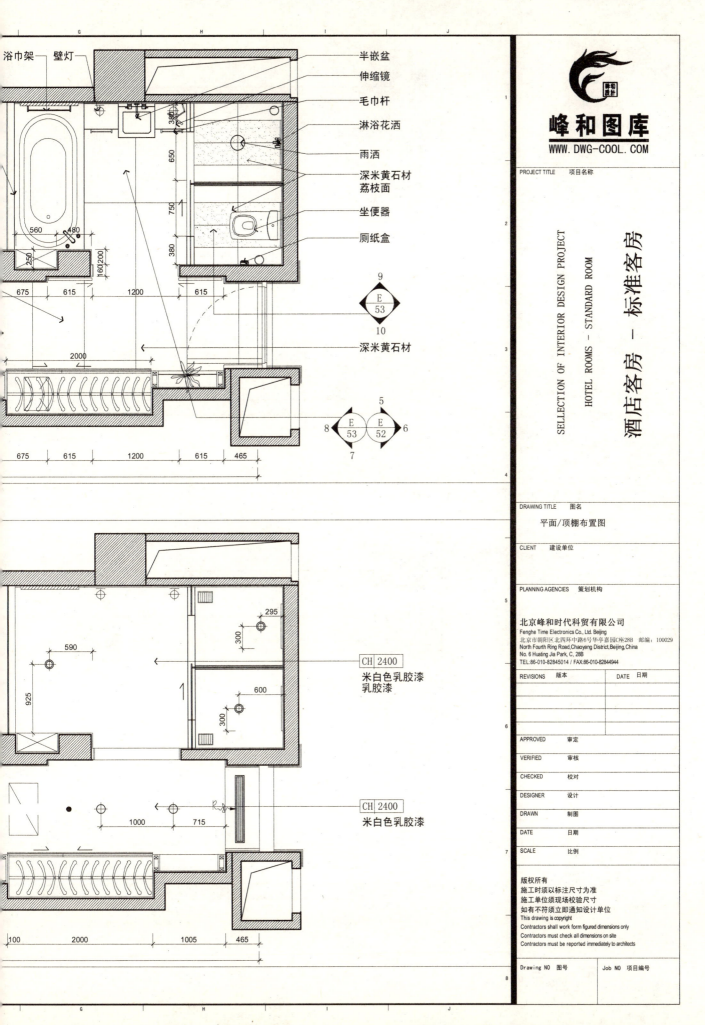

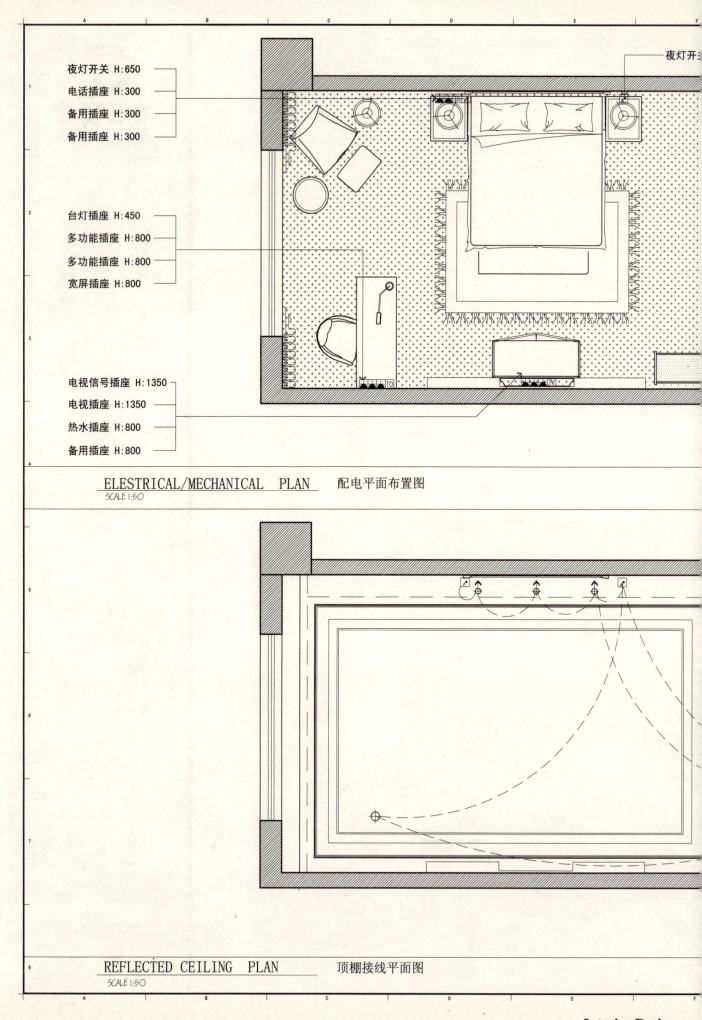

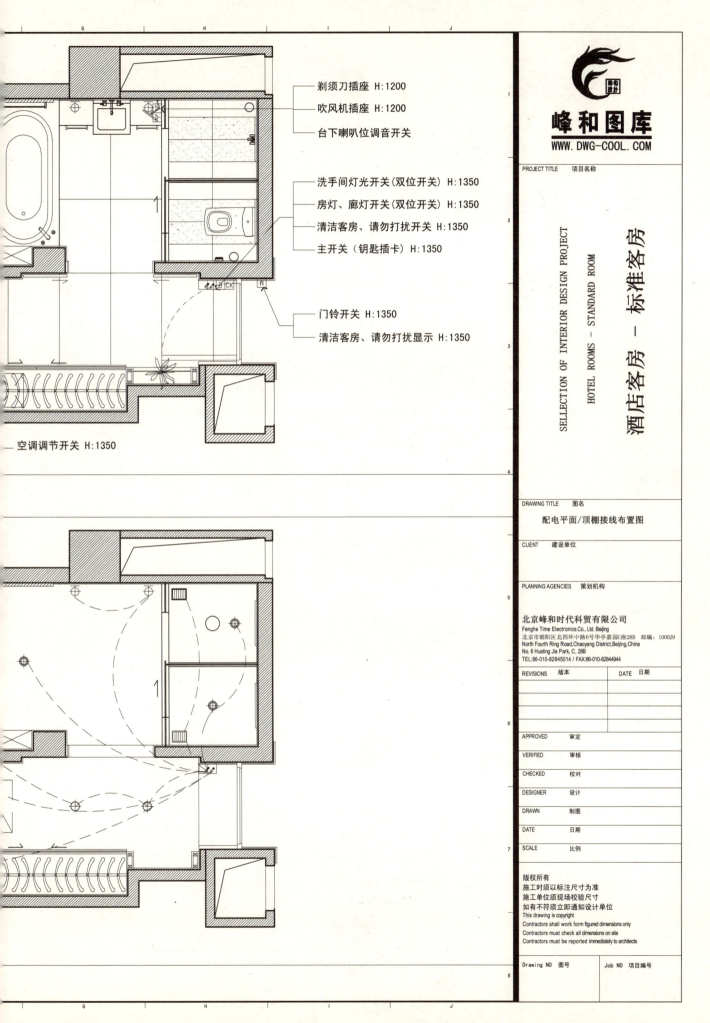

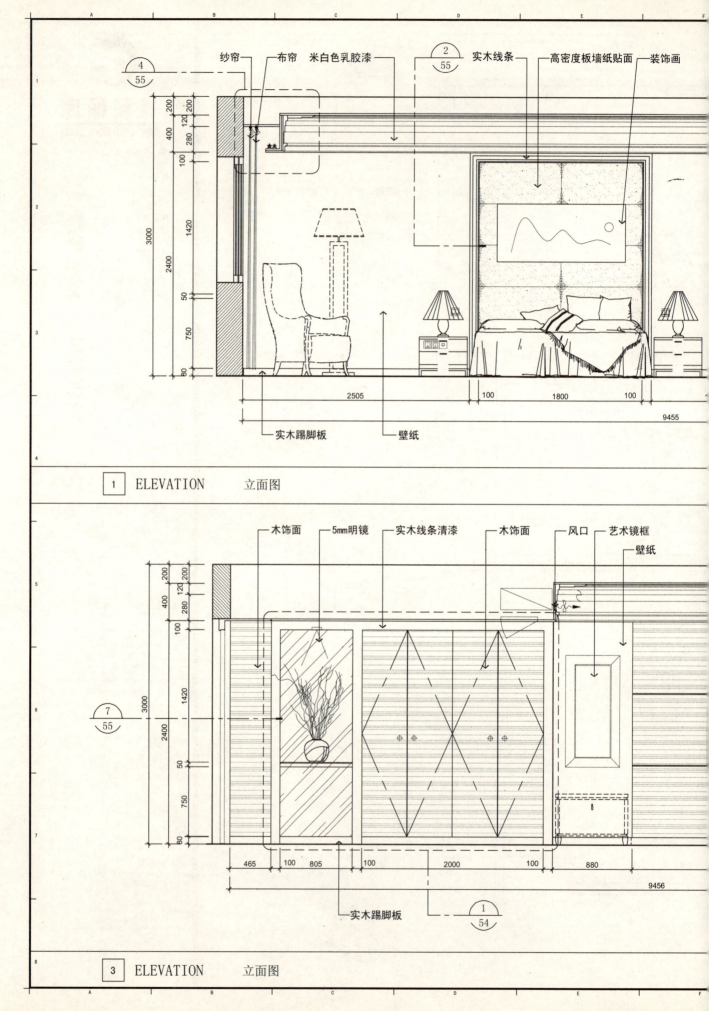

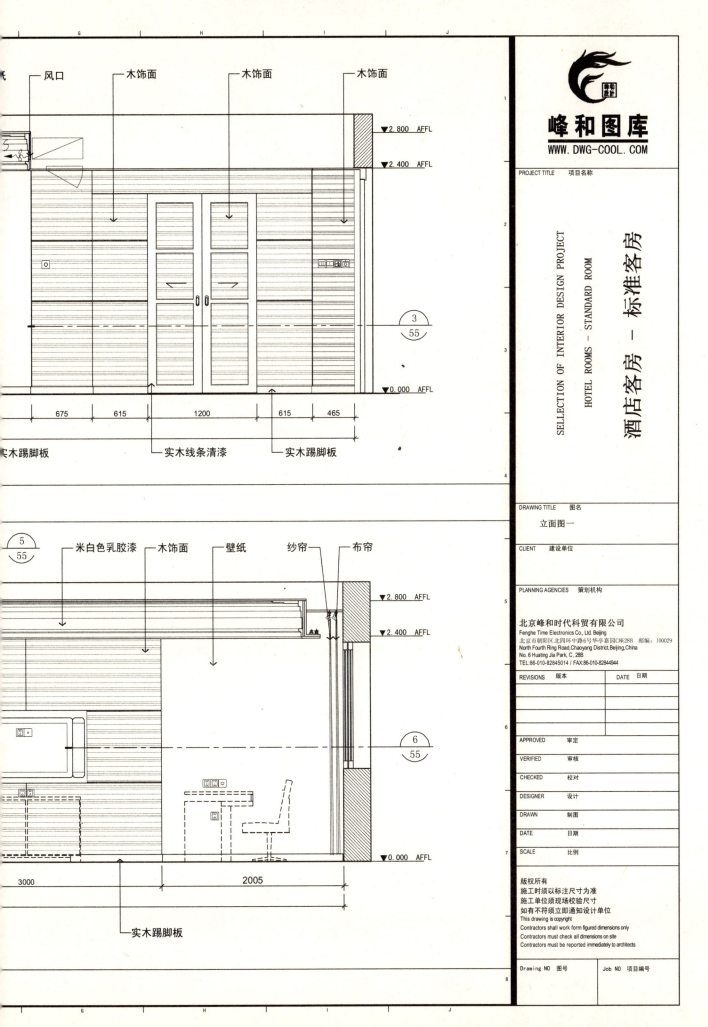

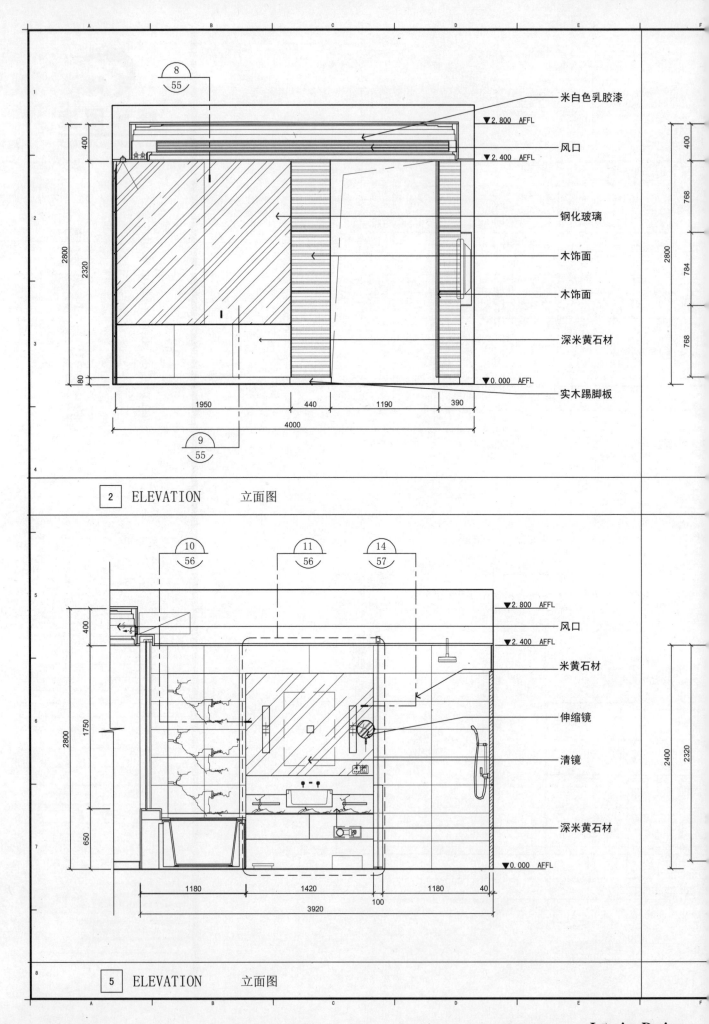

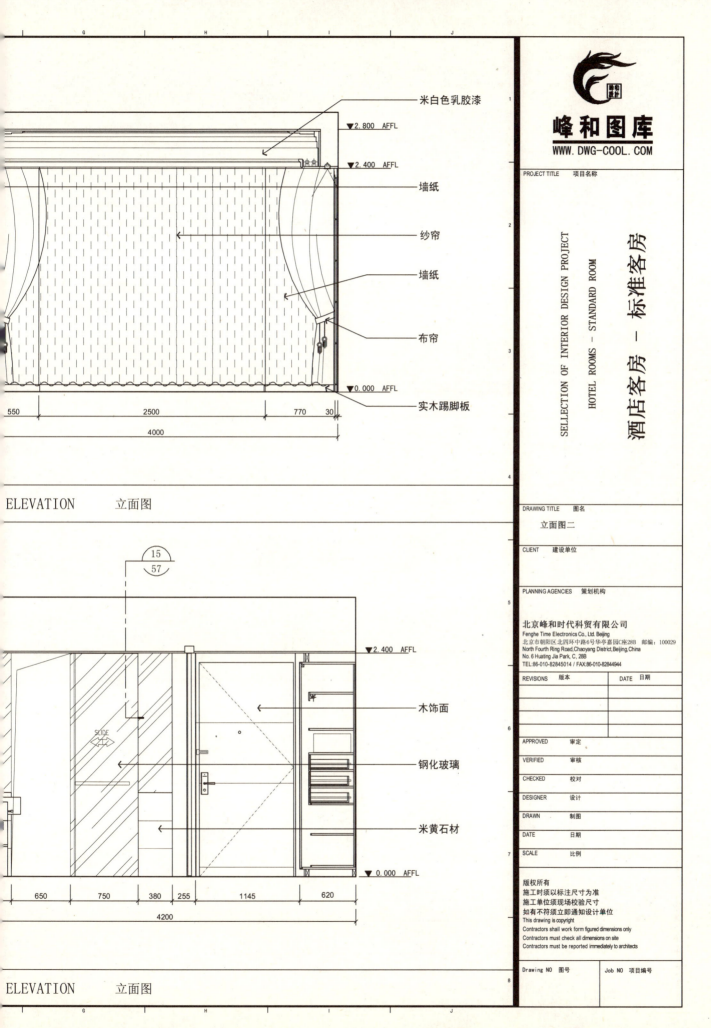

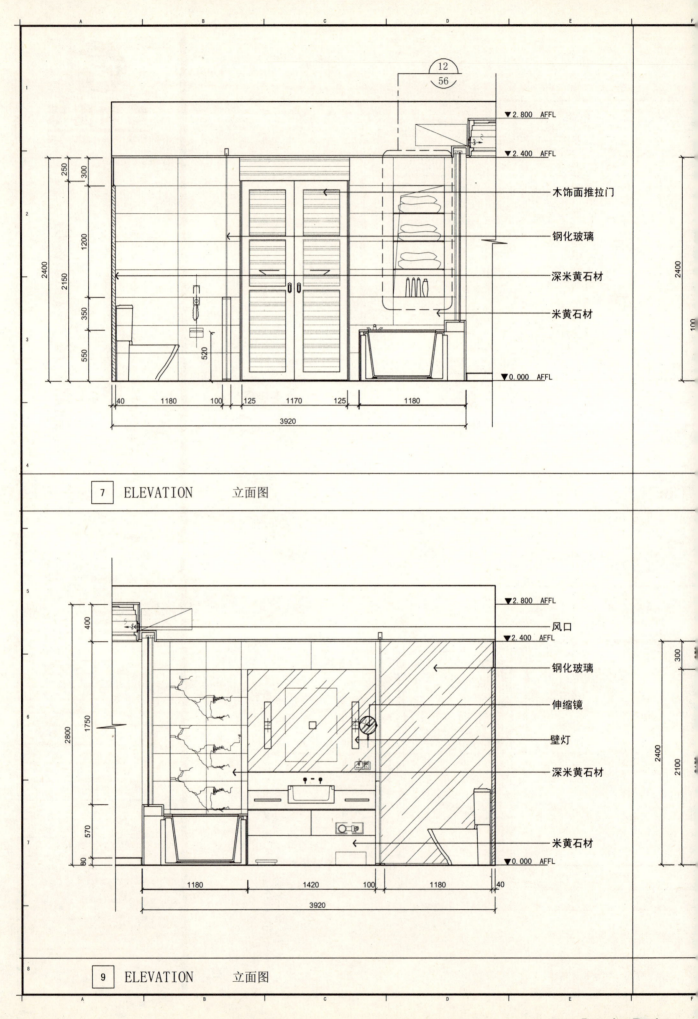

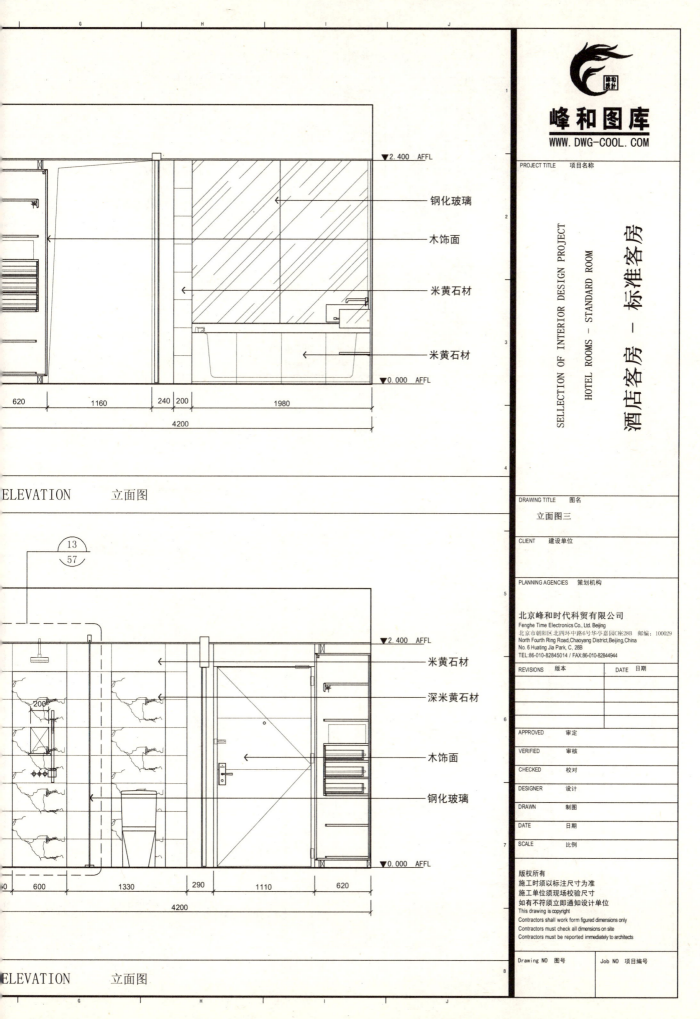

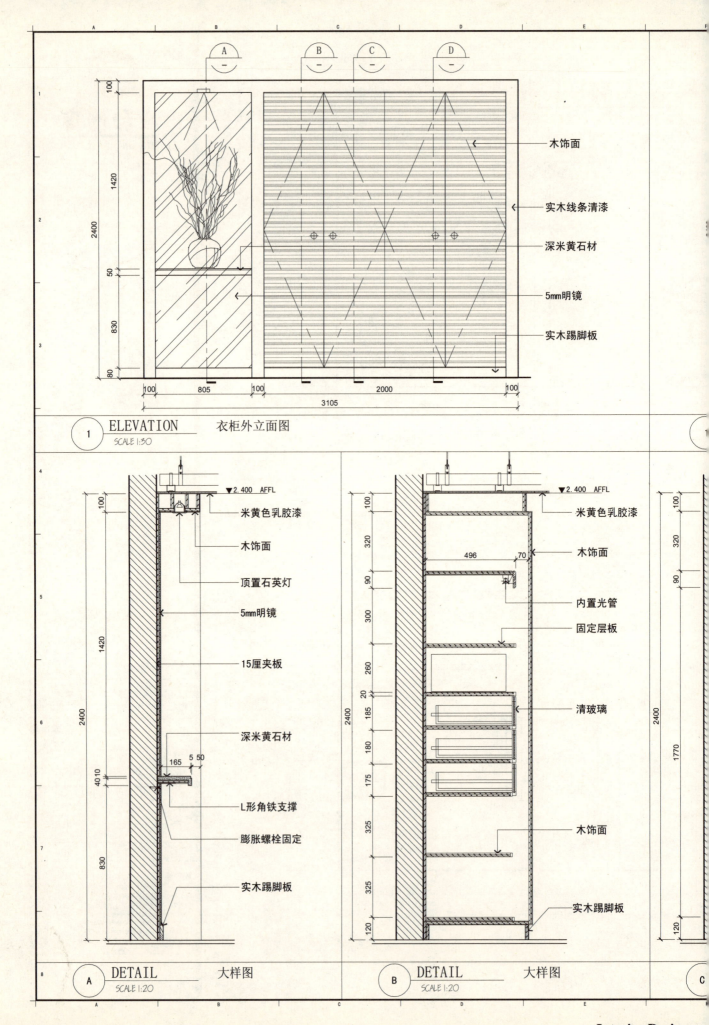

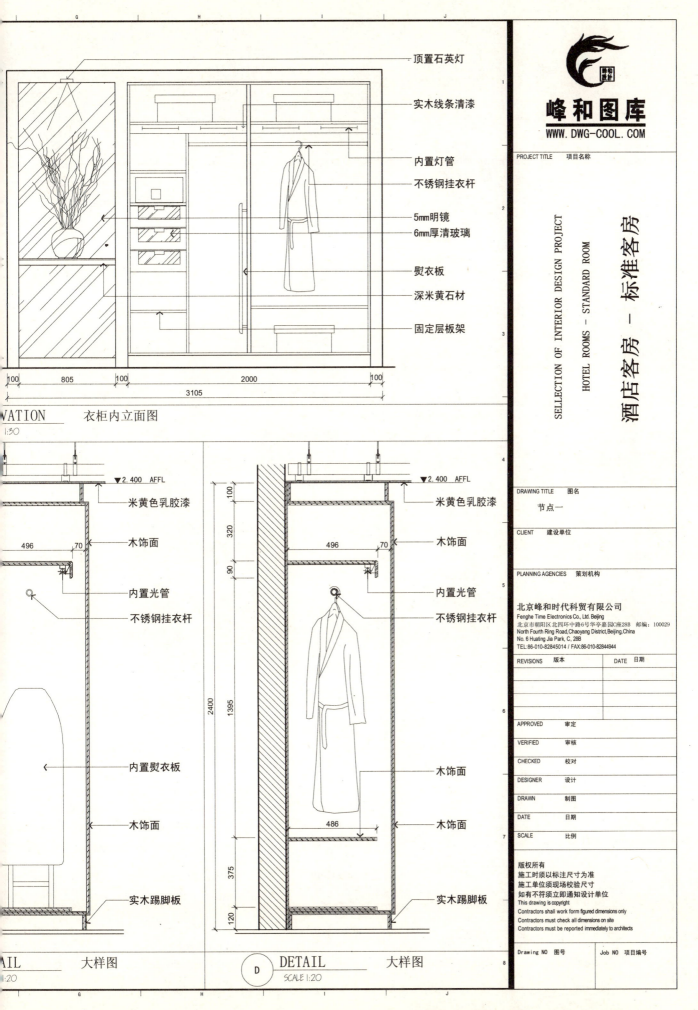

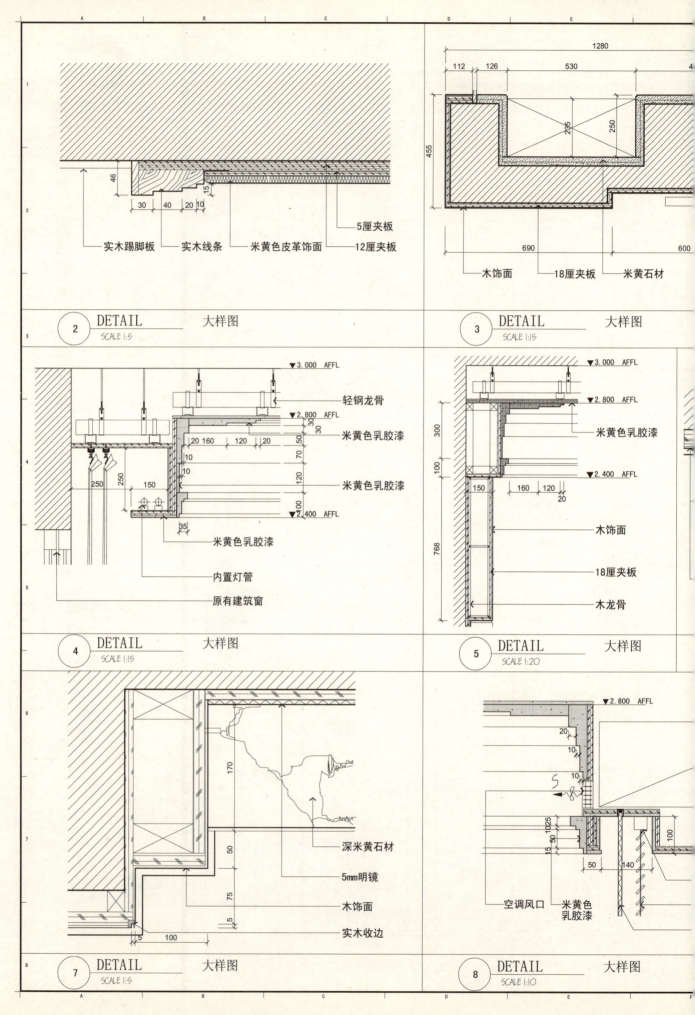

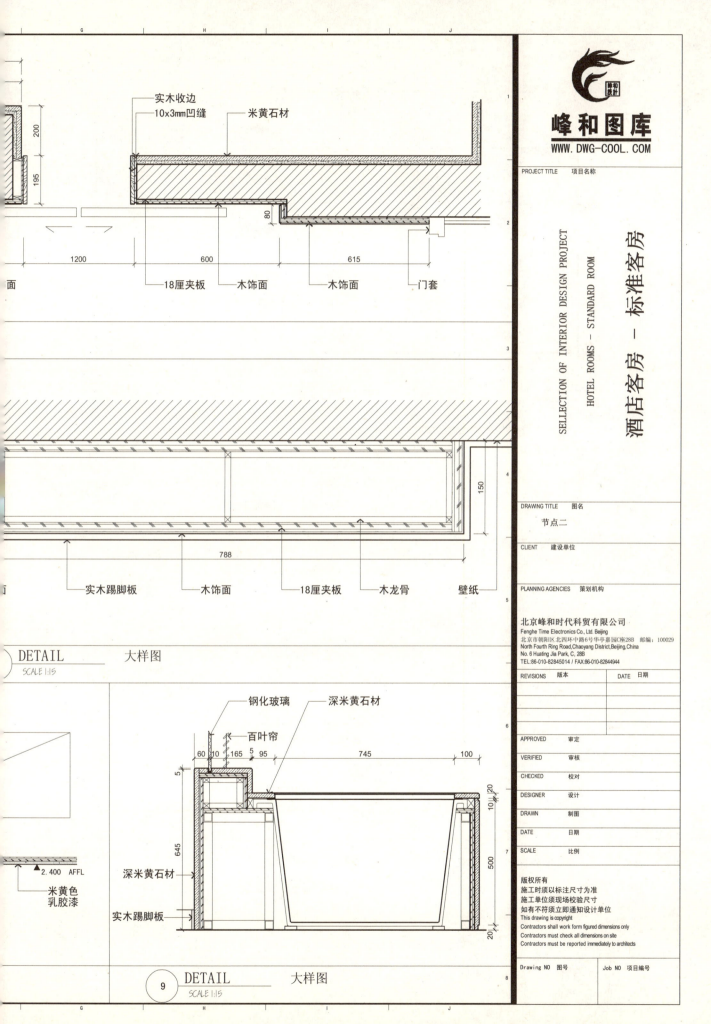

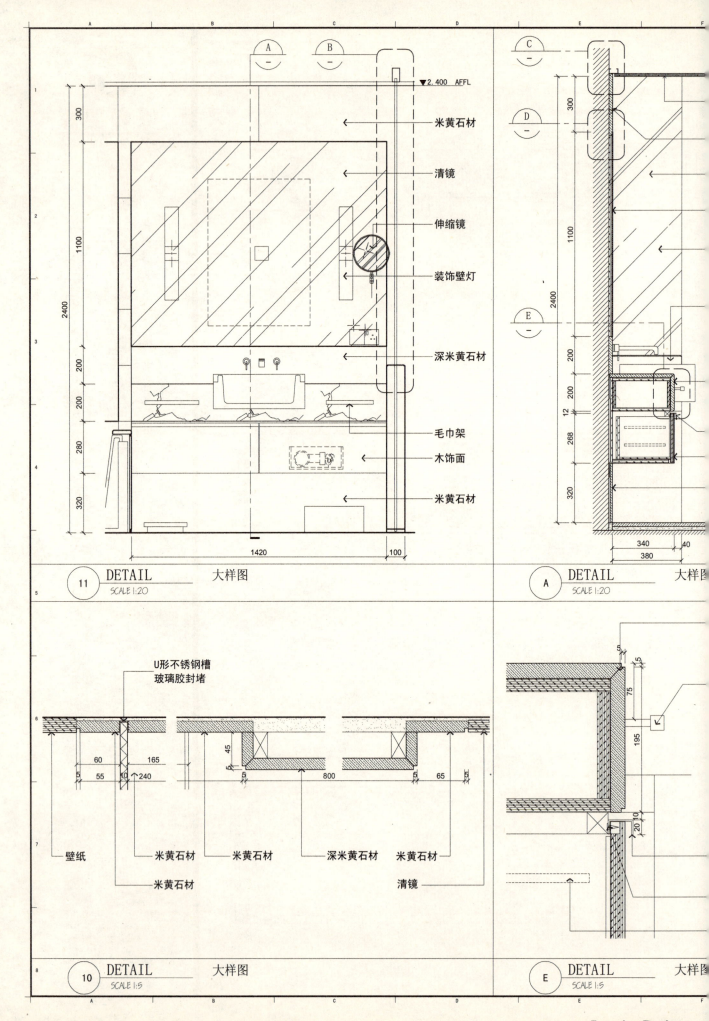

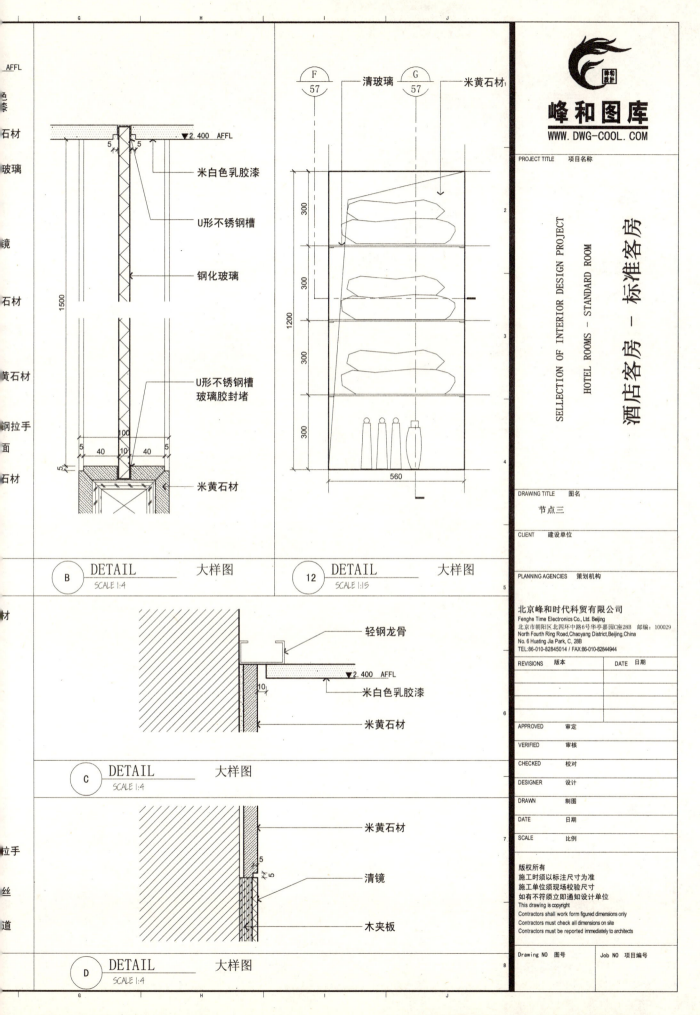

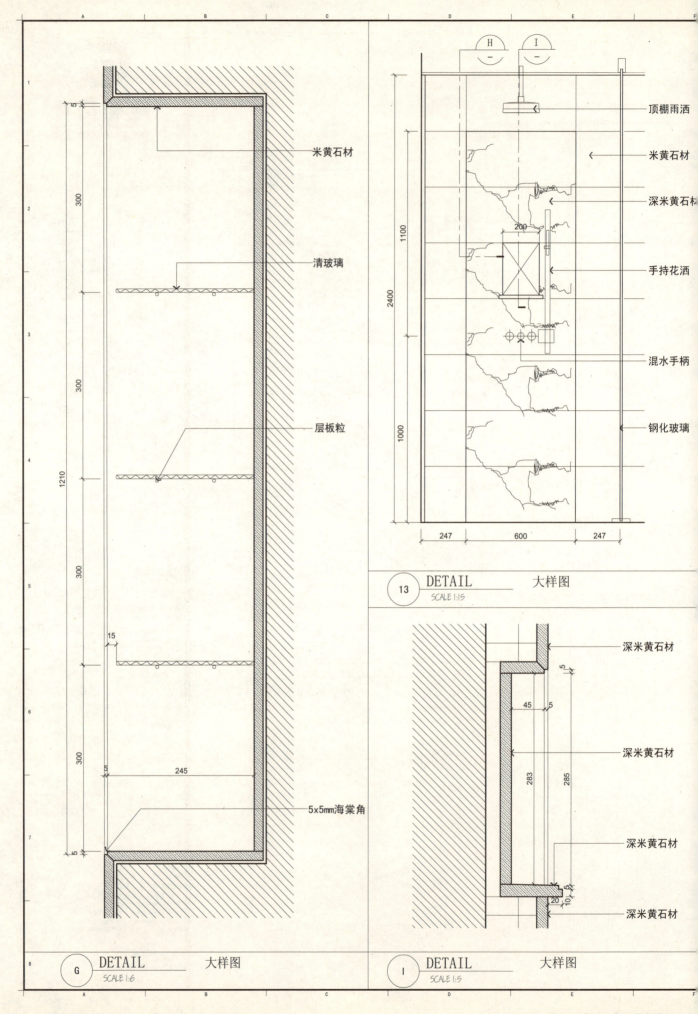

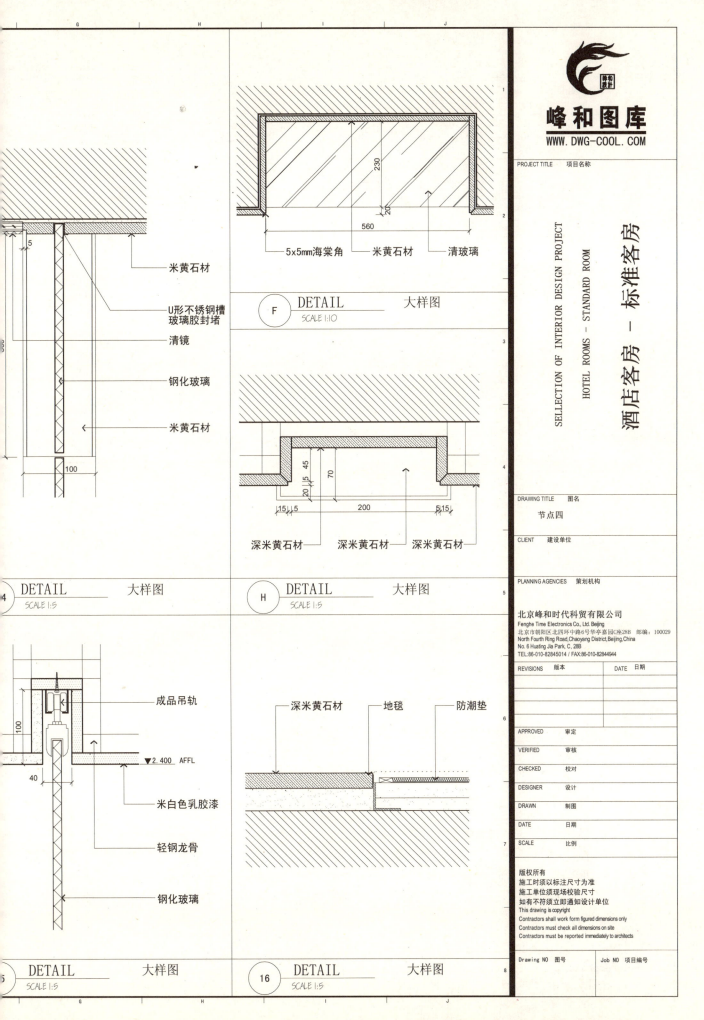

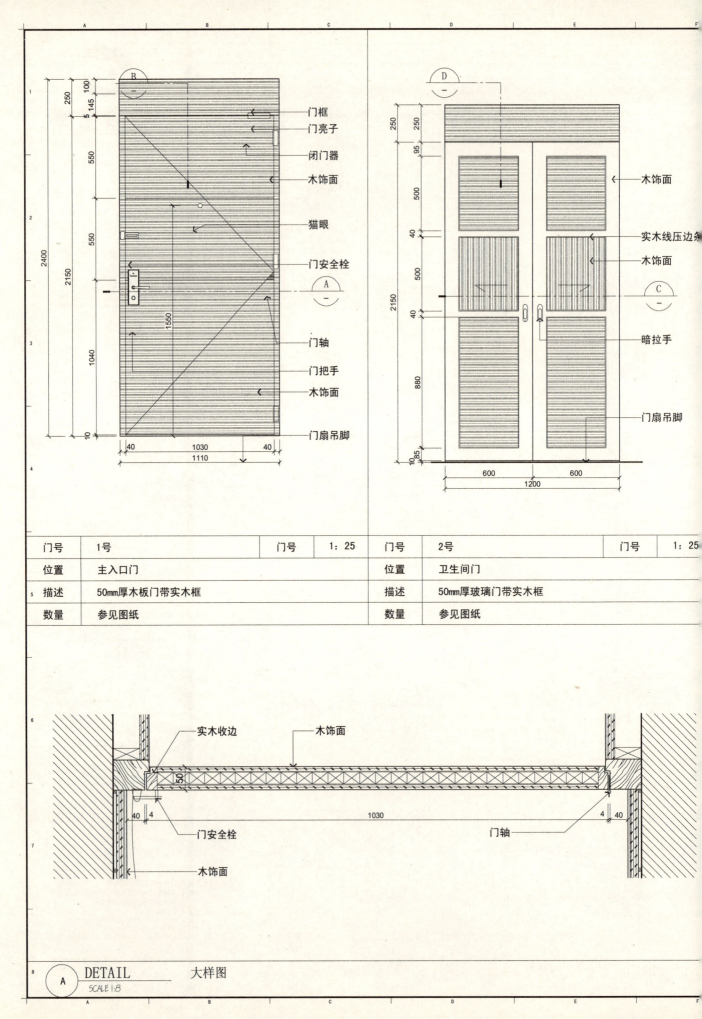

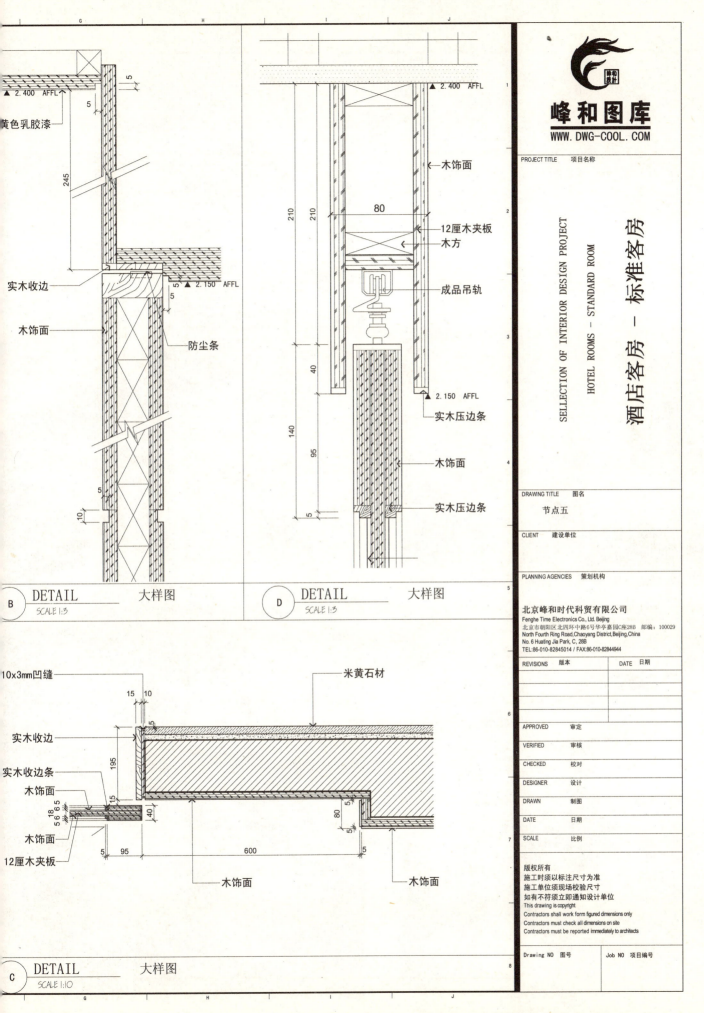

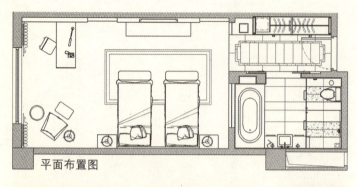

平面布置图

-Interior Design-

标准客房效果图范例四
EXAMPLES IV OF PERSPECTIVE DRAWING FOR STANDARD ROOM

登录"峰和图库"网站，获取更多成套设计方案

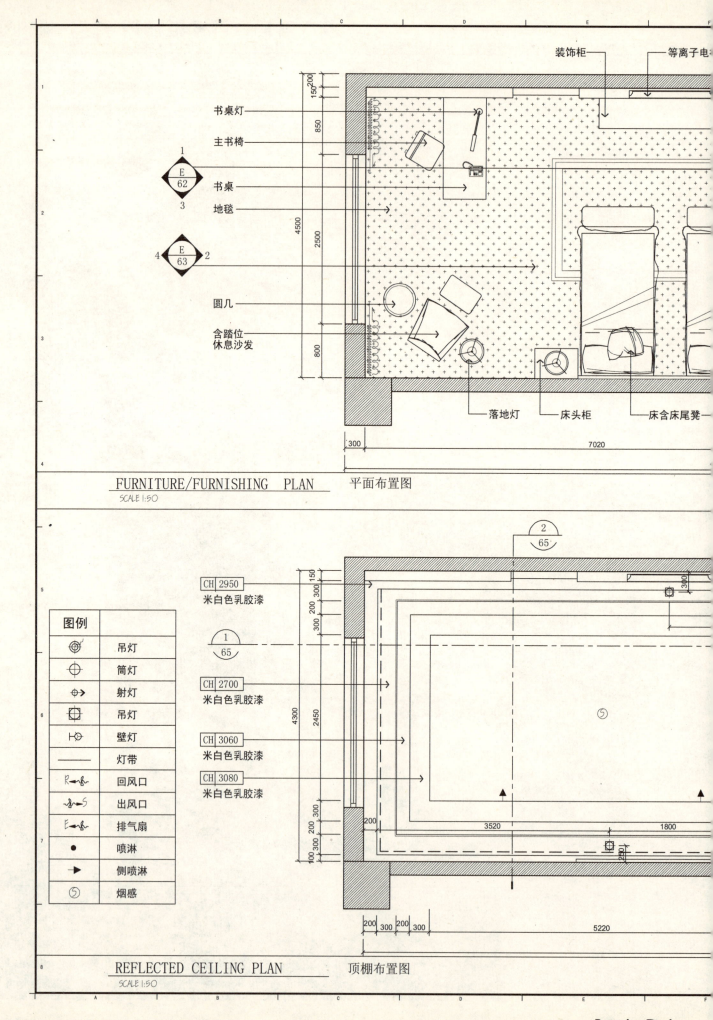

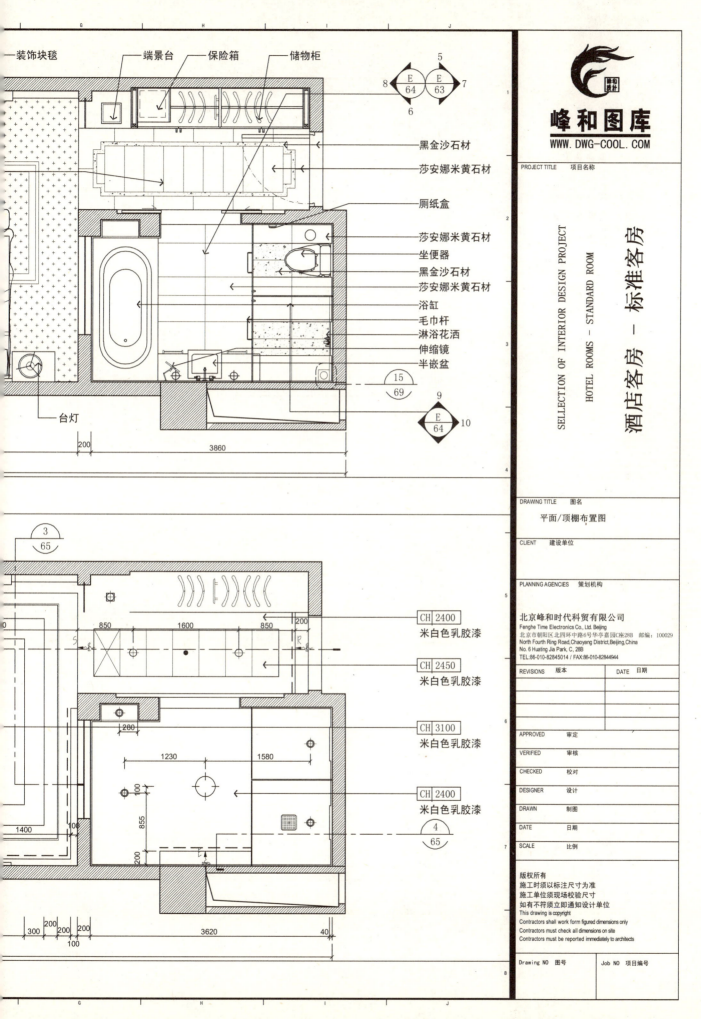

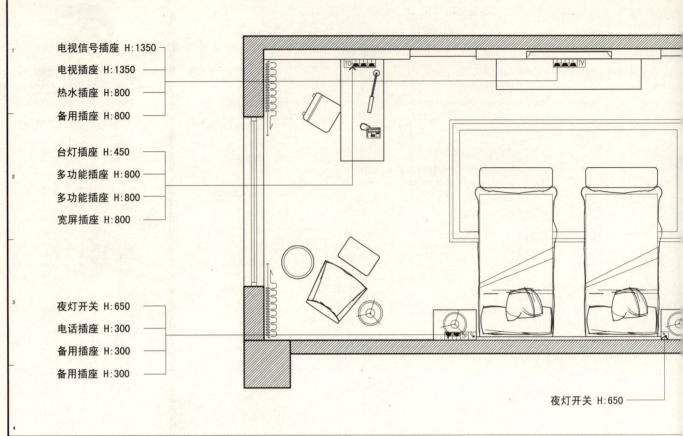

电视信号插座 H:1350
电视插座 H:1350
热水插座 H:800
备用插座 H:800

台灯插座 H:450
多功能插座 H:800
多功能插座 H:800
宽屏插座 H:800

夜灯开关 H:650
电话插座 H:300
备用插座 H:300
备用插座 H:300

夜灯开关 H:650

ELESTRICAL/MECHANICAL PLAN　配电平面布置图
SCALE 1:50

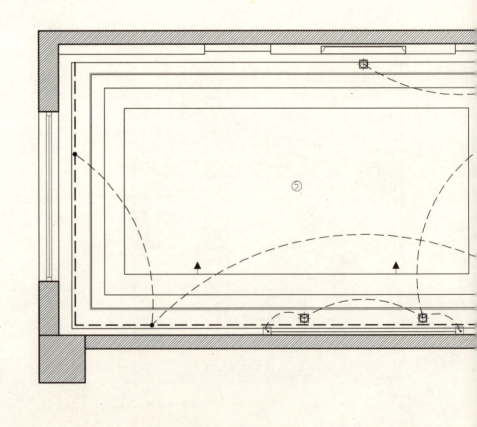

REFLECTED CEILING PLAN　顶棚接线平面图
SCALE 1:50

-Interior Design-

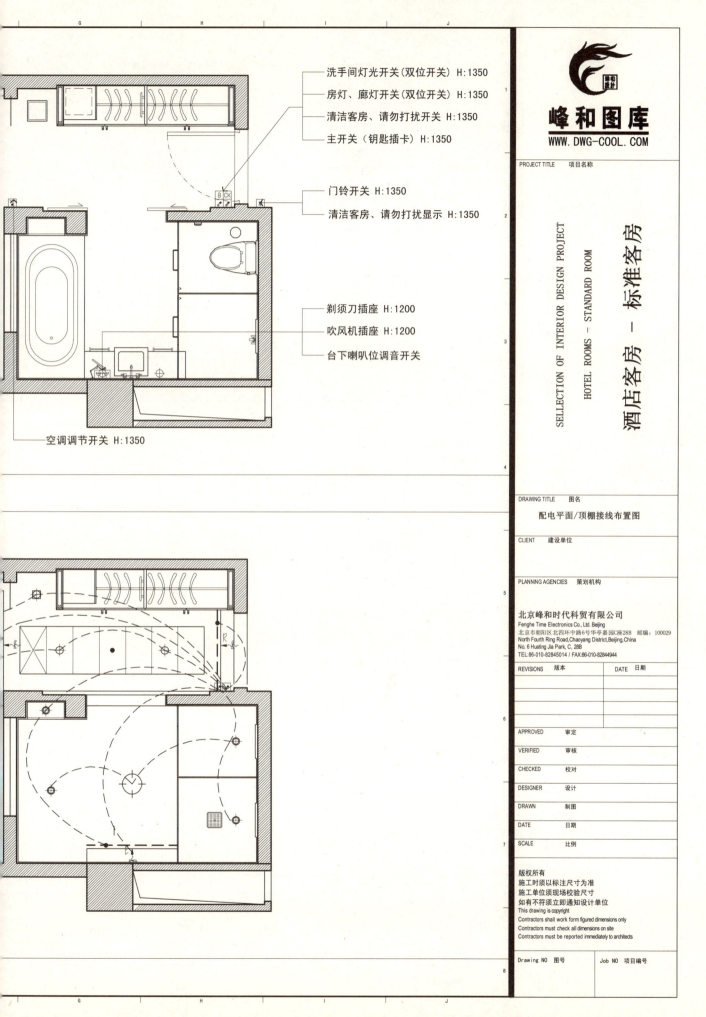

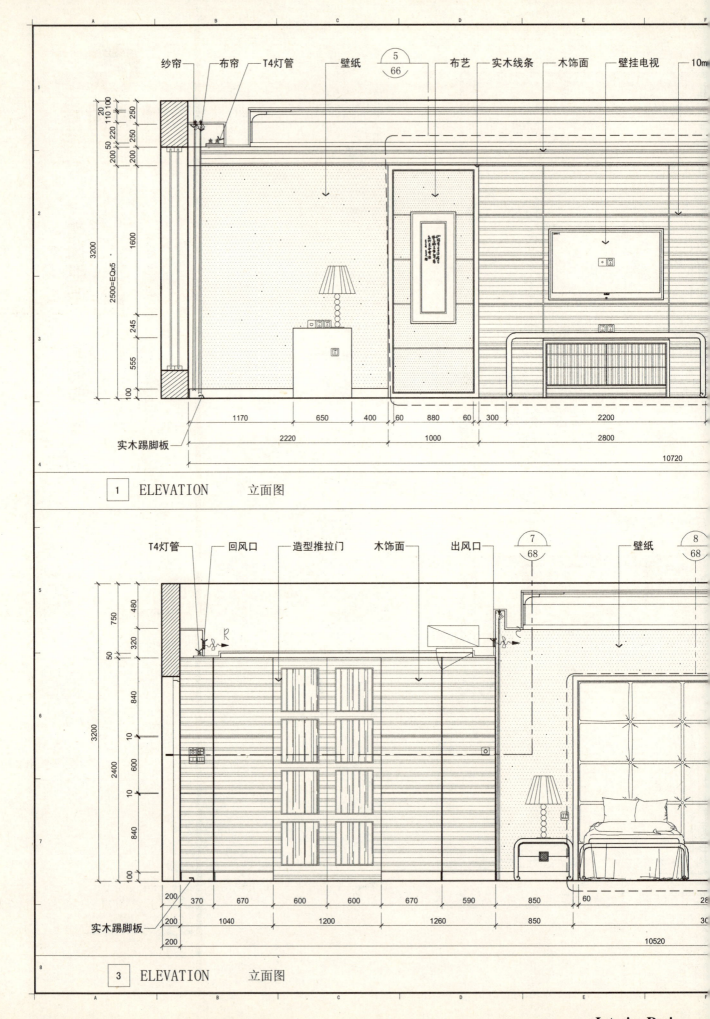

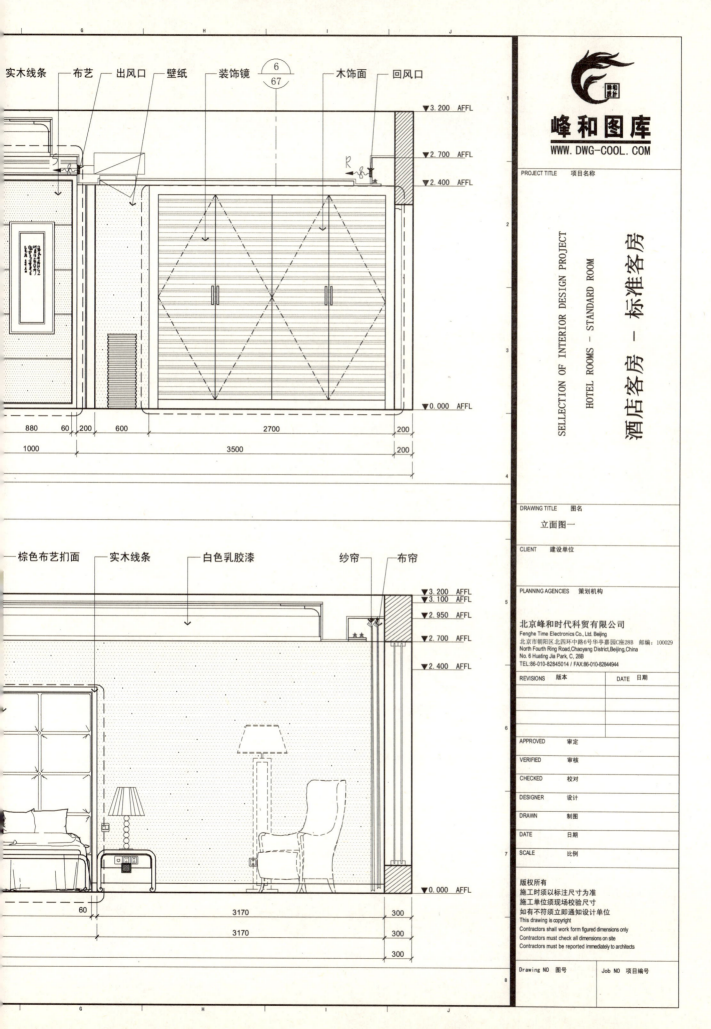

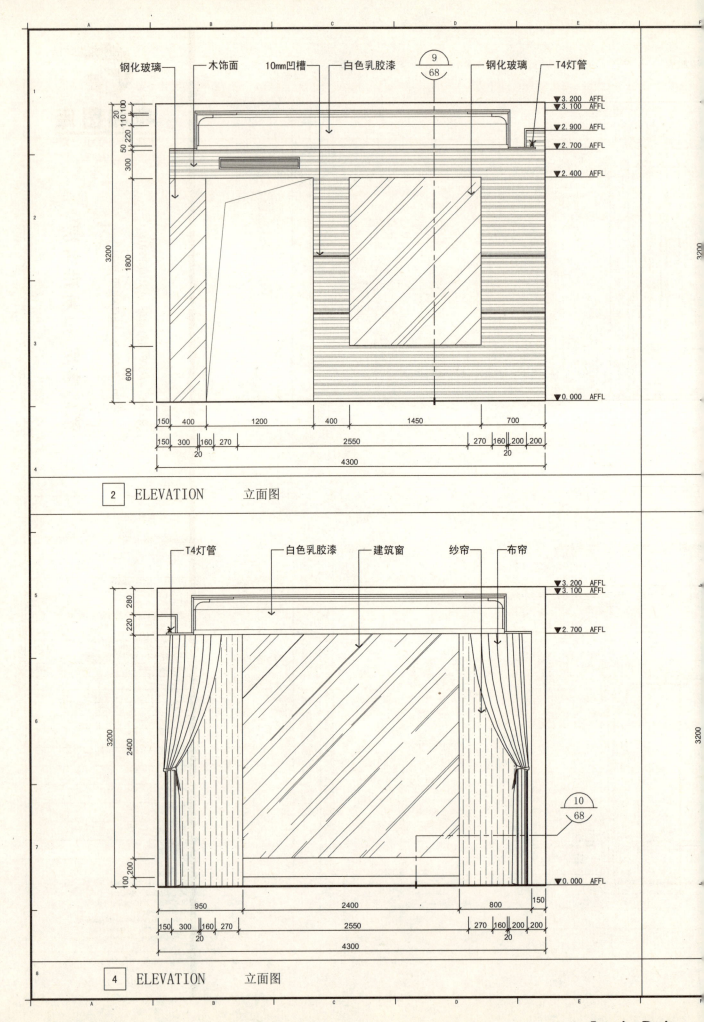

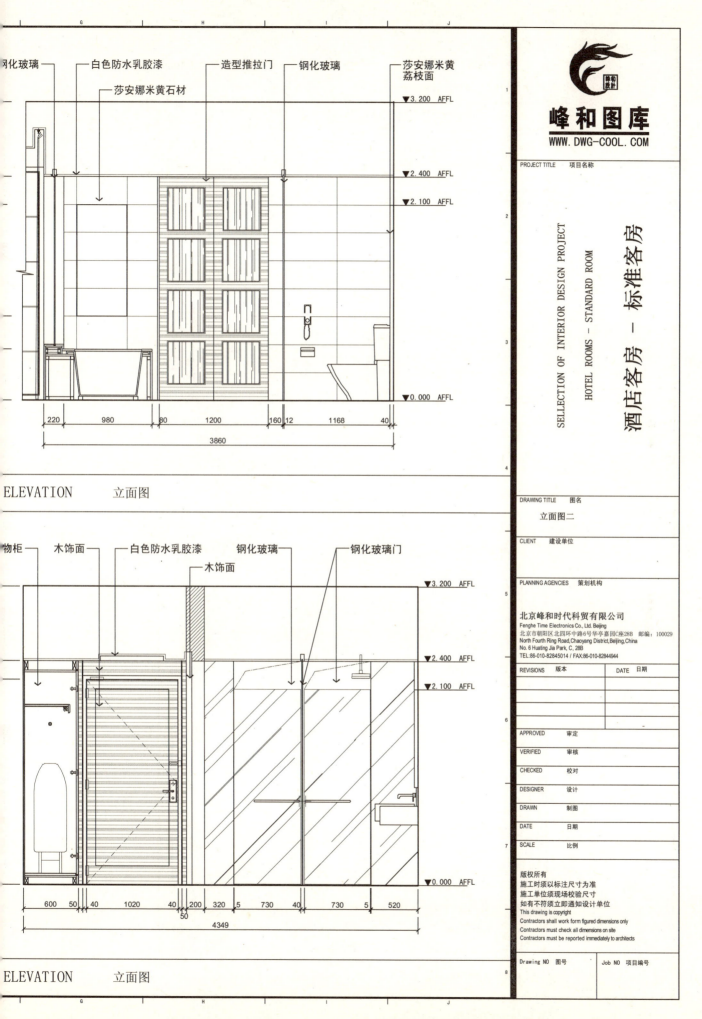

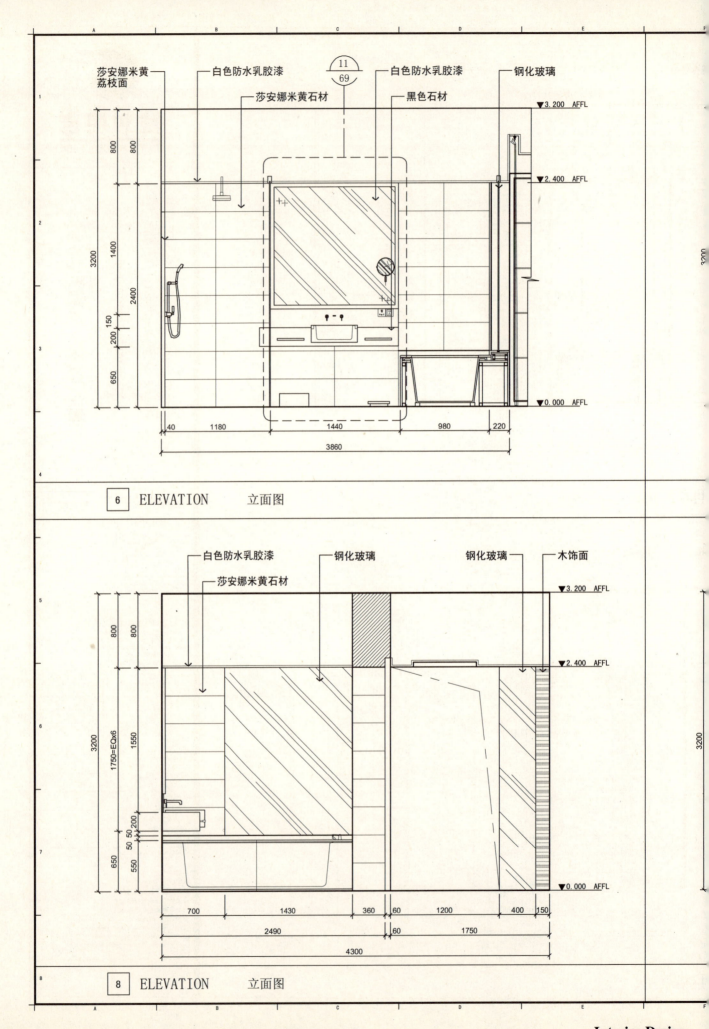

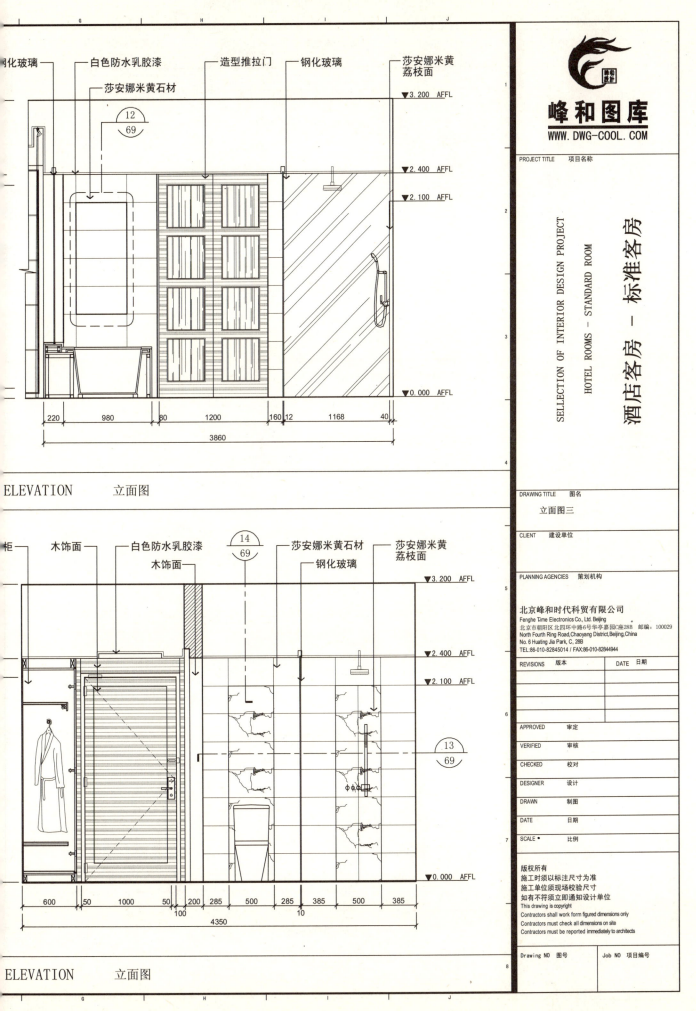

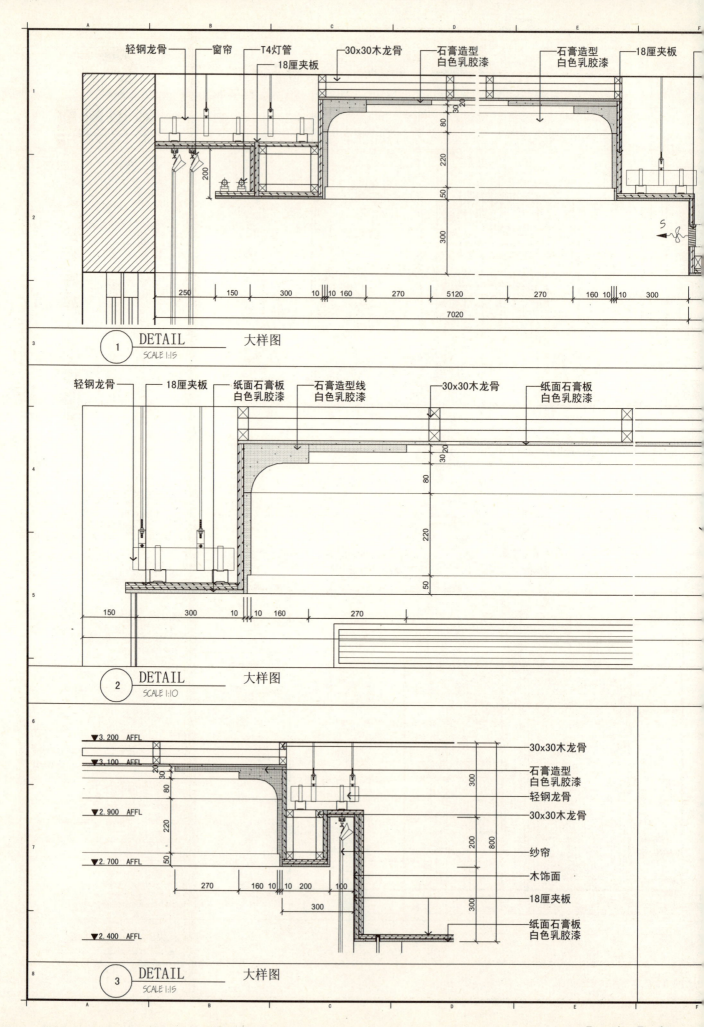

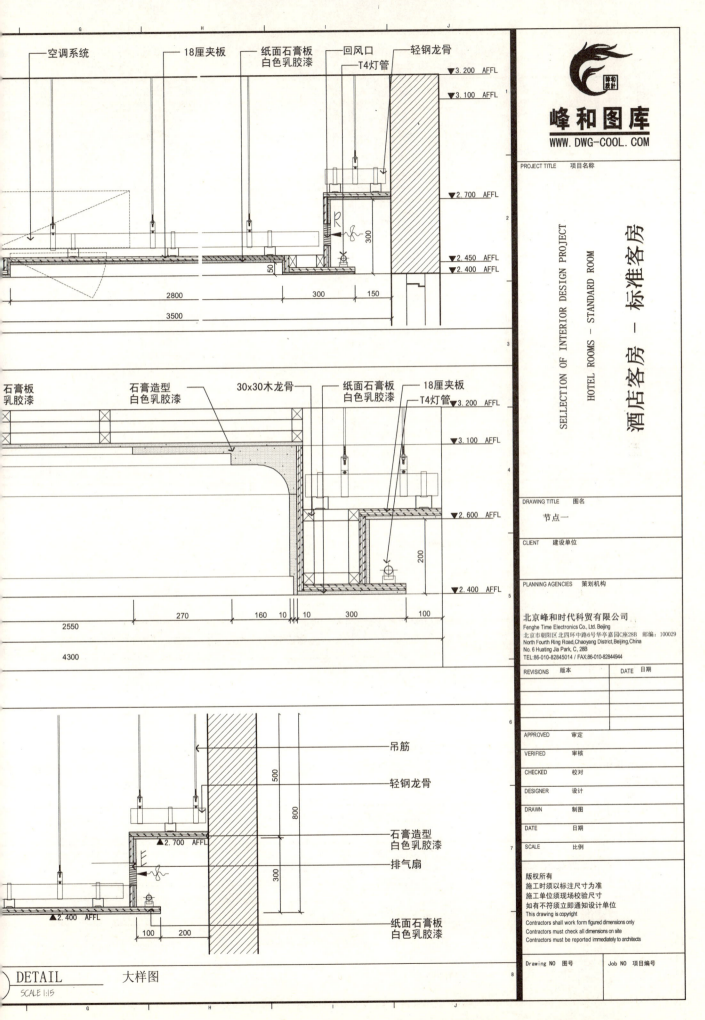

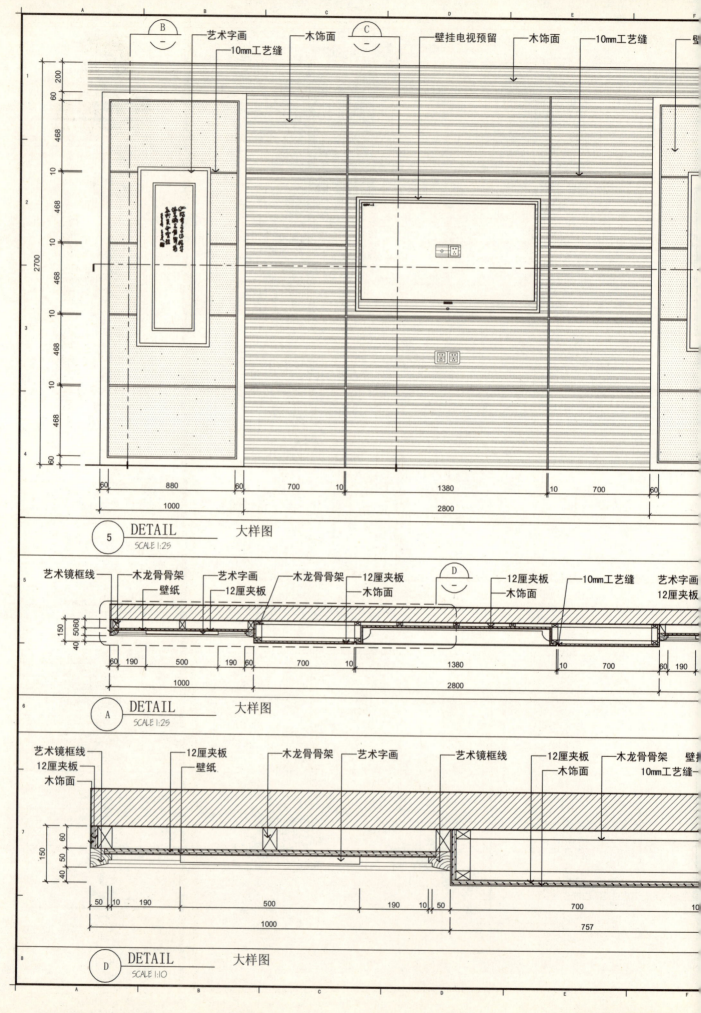

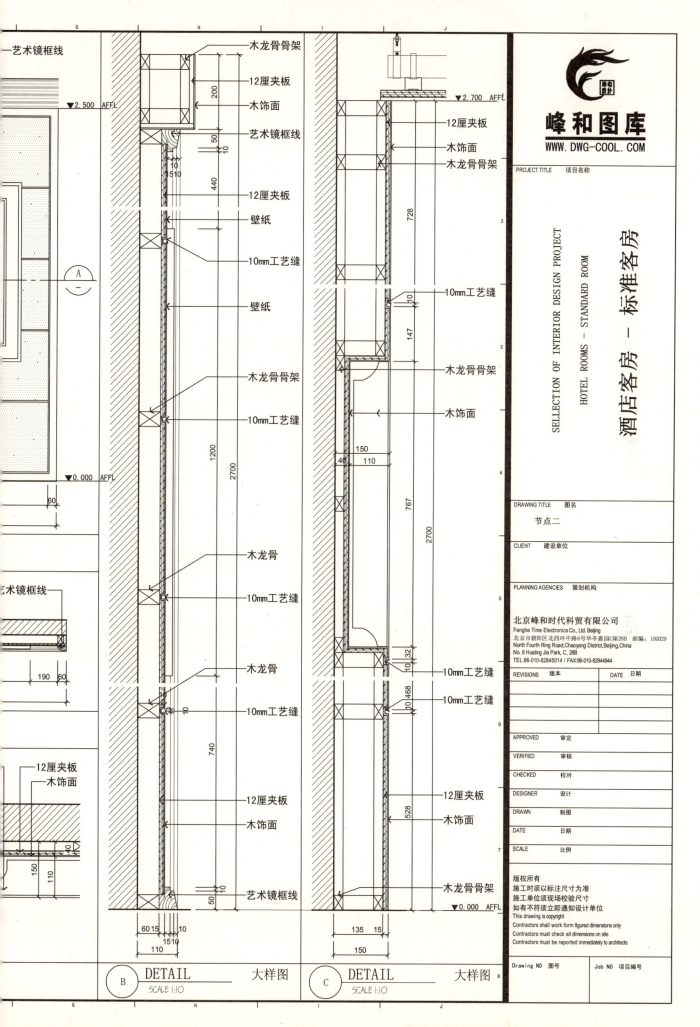

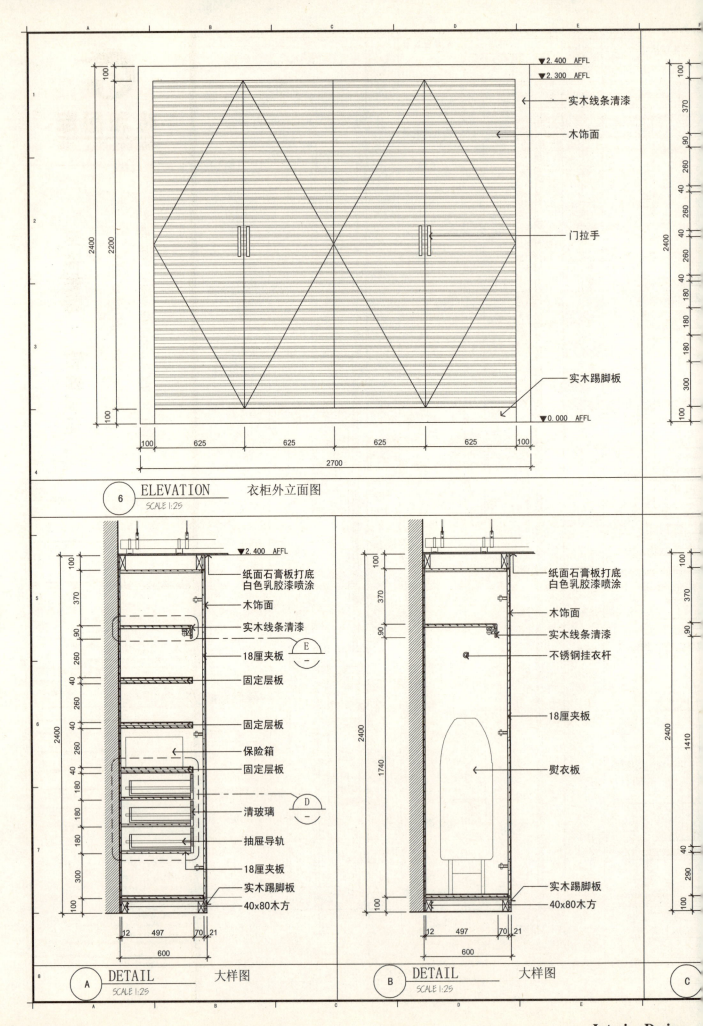

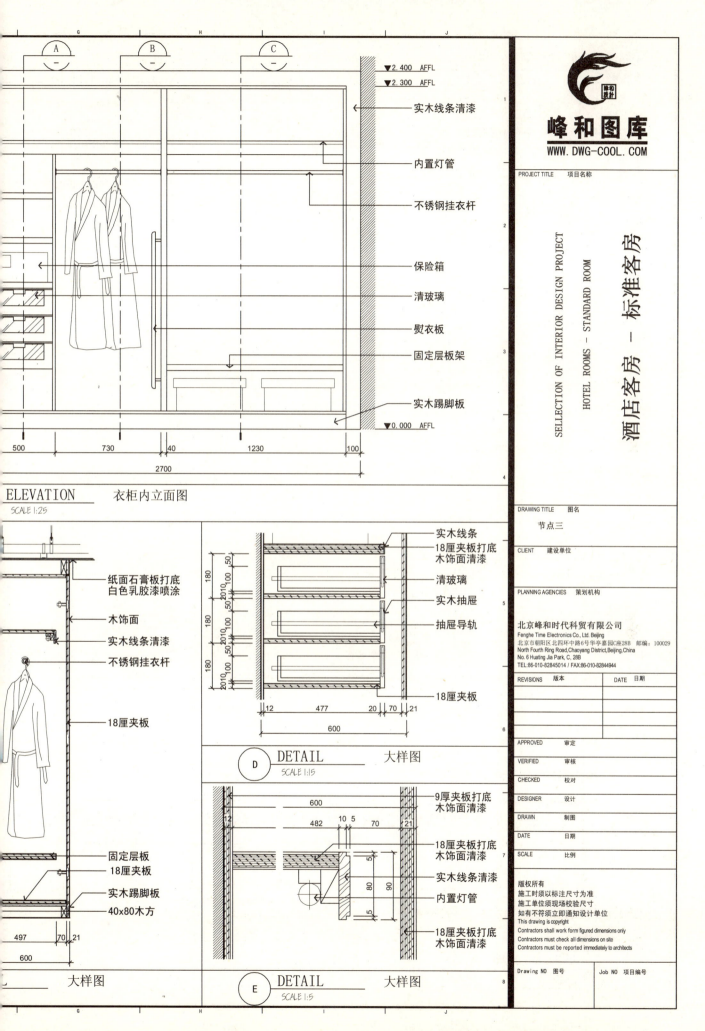

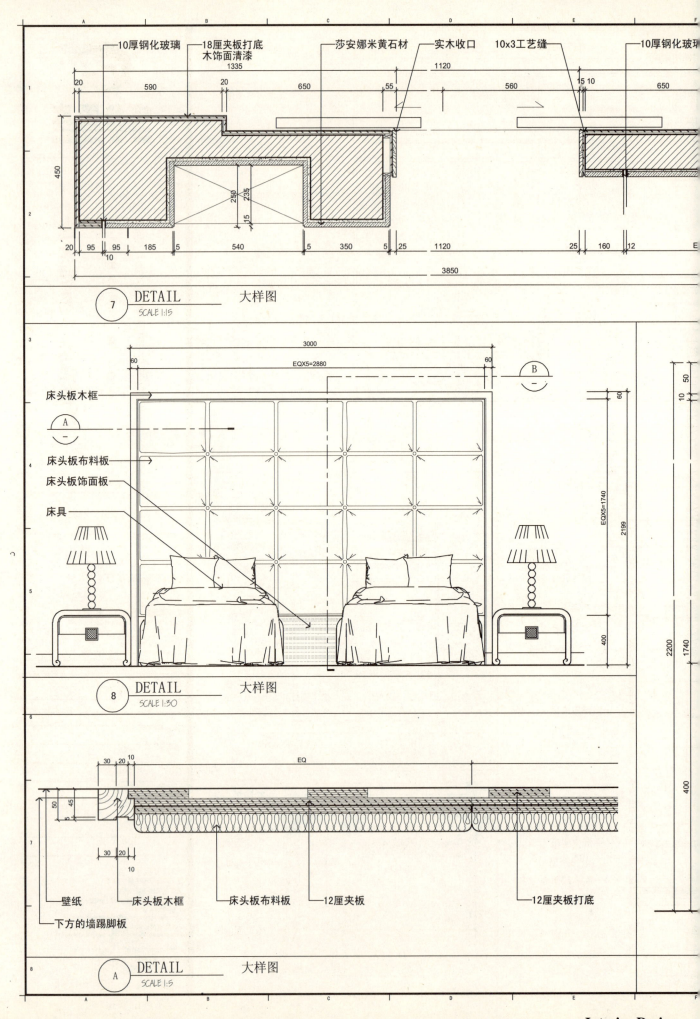

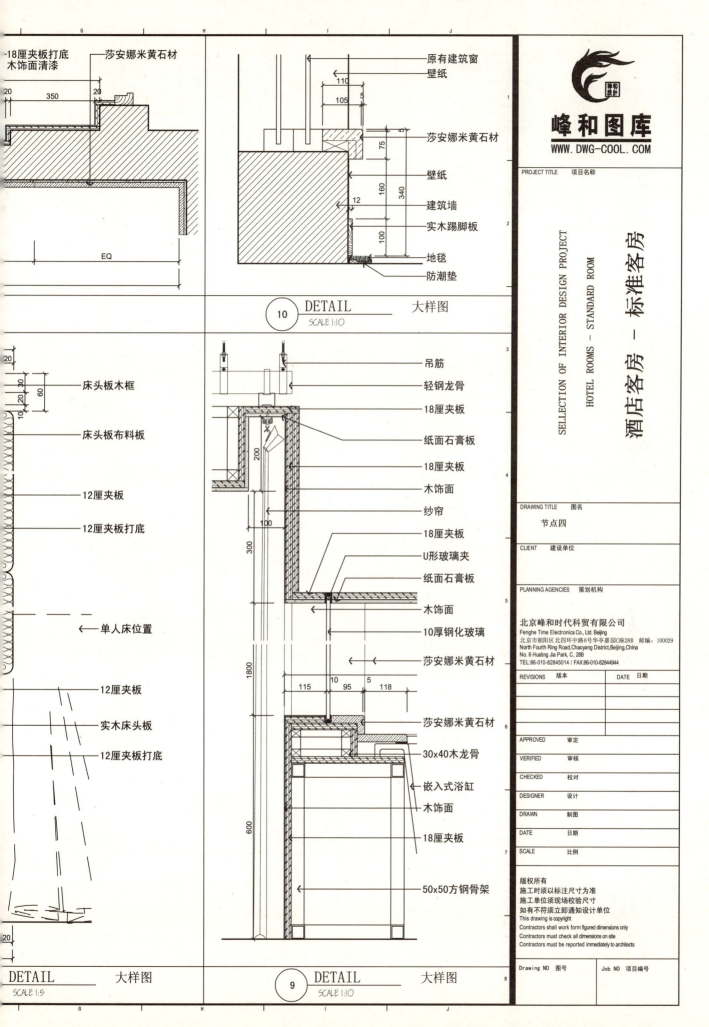

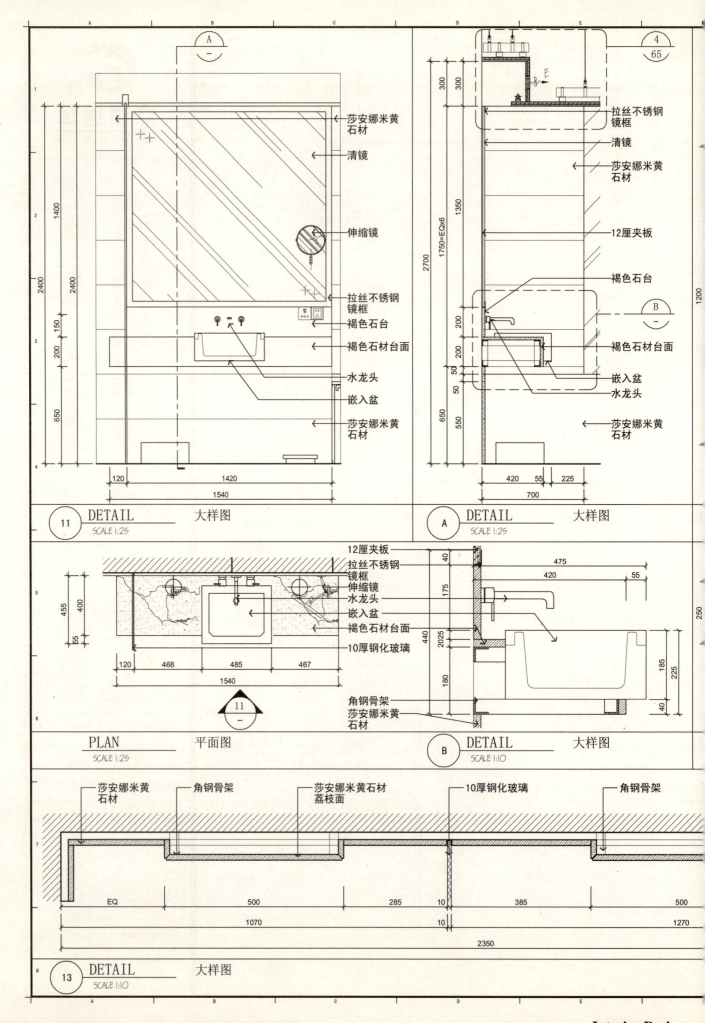

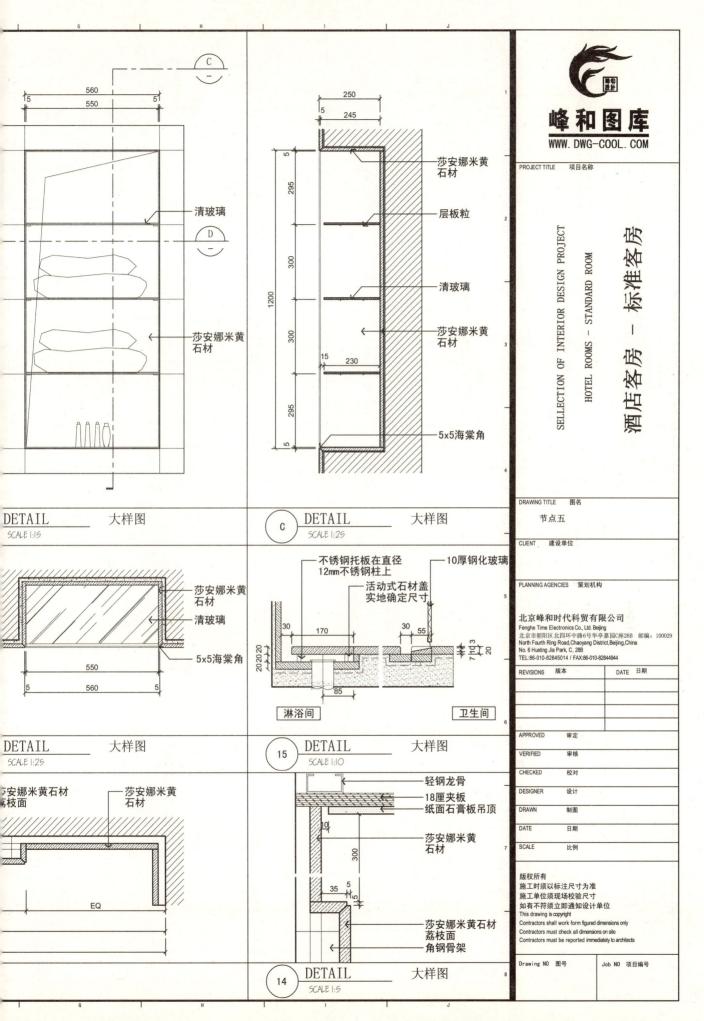

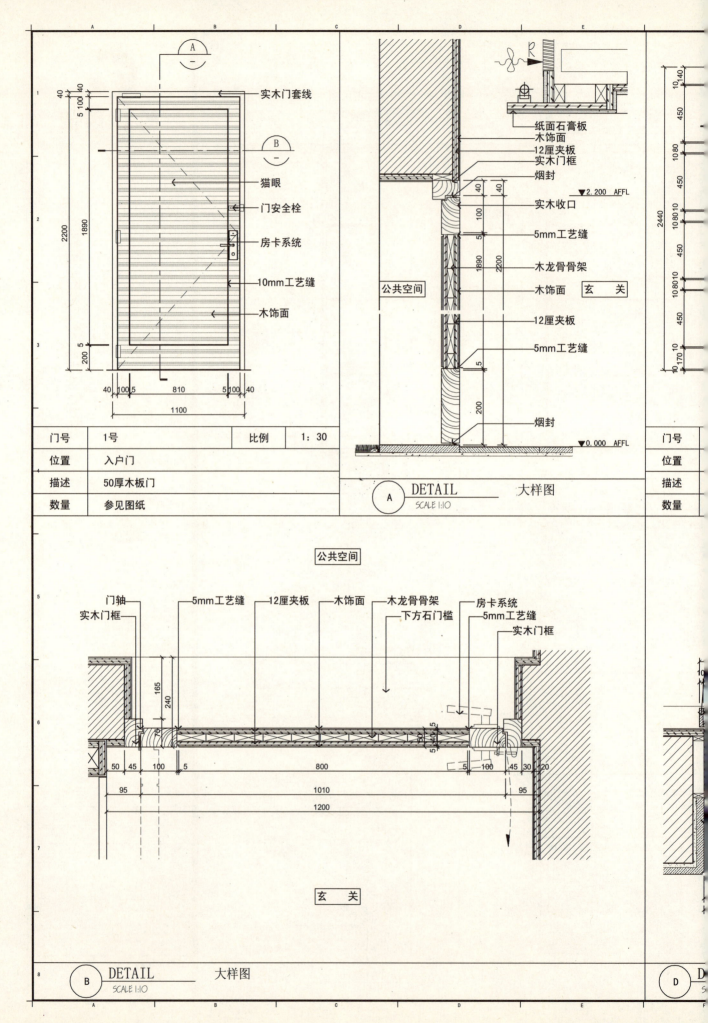

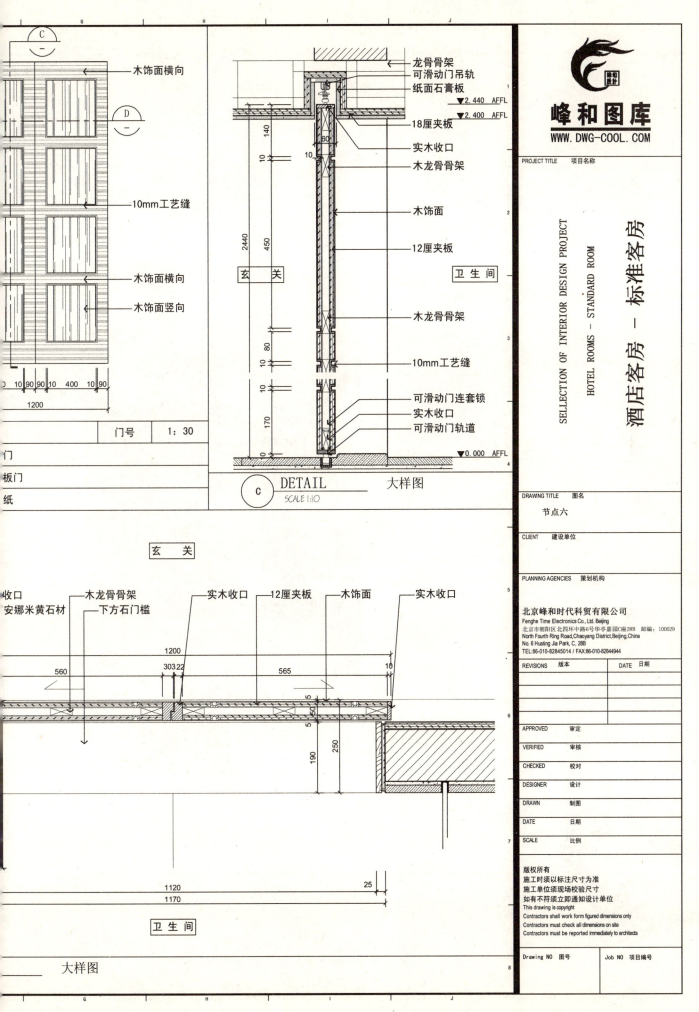

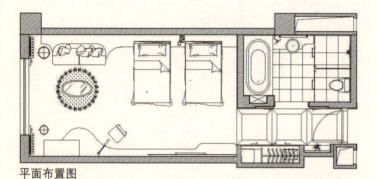
平面布置图

-Interior Design-

标准客房效果图范例五
EXAMPLES V OF PERSPECTIVE DRAWING FOR STANDARD ROOM

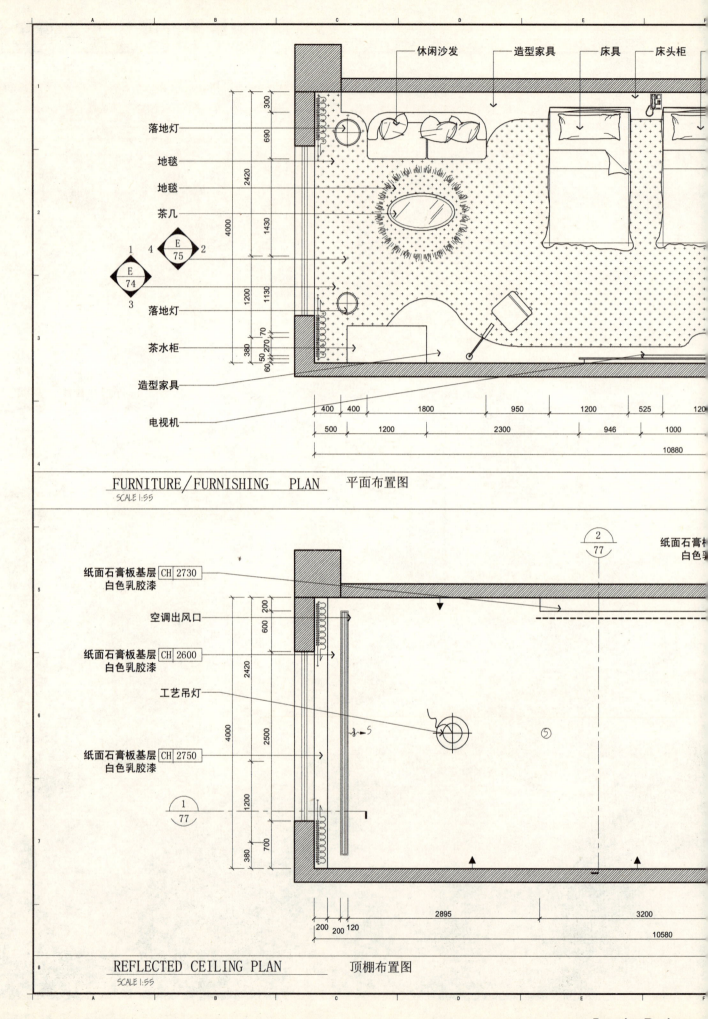

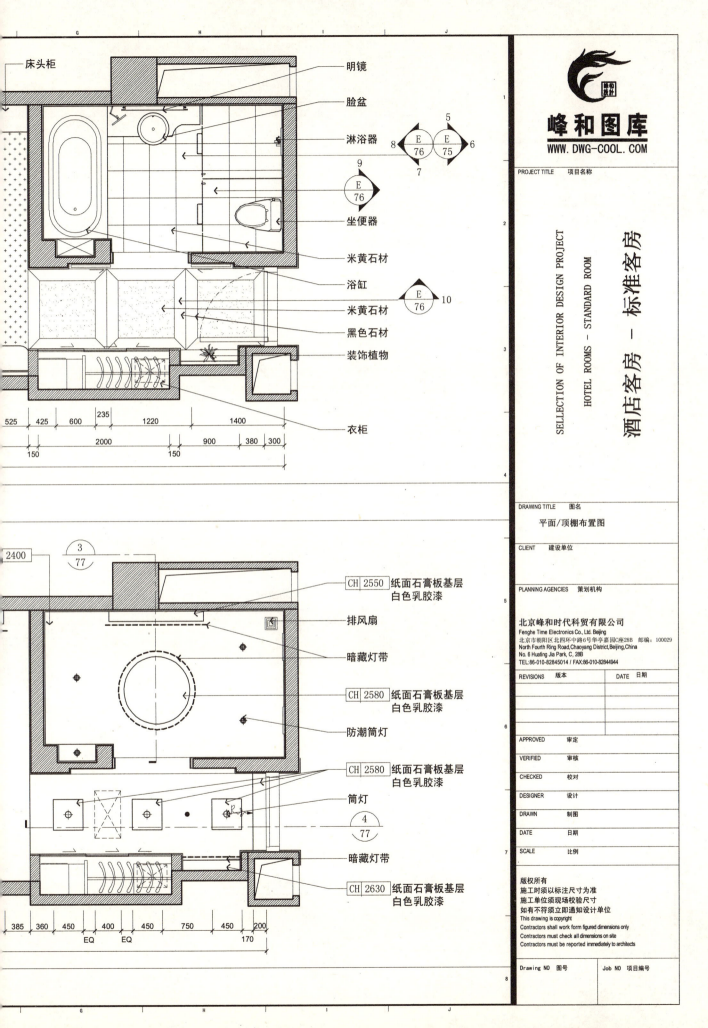

夜灯开关 H:550
夜灯插座 H:550

落地灯插座 H:350

房灯开关 H:550
电话插座 H:550
台灯插座 H:550

电视信号插座 H:350
热水插座 H:850
备用插座 H:850

宽屏插座 H:850
台灯插座 H:450
备用插座 H:850

落地灯插座 H:350
备用插座 H:350

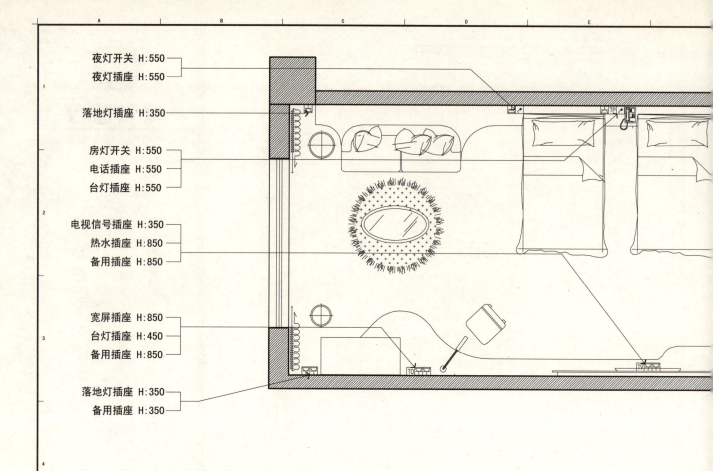

ELESTRICAL/MECHANICAL PLAN　配电平面布置图
SCALE 1:55

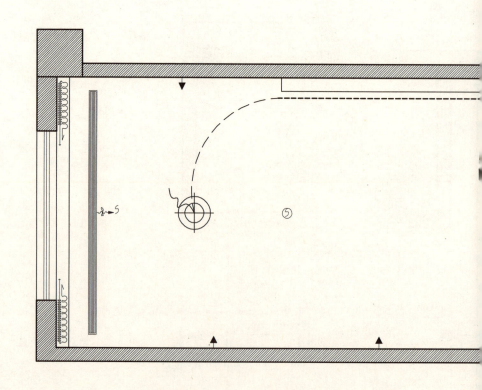

REFLECTED CEILING PLAN　顶棚接线平面图
SCALE 1:55

-Interior Design-

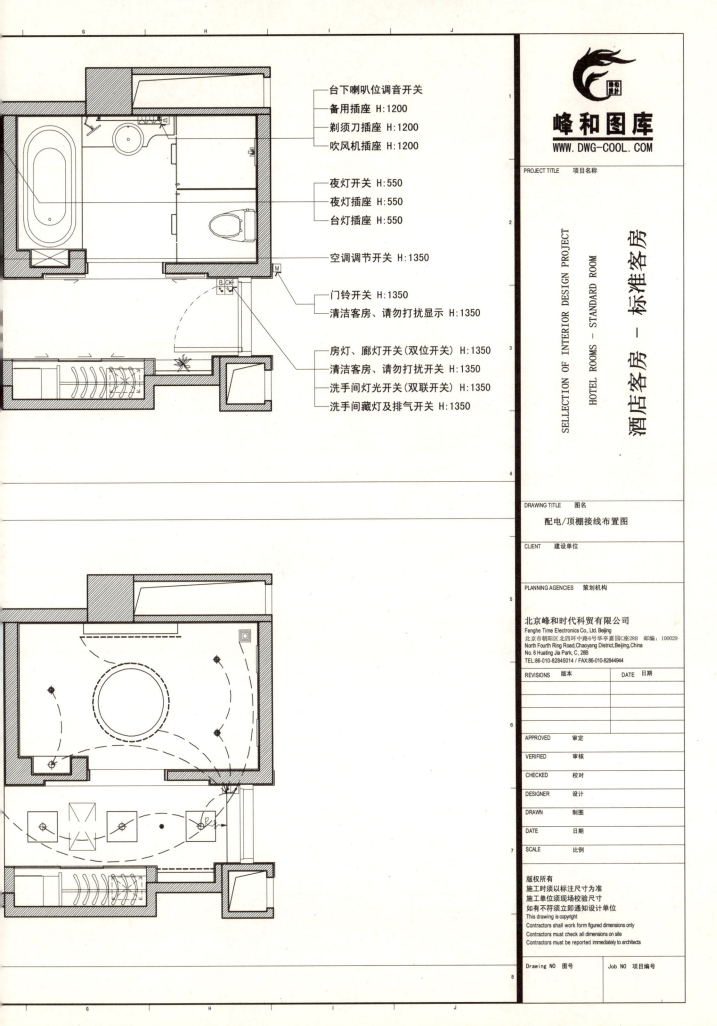

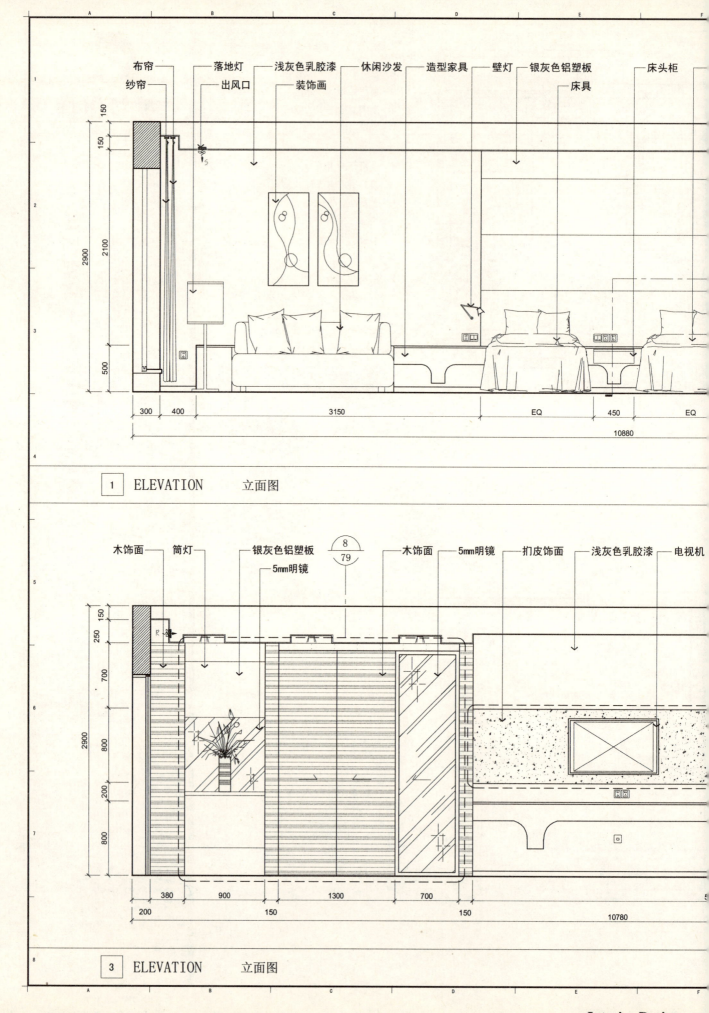

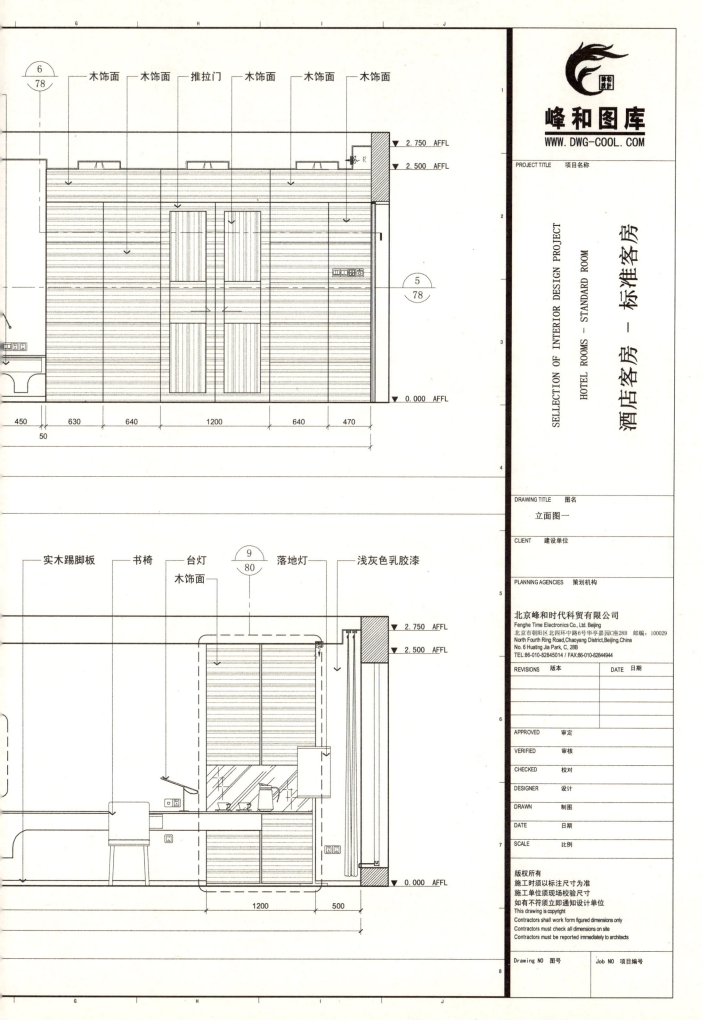

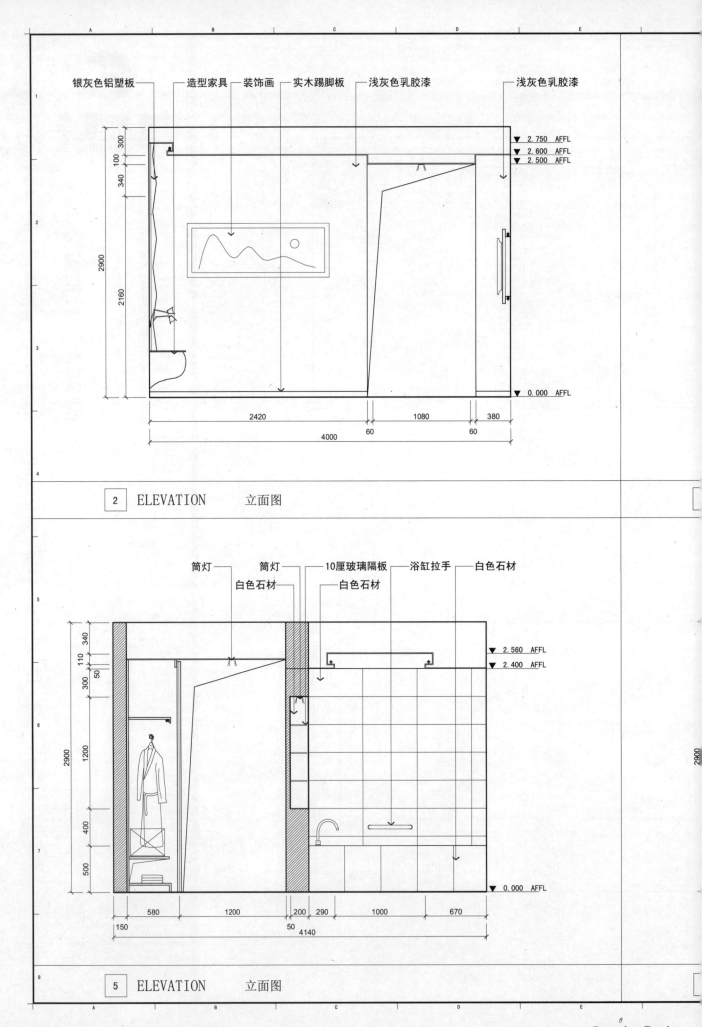

2 ELEVATION 立面图

5 ELEVATION 立面图

-Interior Design-

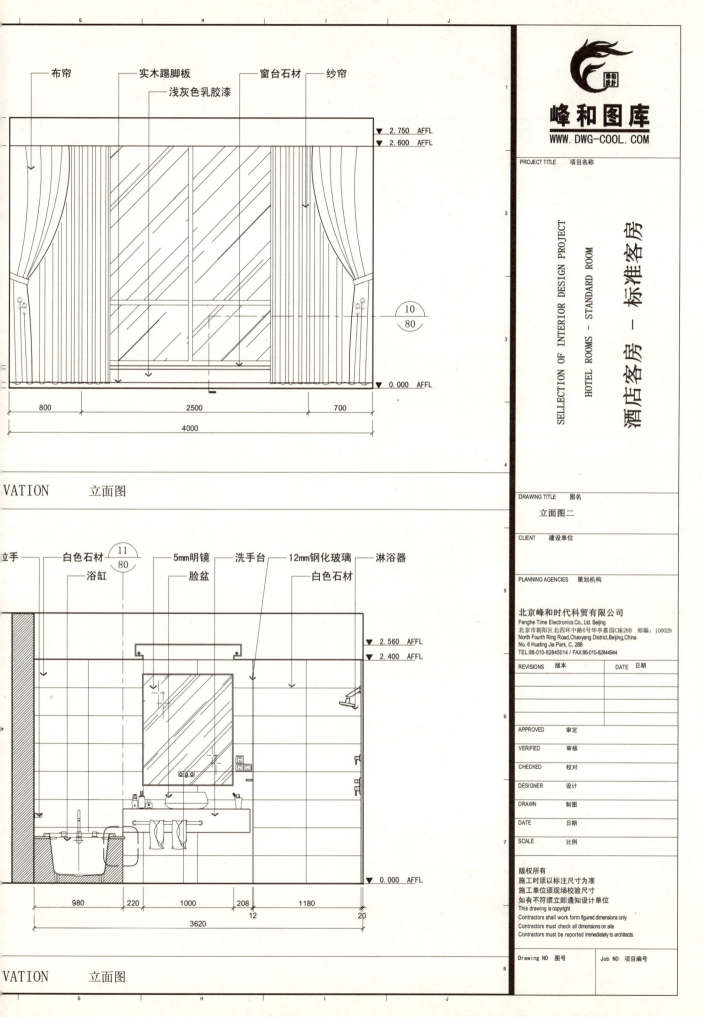

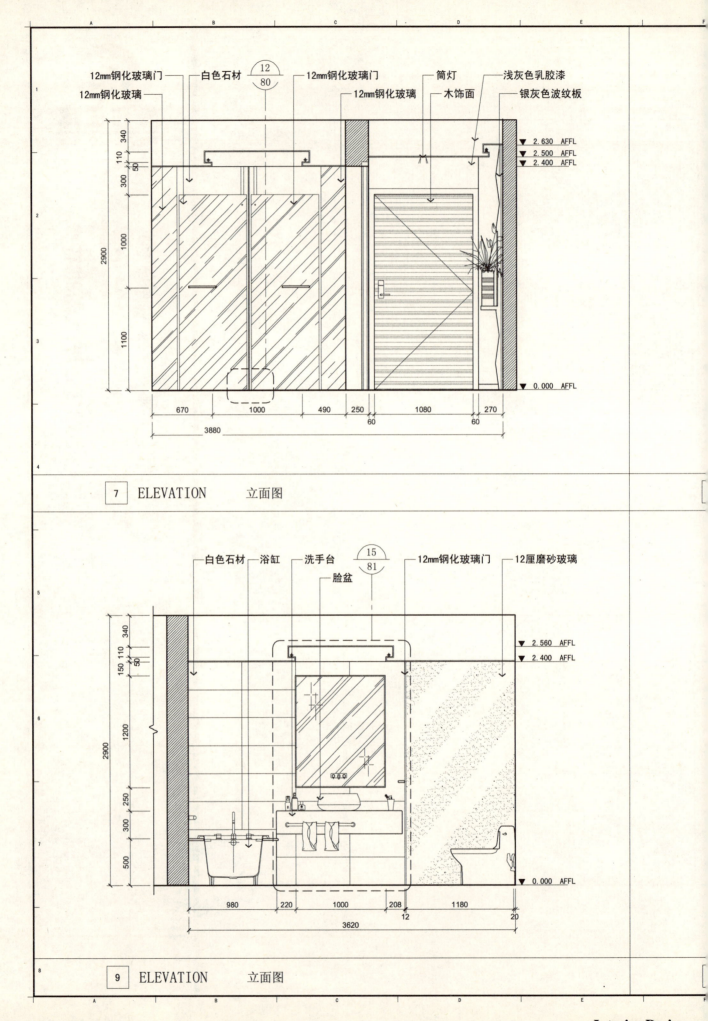

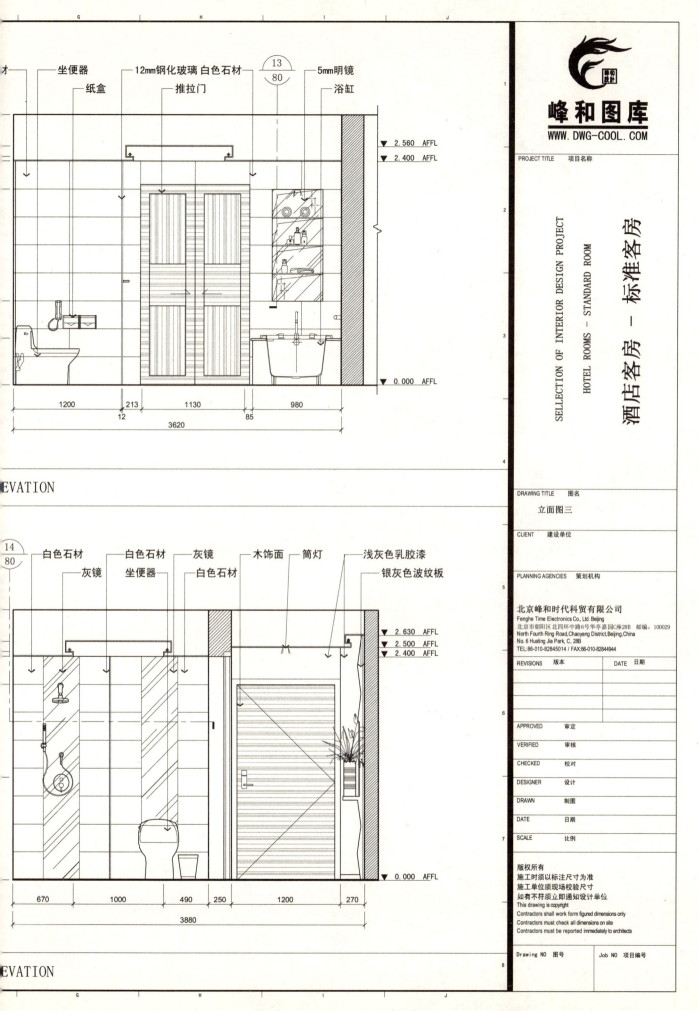

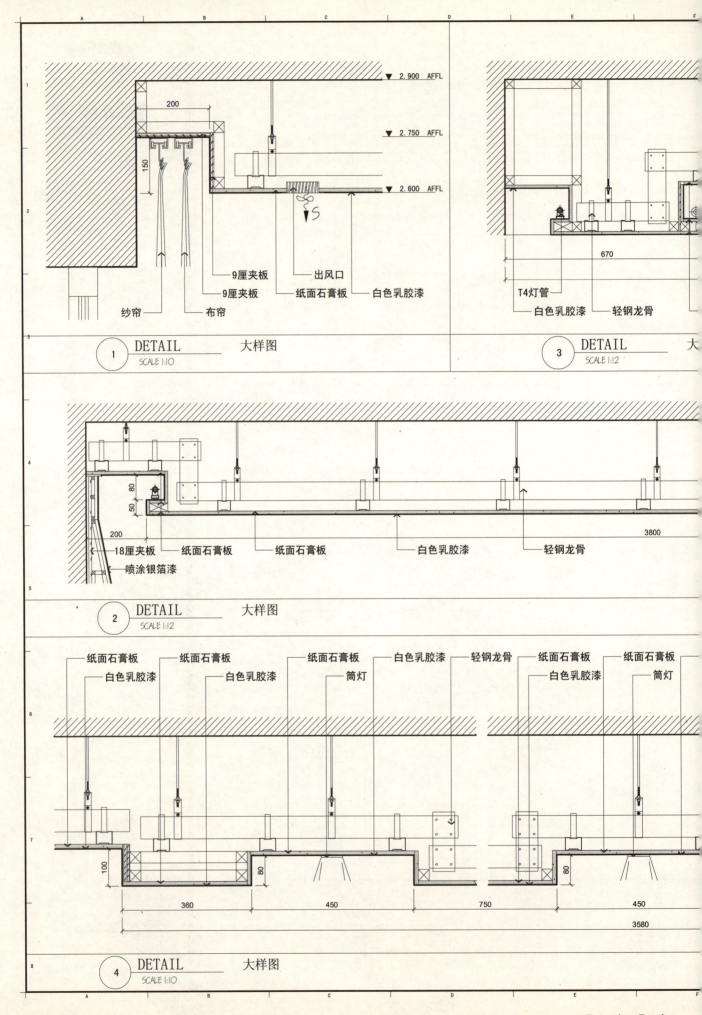

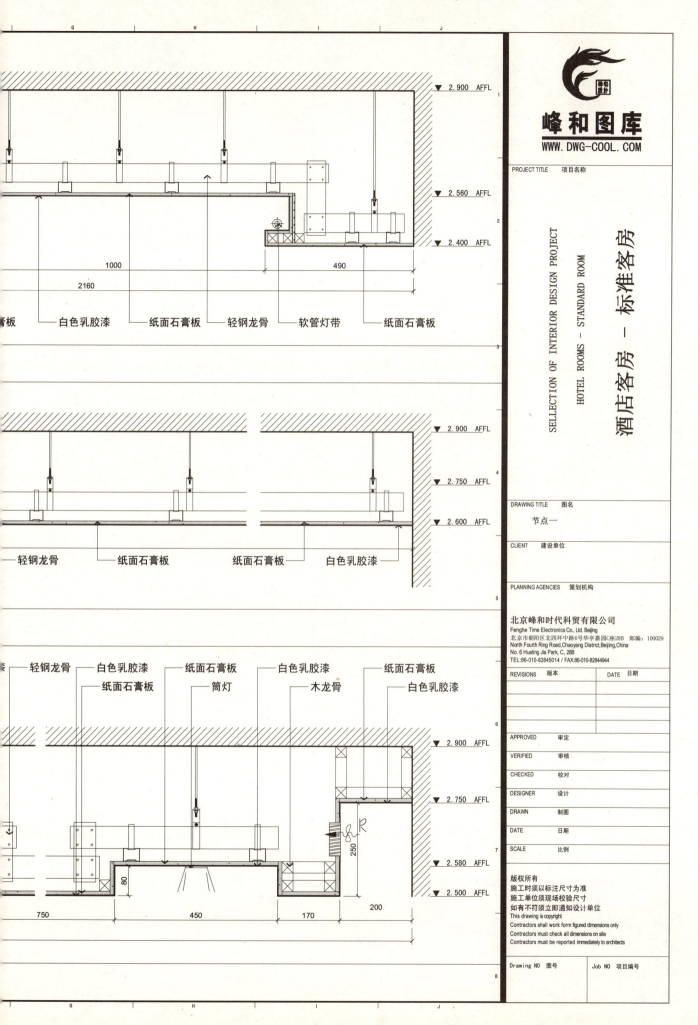

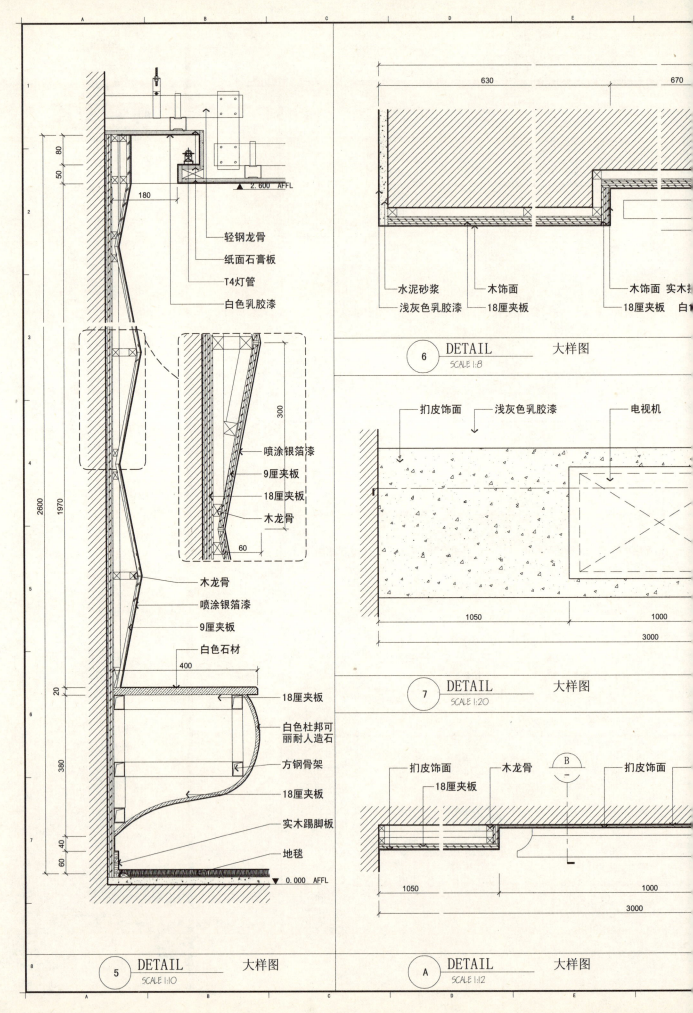

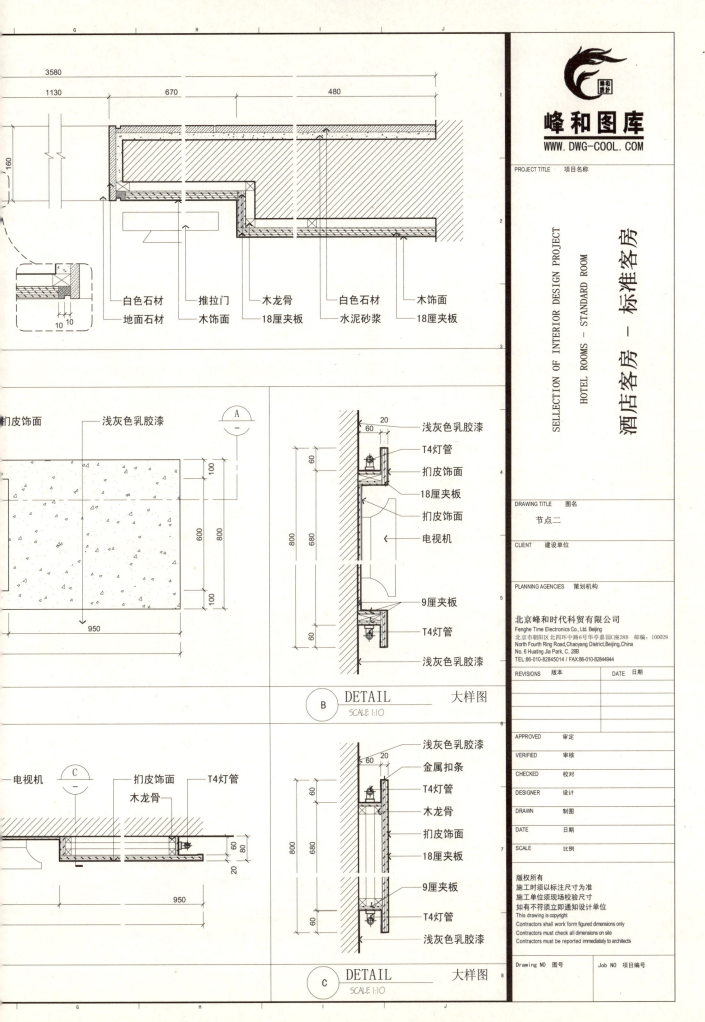

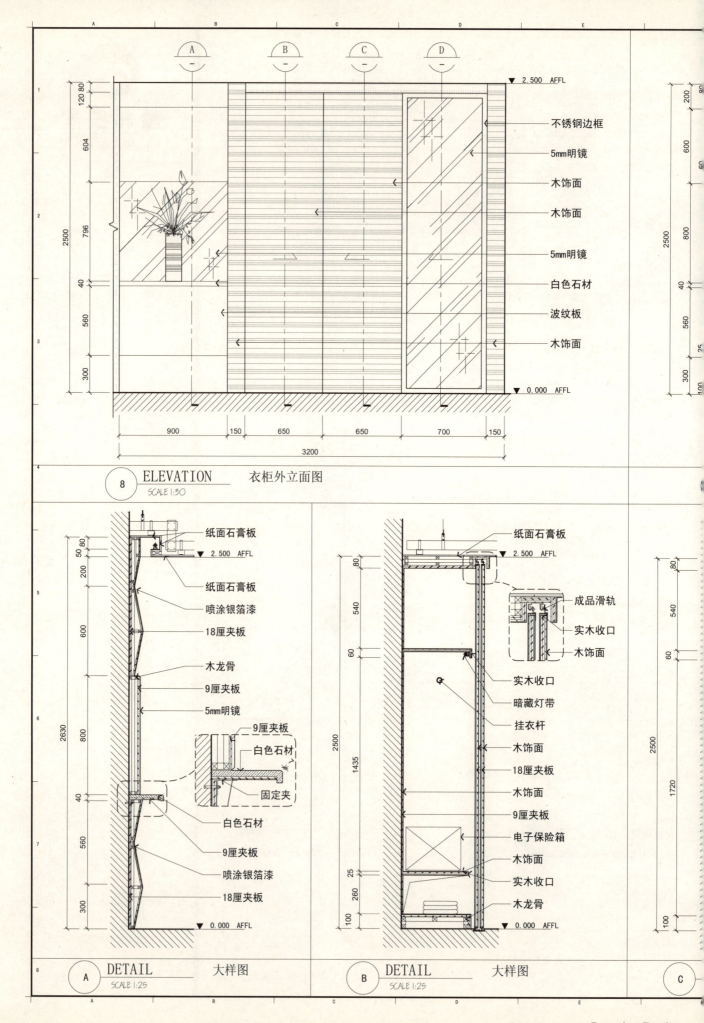

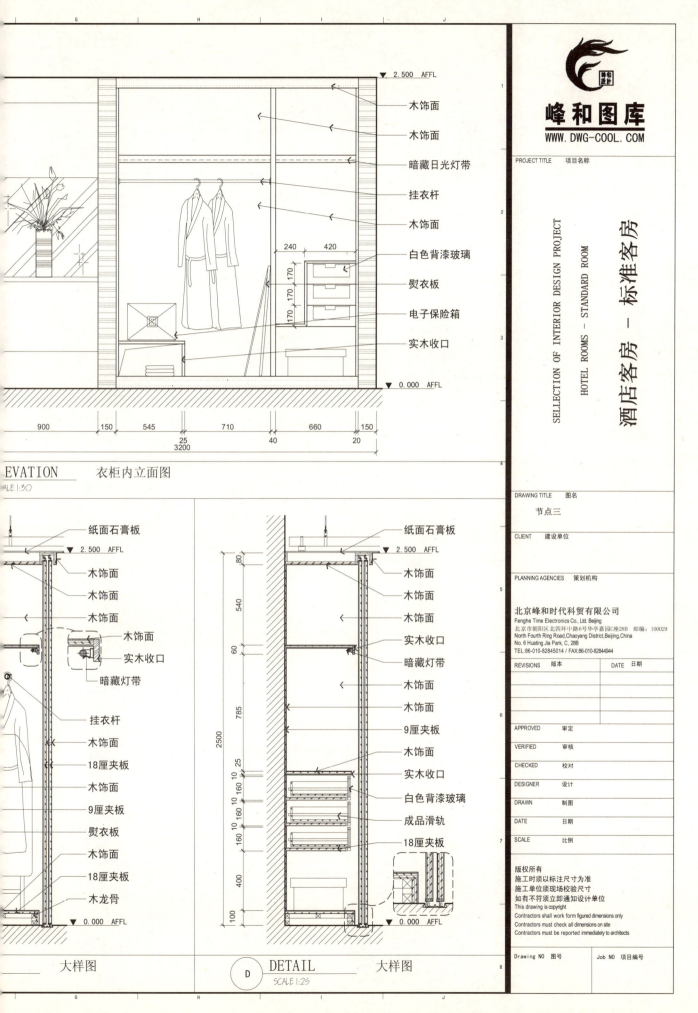

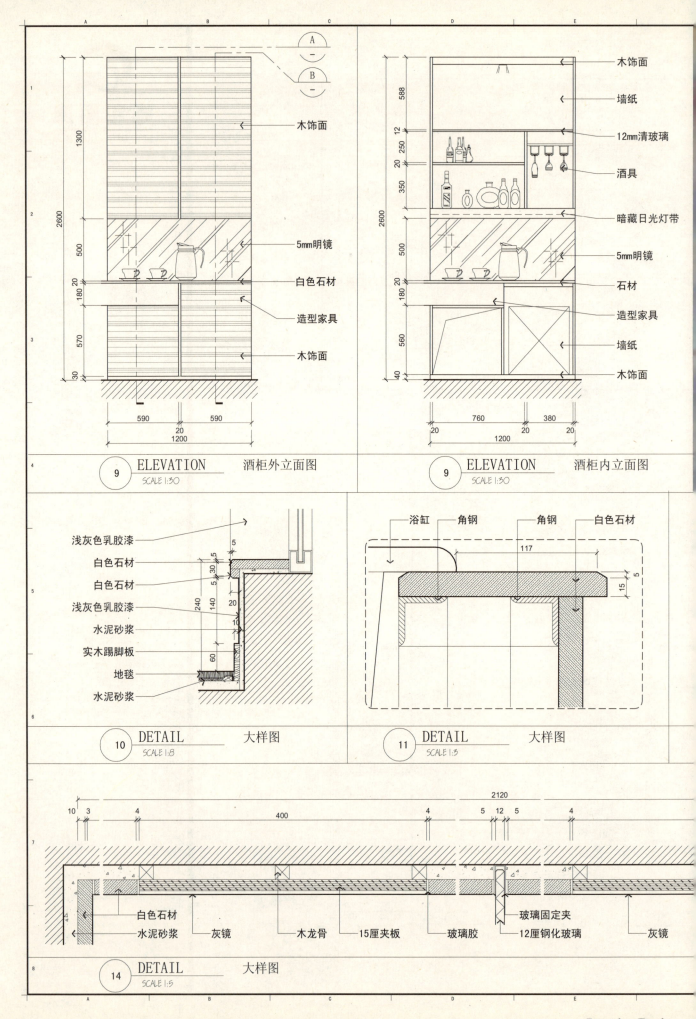

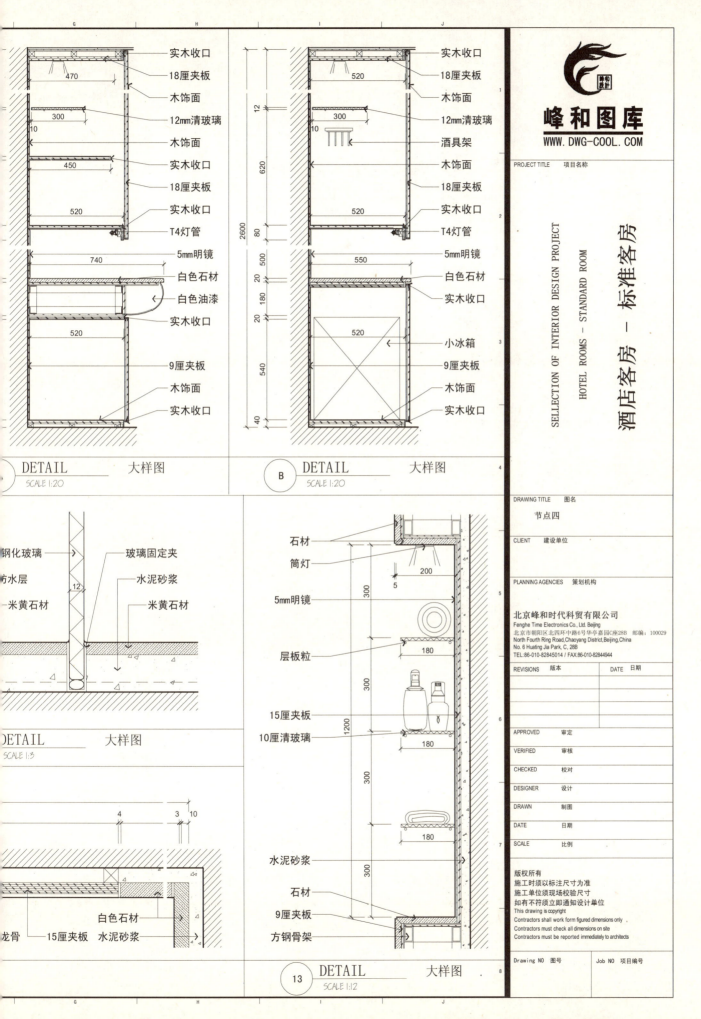

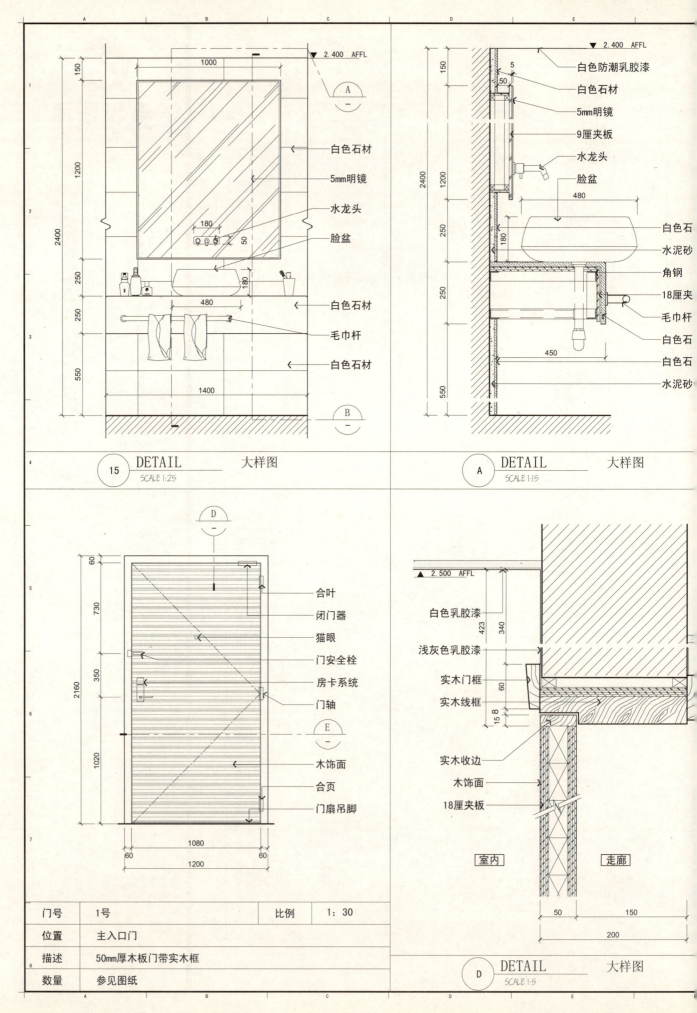

-Interior Design-

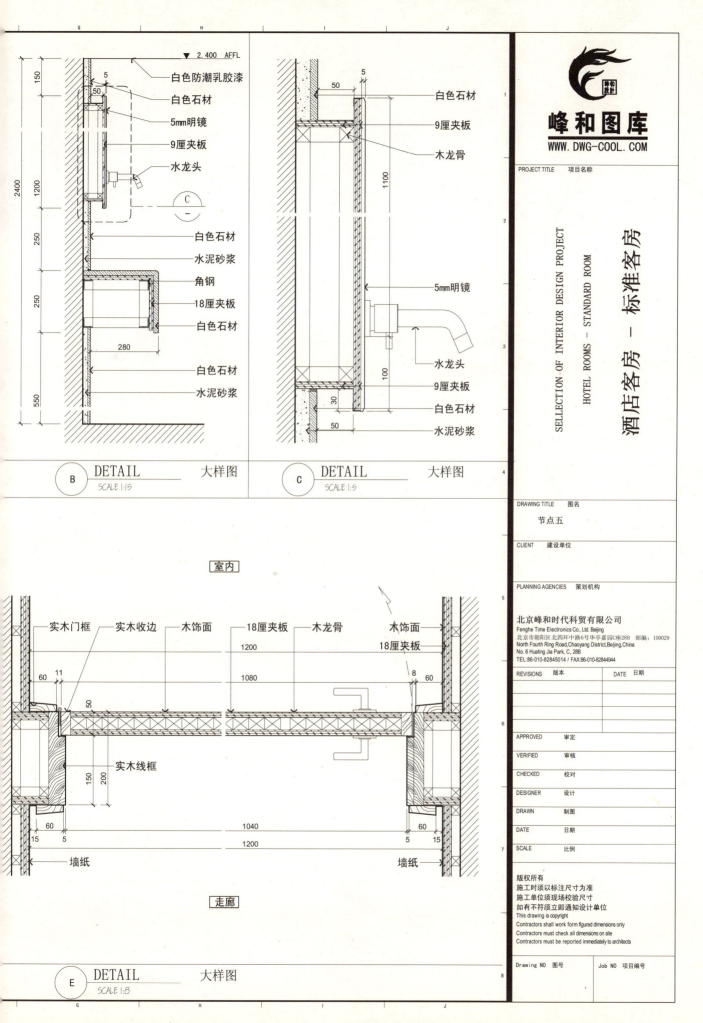

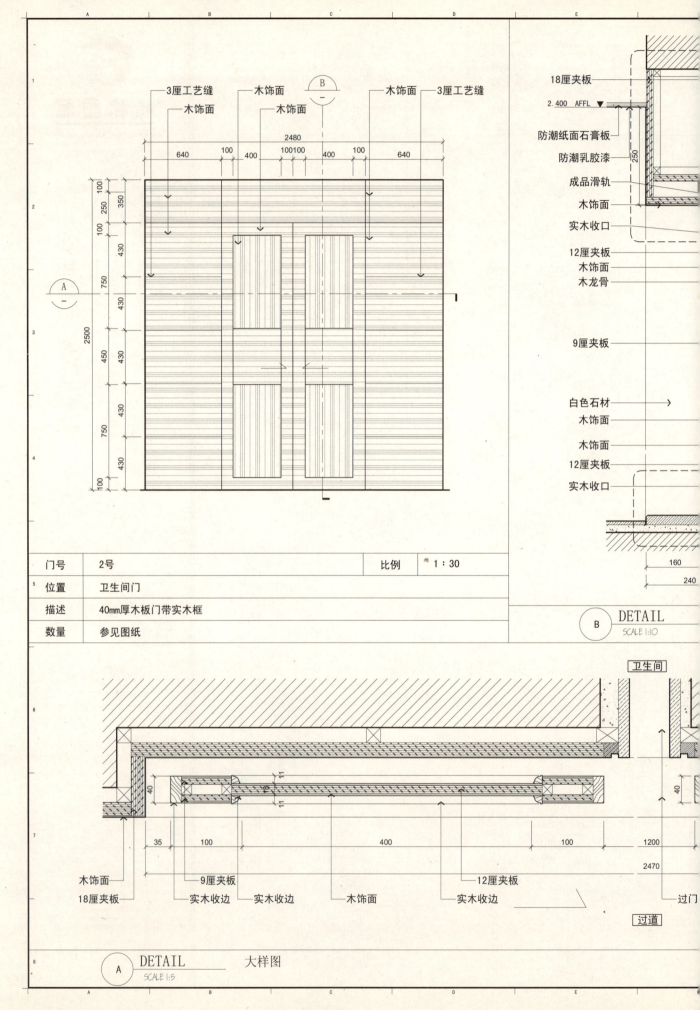

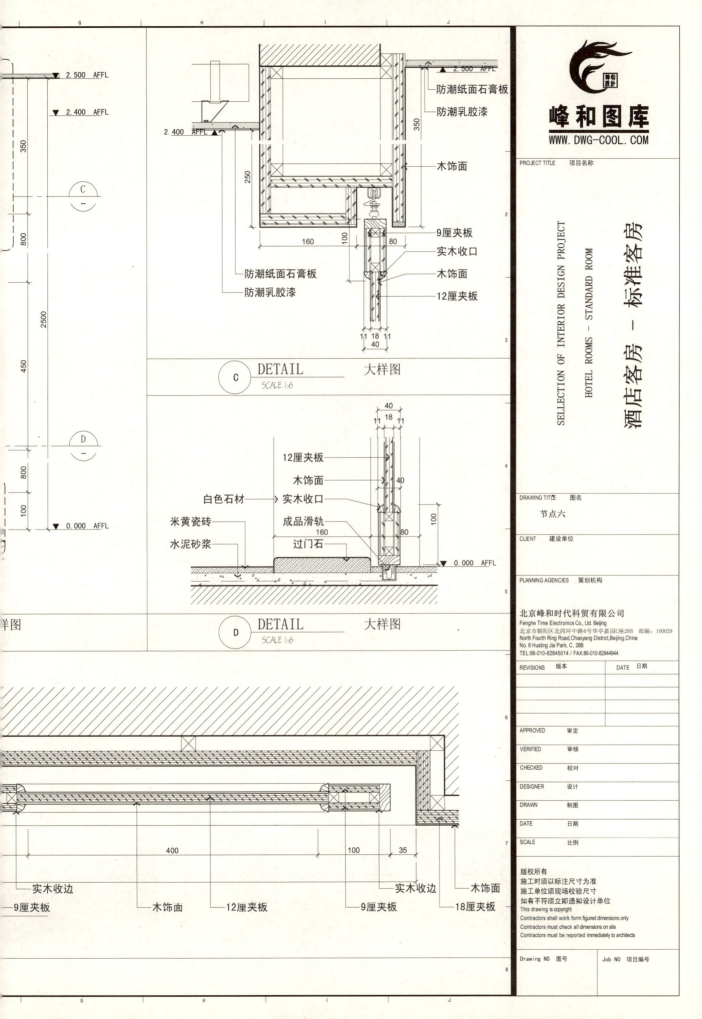

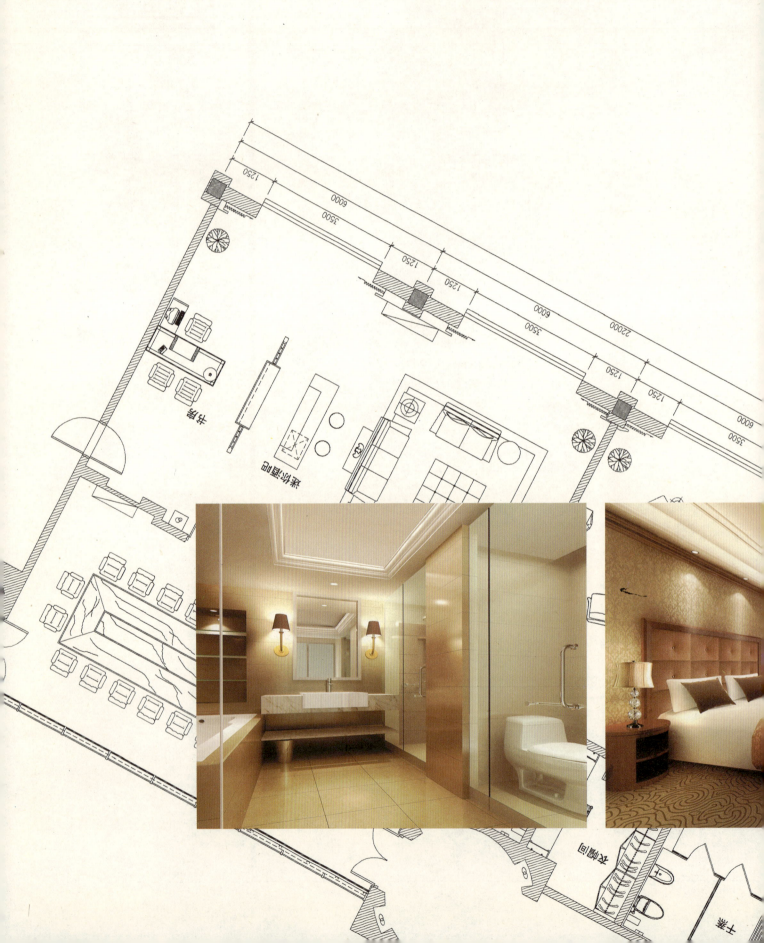

SELLECTION OF INTERIOR DESIGN PROJECT

酒店客房
HOTEL ROOMS

豪华套房范例
EXAMPLES OF DELUXE SUITE

-Interior Design-

豪华套房效果图范例
EXAMPLES OF PERSPECTIVE DRAWING FOR DELUXE SUITE

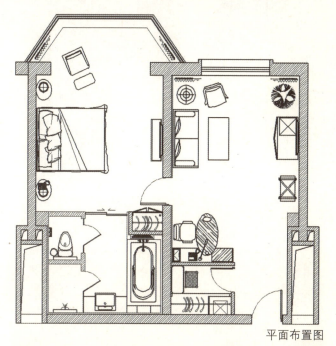

平面布置图

登录"峰和图库"网站，获取更多成套设计方案

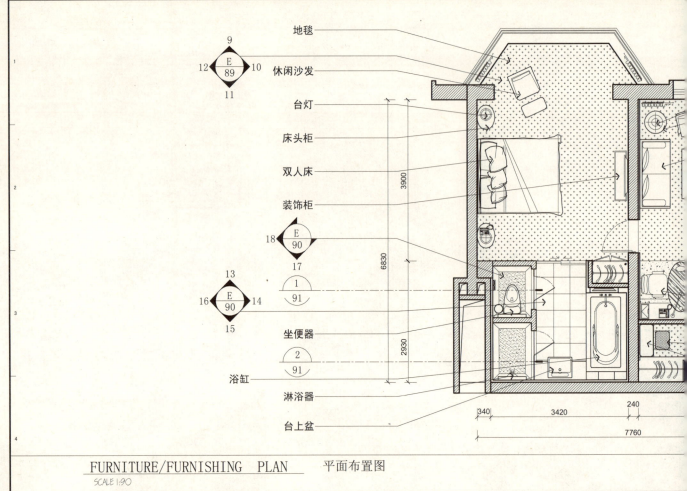

FURNITURE/FURNISHING PLAN　平面布置图
SCALE 1:90

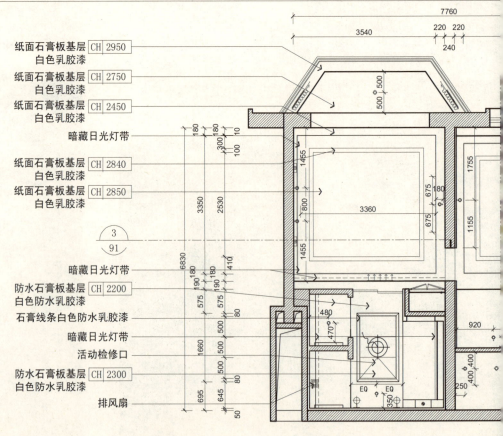

REFLECTED CEILING PLAN　顶棚布置图
SCALE 1:90

-Interior Design-

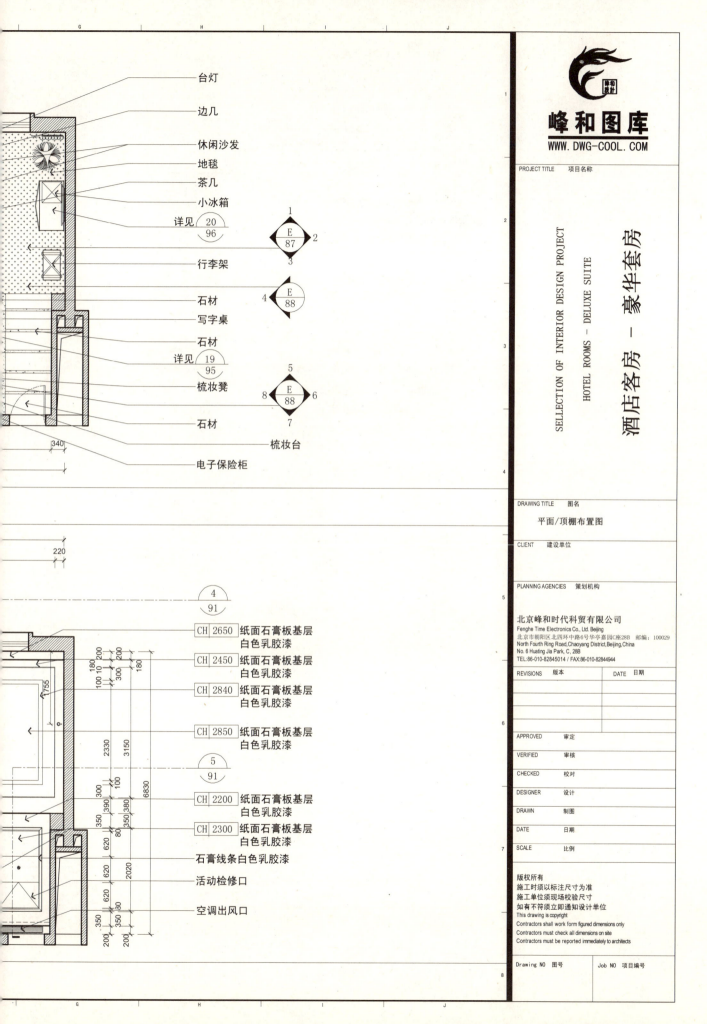

距地CH:1400（电视电源插座）
距地CH:1400（电视信号插座）
距地CH:650（台灯插座）
距地CH:300（夜灯插座）
距地CH:650（三联开关）
距地CH:1050（阅读灯）
单联双控开关距地CH:1300（控制灯带）
距地CH:1050（阅读灯）
距地CH:650单联开关）
单联双控开关距地CH:650（控制灯带）
距地CH:650（总控开关）
距地CH:650（电话插座）
距地CH:300（夜灯插座）
距地CH:650（台灯插座）
距地CH:1300（单联开关）
距地CH:800（电话插座）
距地CH:1200（电视信号插座）
距地CH:1200（电视电源插座）
距地CH:1300（三联开关）
距地CH:1300（三联开关）
距地CH:1200（电须刀防水插座）
距地CH:1200（吹风机防水插座）
防雾镜接线口
台下喇叭位

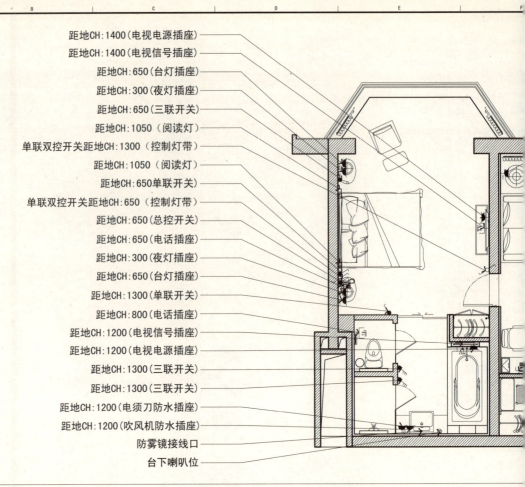

ELESTRICAL/MECHANICAL PLAN　配电平面布置图
SCALE 1:90

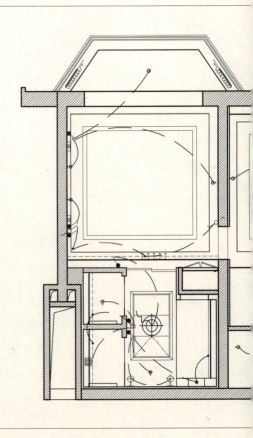

REFLECTED CEILING PLAN　顶棚接线平面图
SCALE 1:90

-Interior Design-

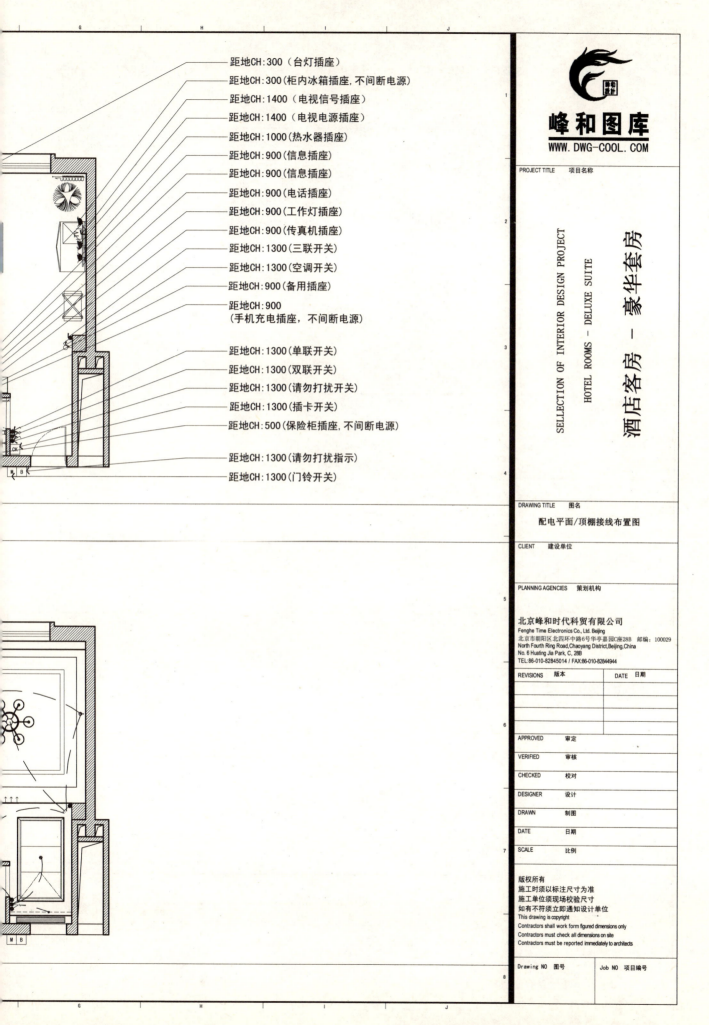

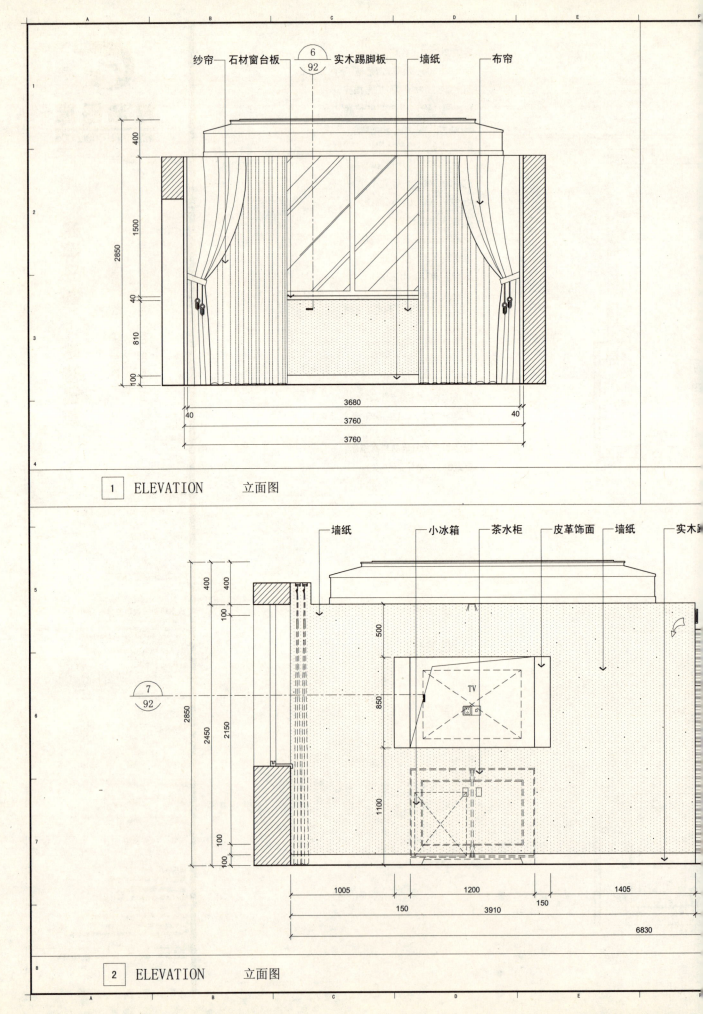

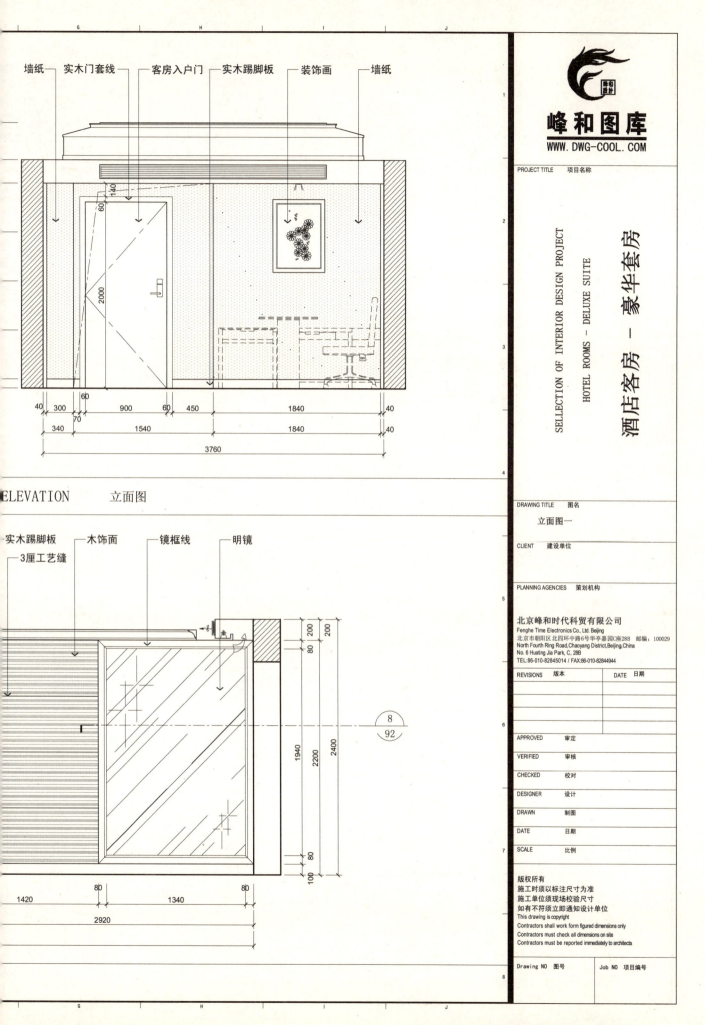

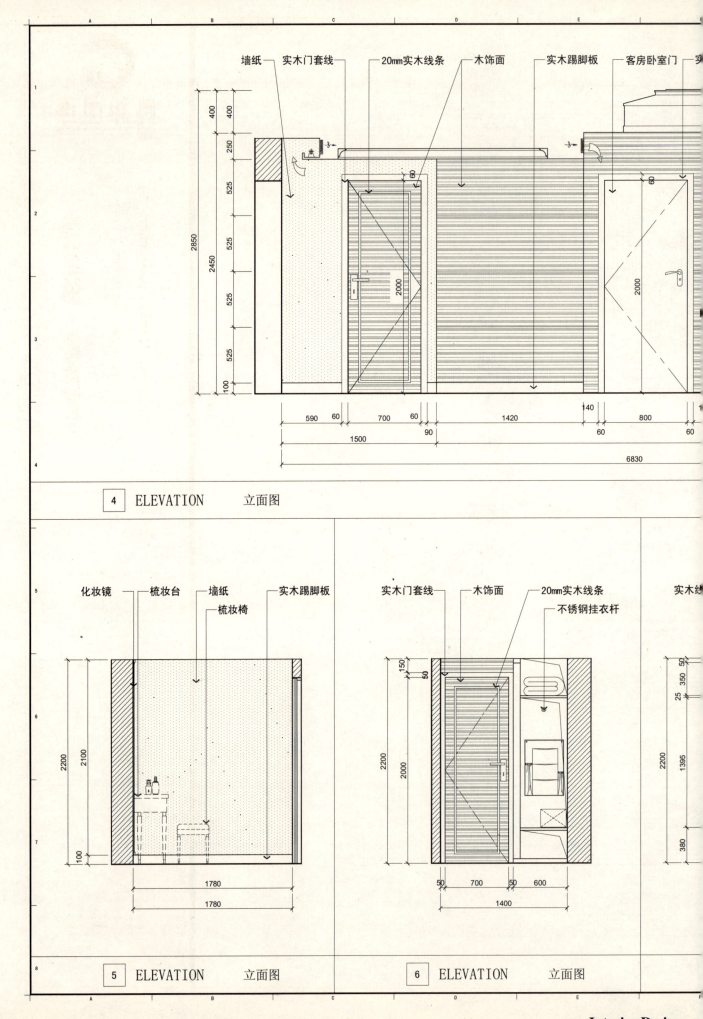

4	ELEVATION 立面图
5	ELEVATION 立面图
6	ELEVATION 立面图

-Interior Design-

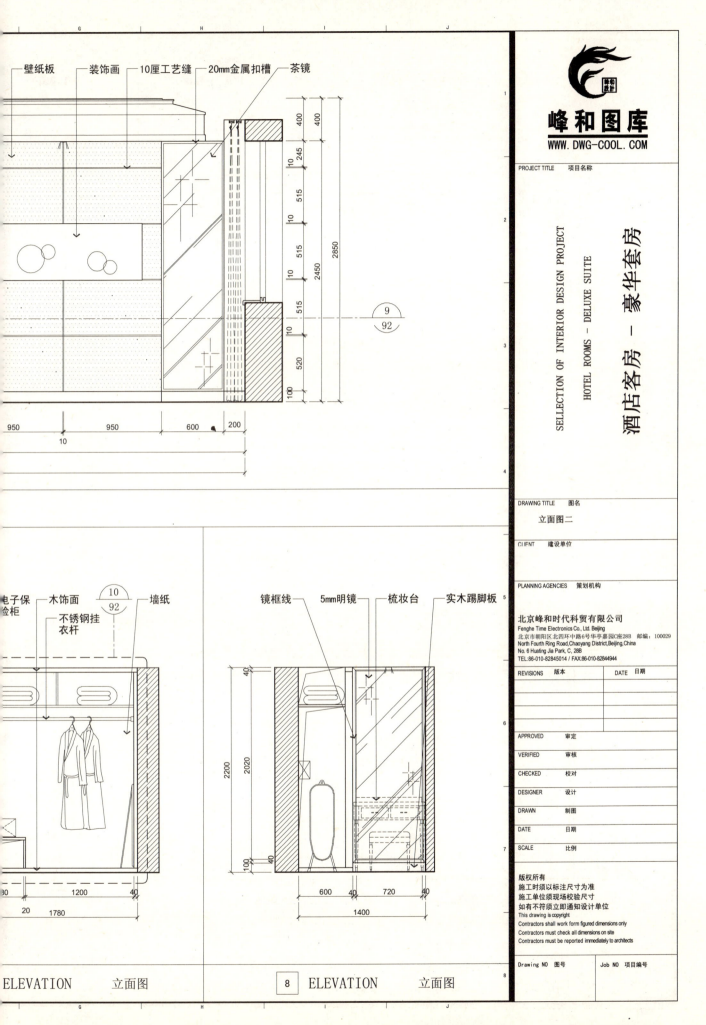

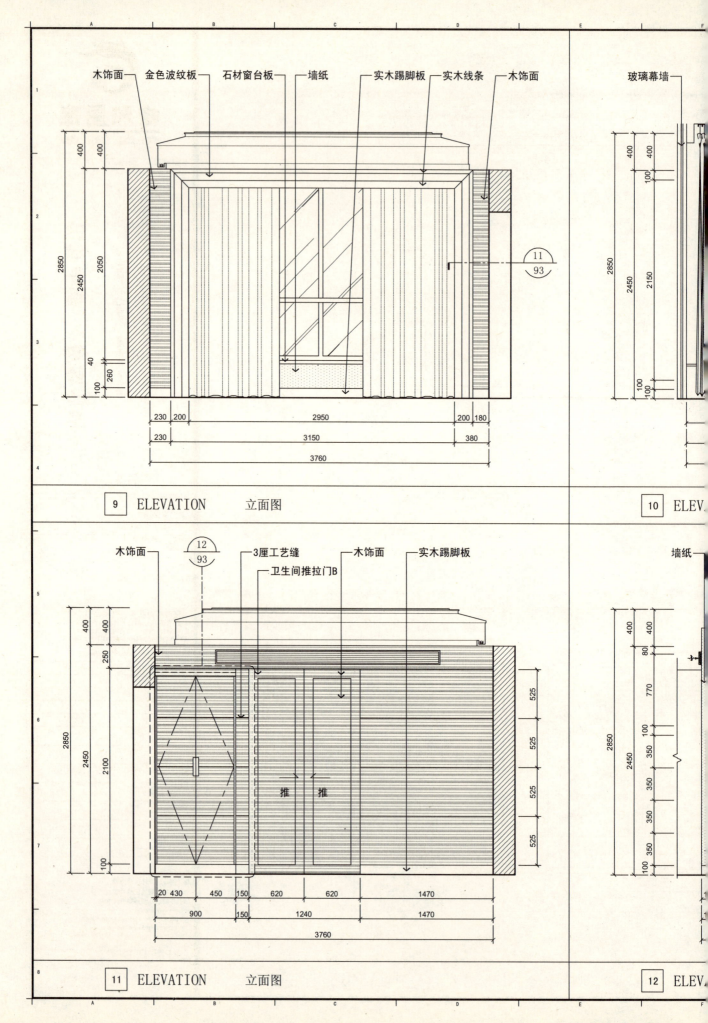

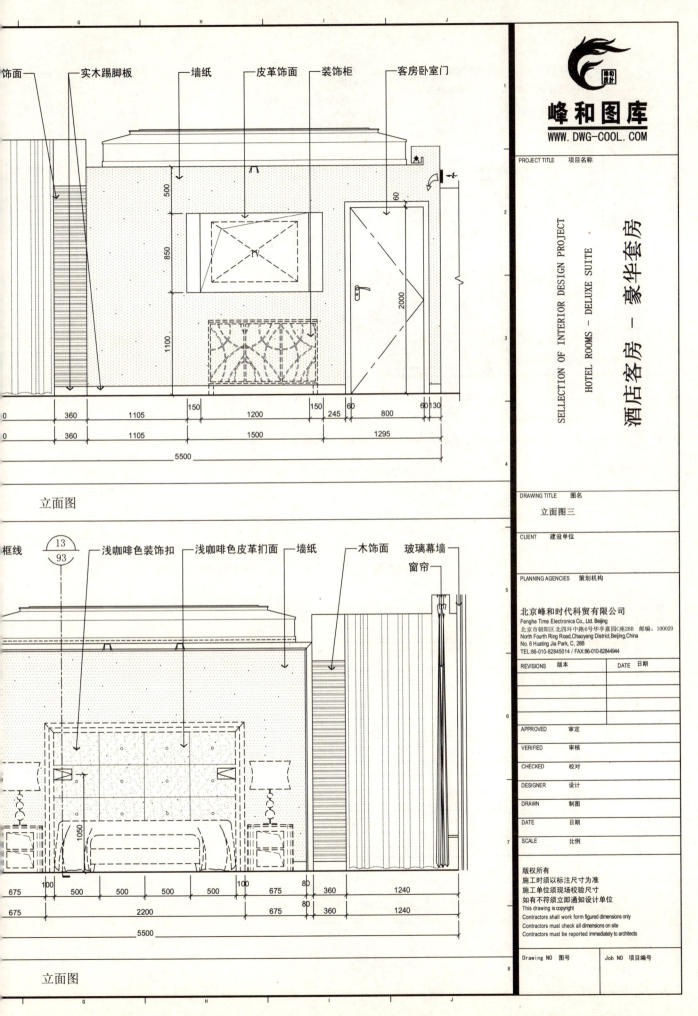

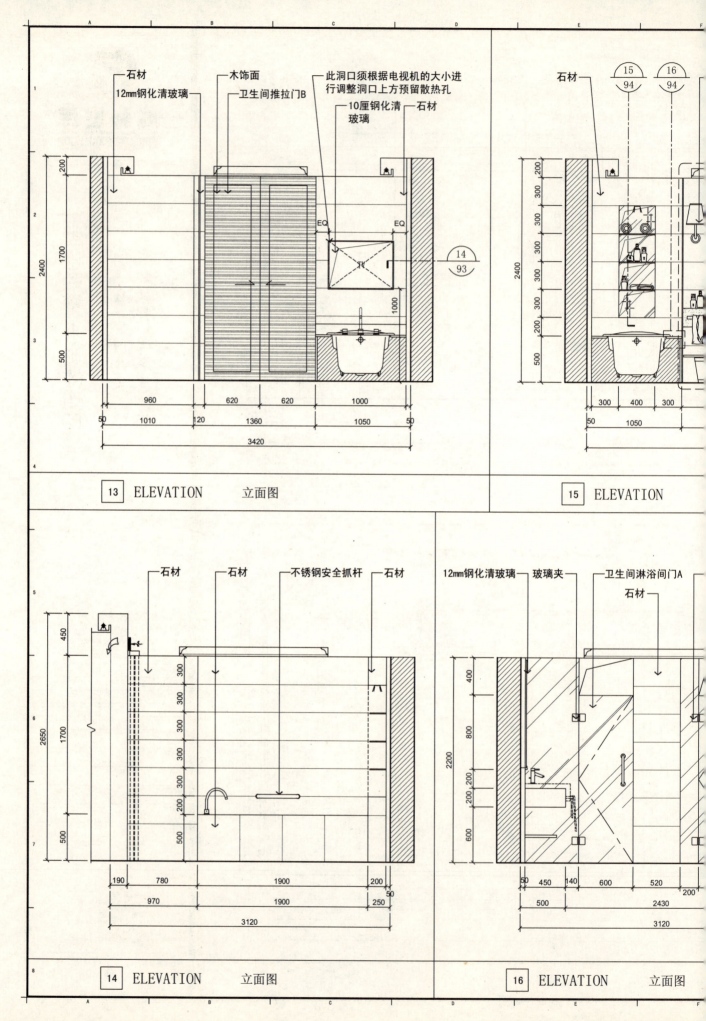

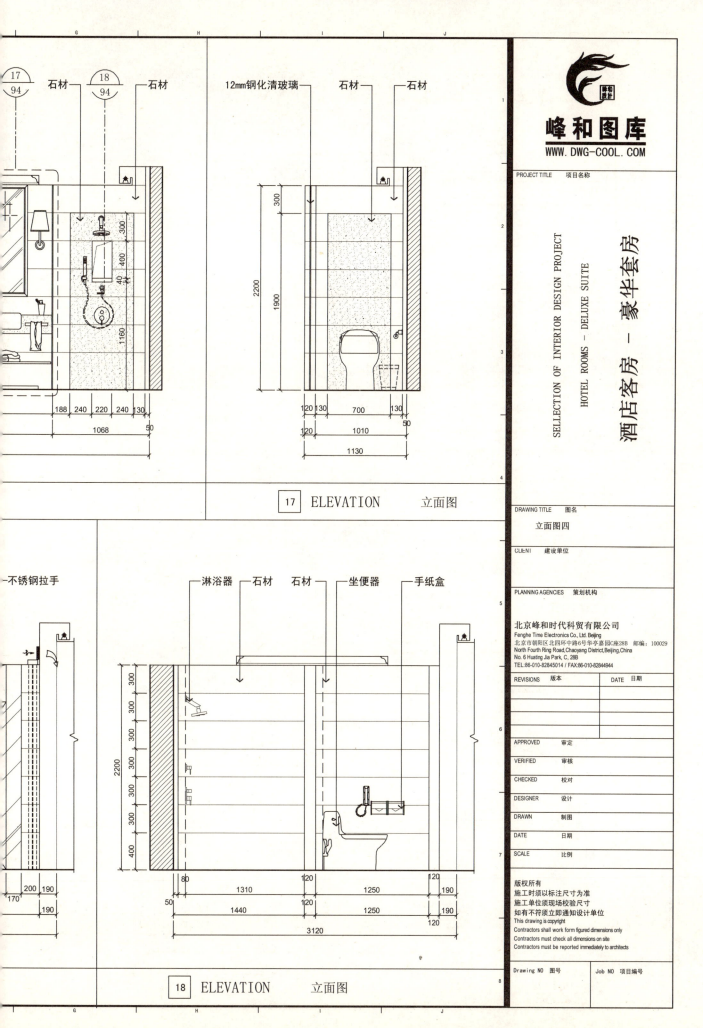

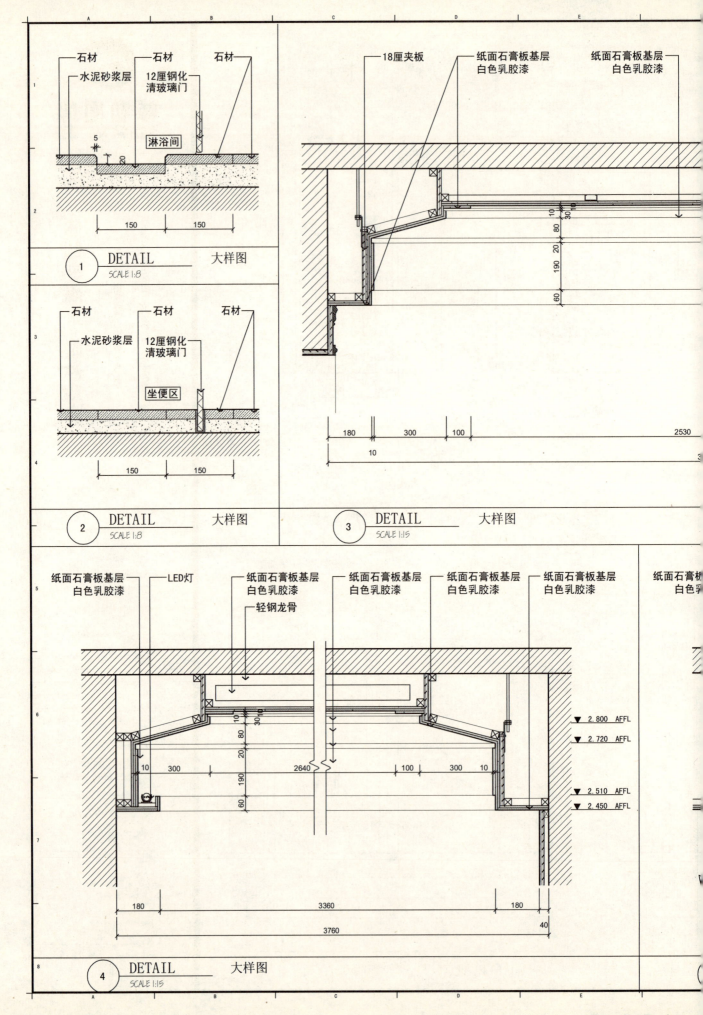

-Interior Design-

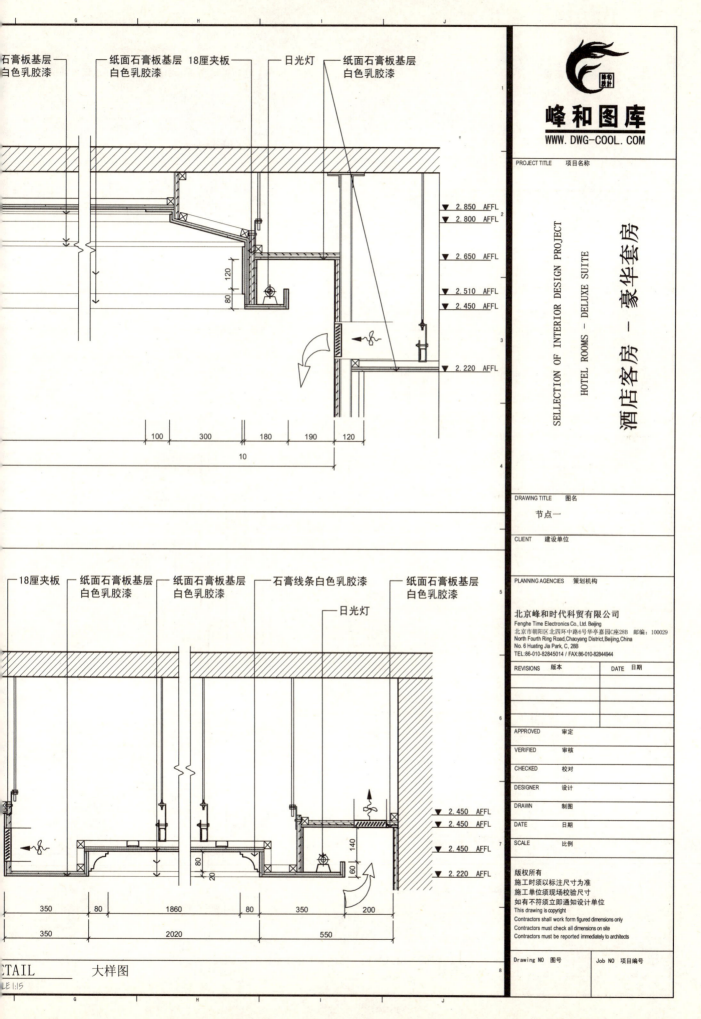

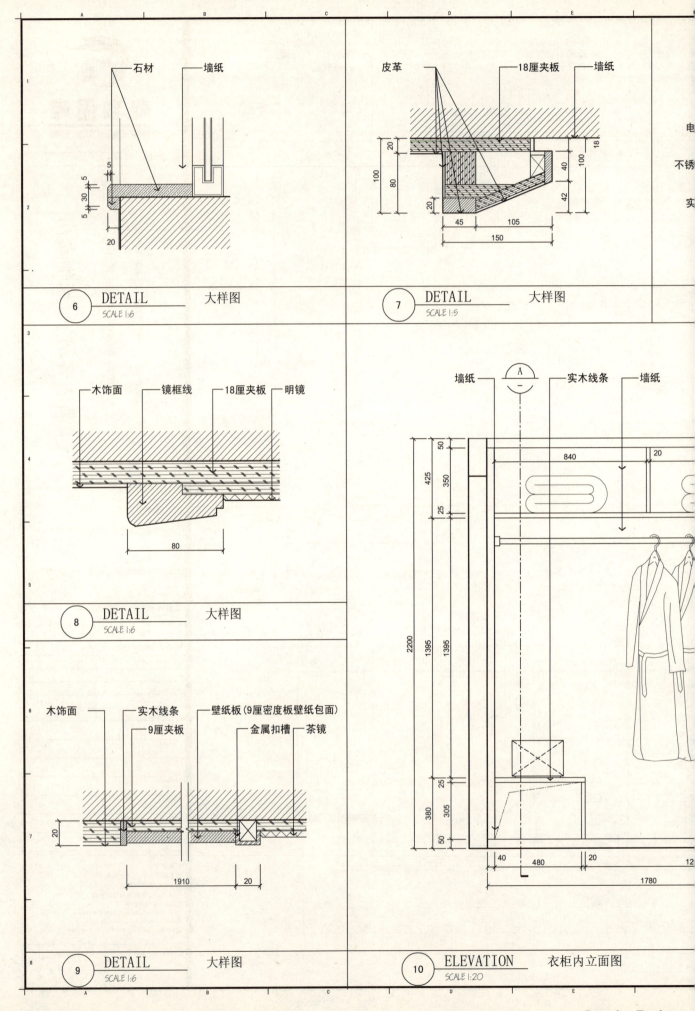

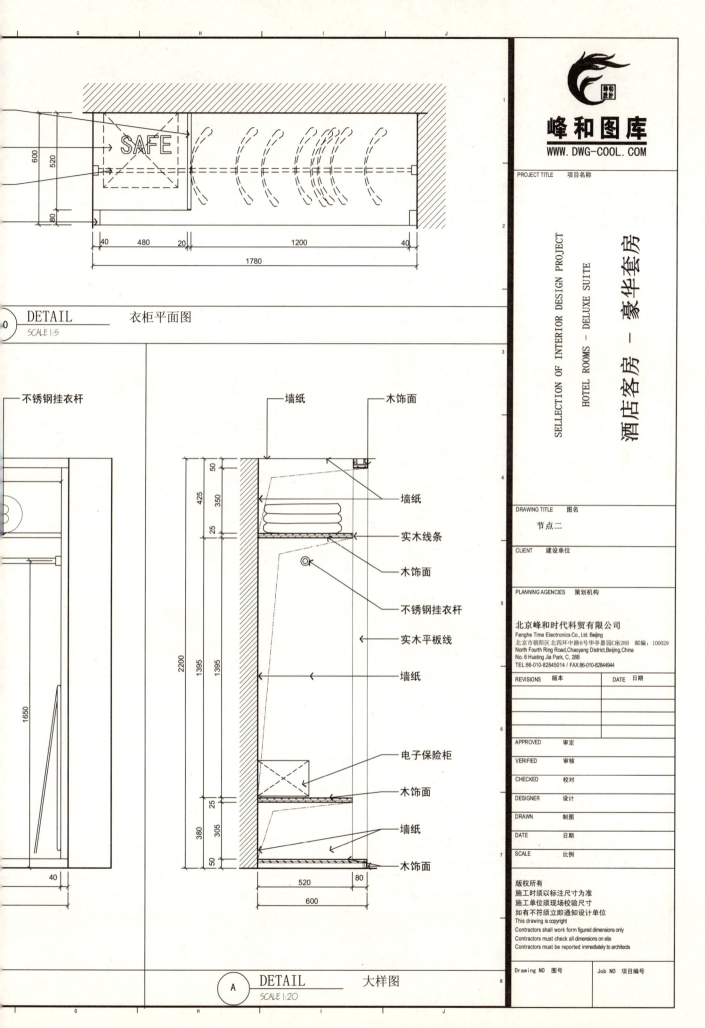

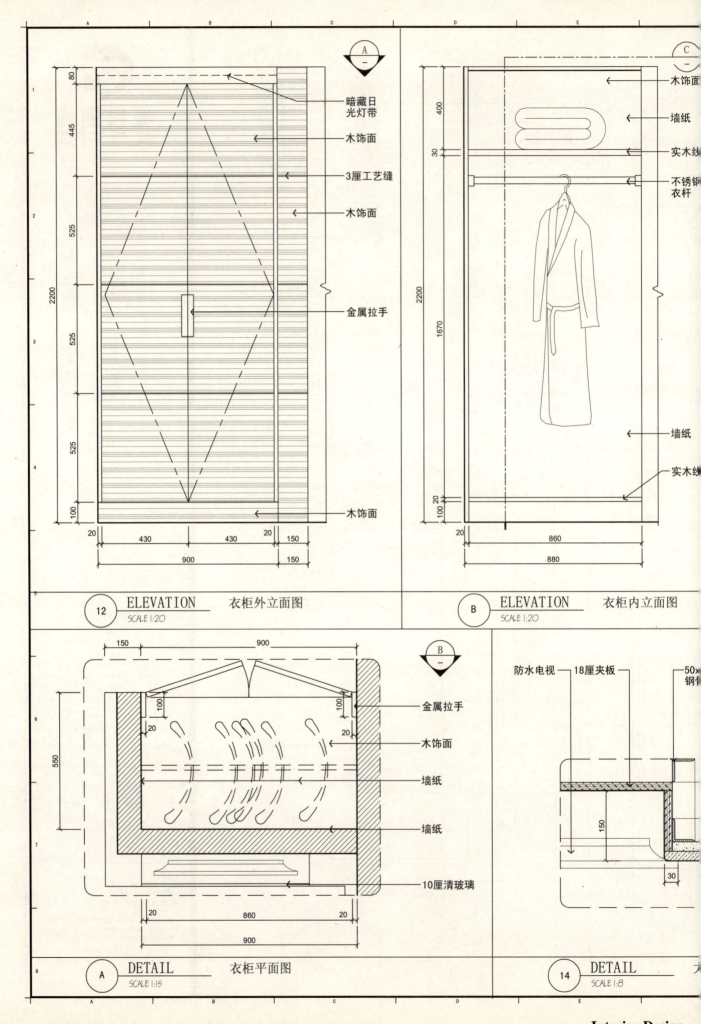

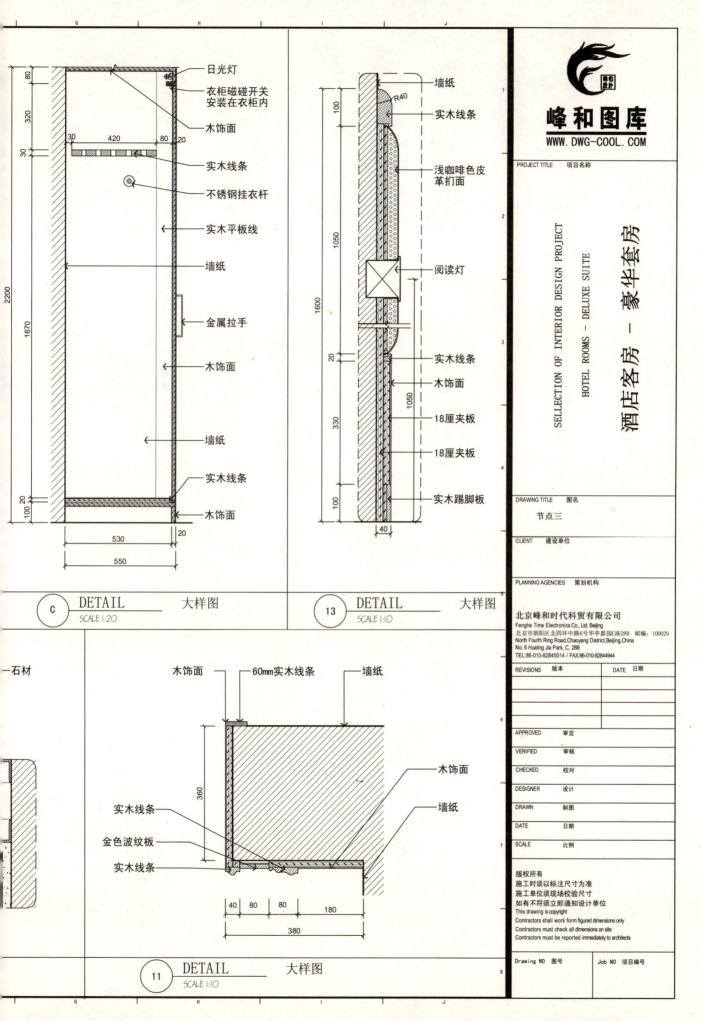

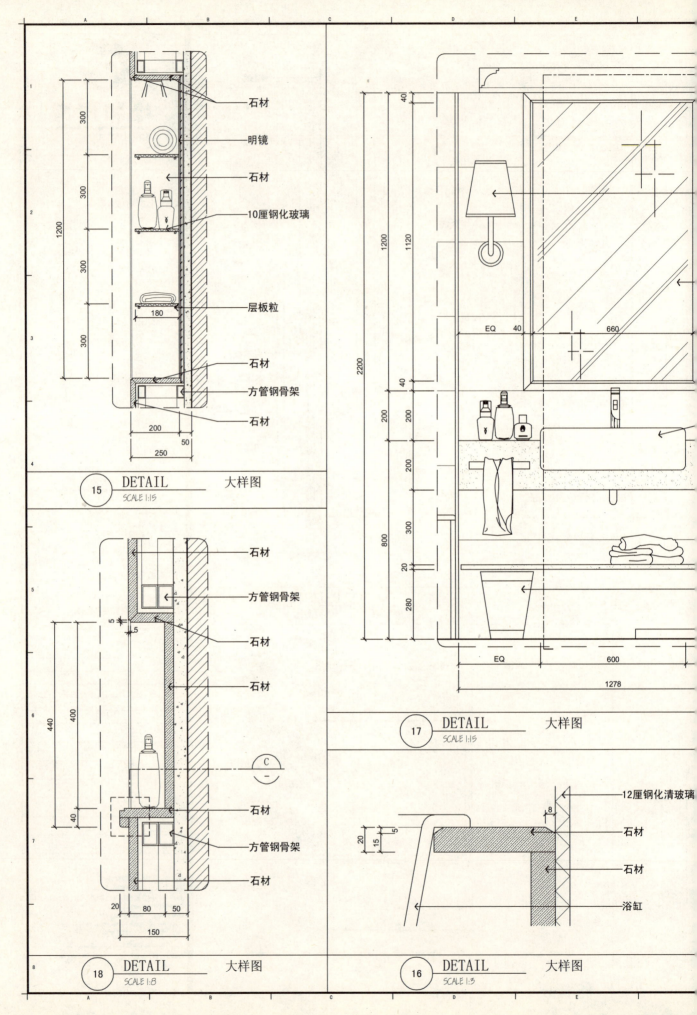

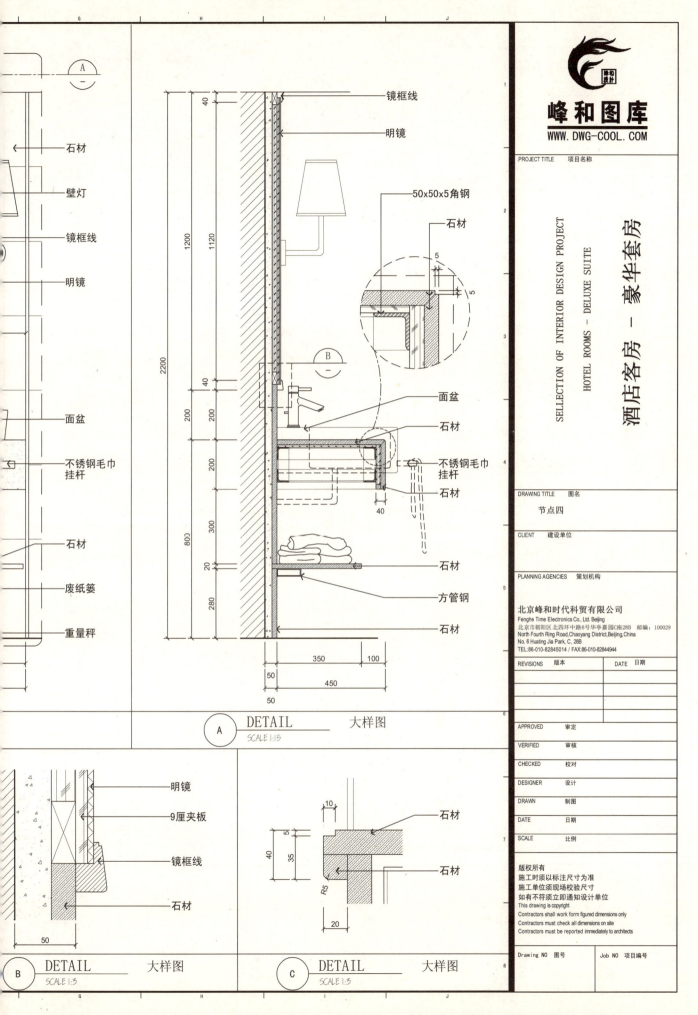

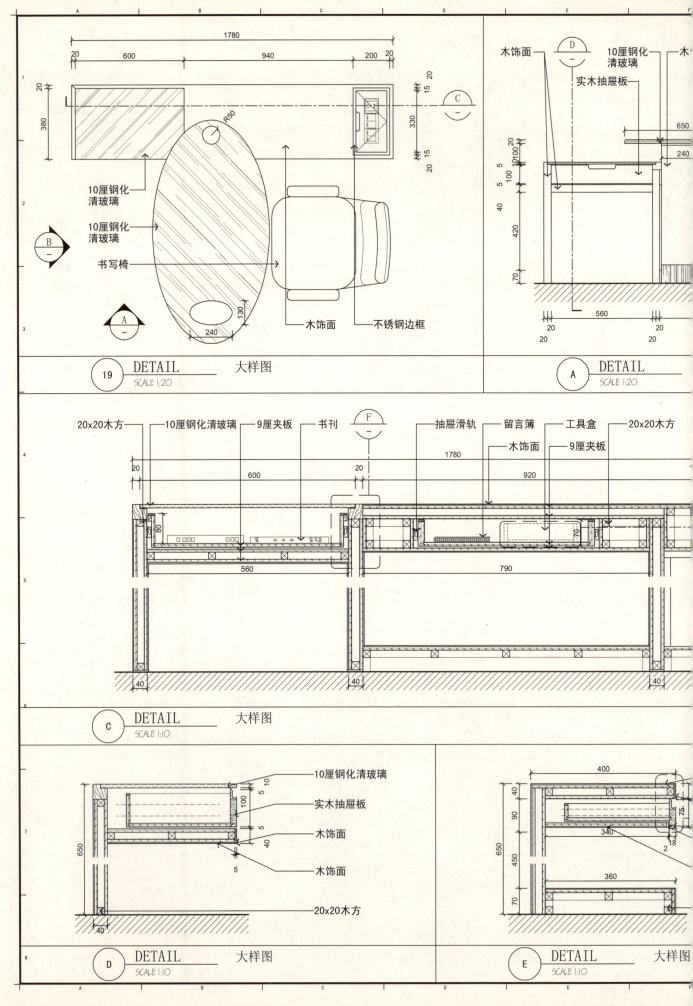

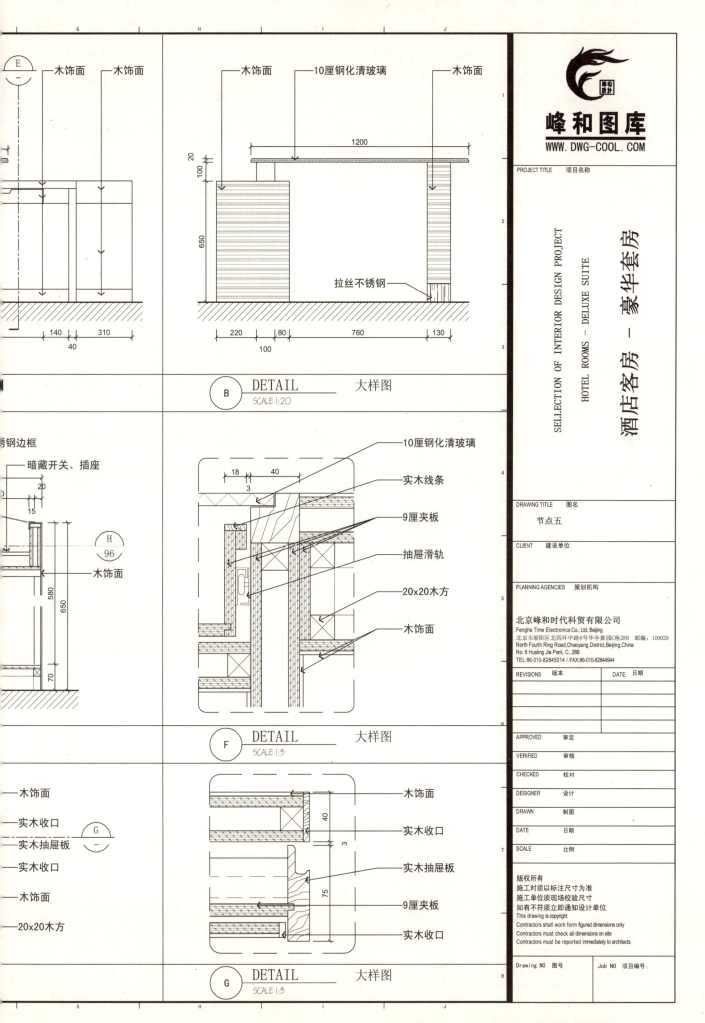

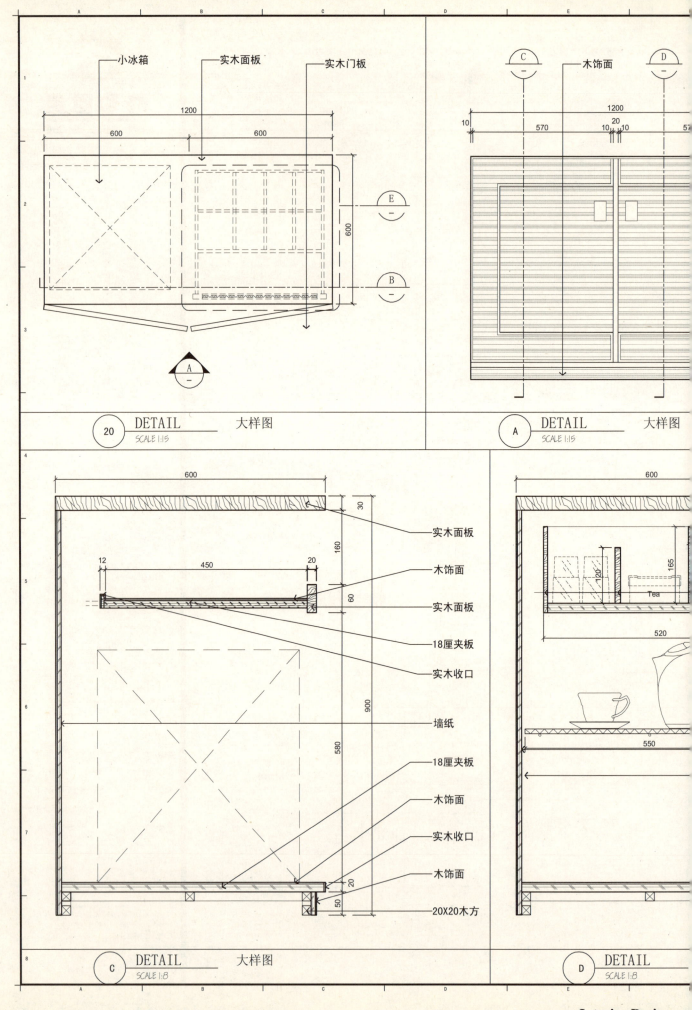

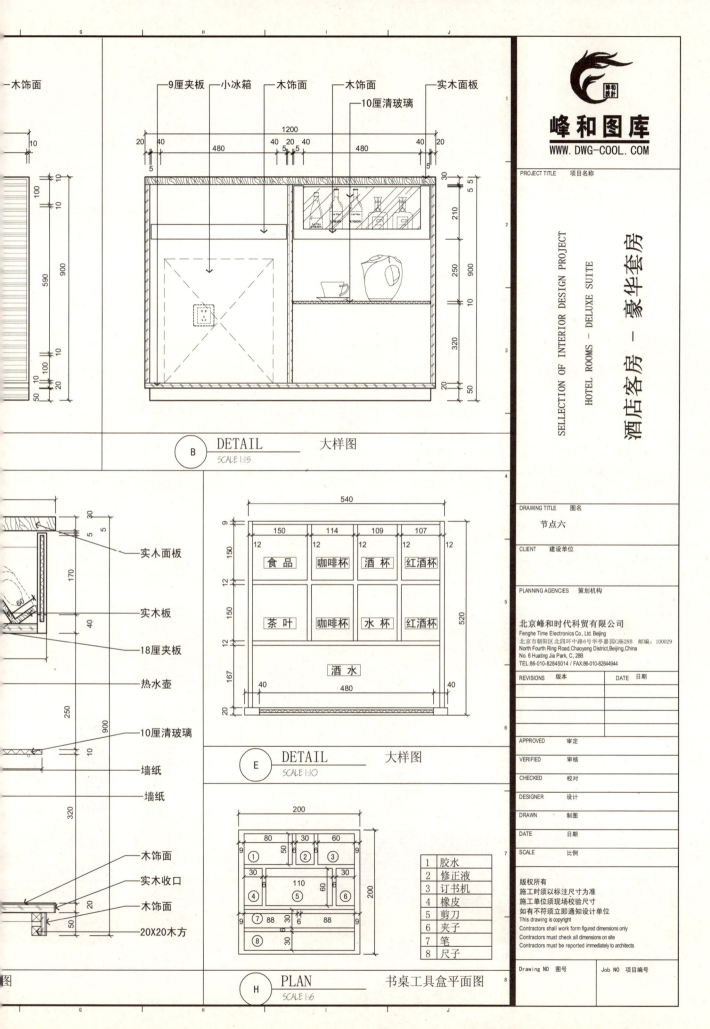

SELLECTION OF INTERIOR DESIGN PROJECT

酒店客房
HOTEL ROOMS

商务套房范例
EXAMPLES OF BUSINESS SUITE

-Interior Design-

商务套房效果图范例
EXAMPLES OF PERSPECTIVE DRAWING FOR BUSINESS SUITE

 峰和图库 WWW.DWG-COOL.COM

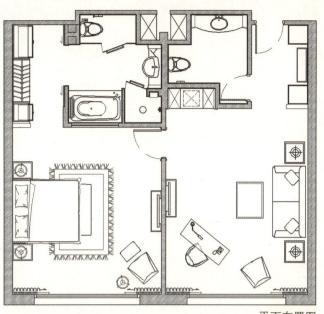

平面布置图

登录"峰和图库"网站，获取更多成套设计方案

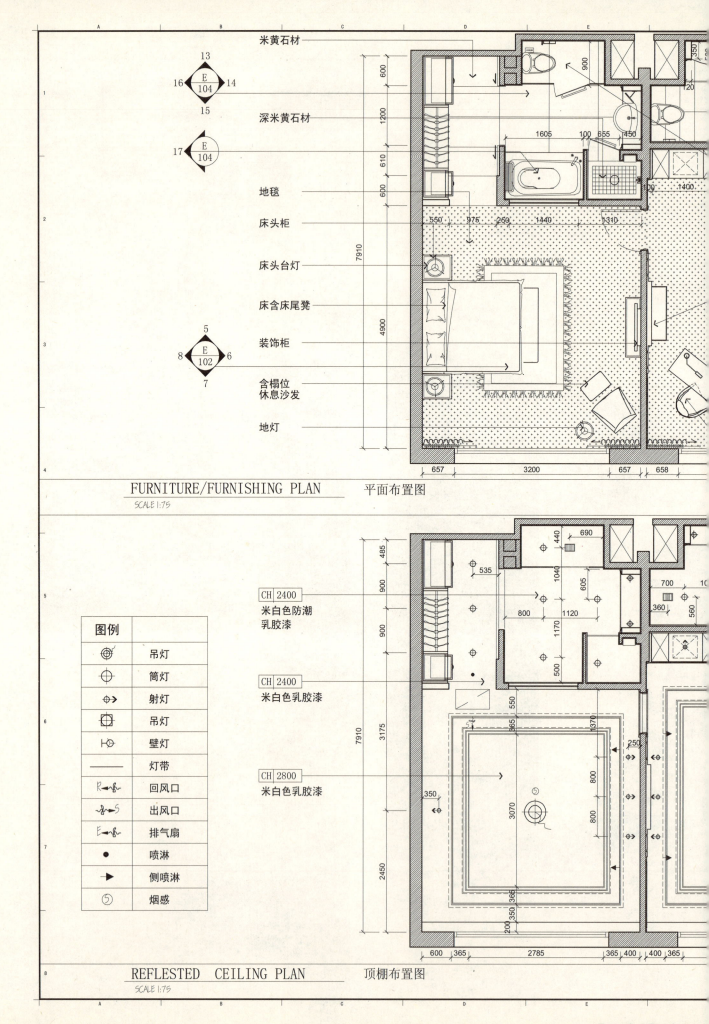

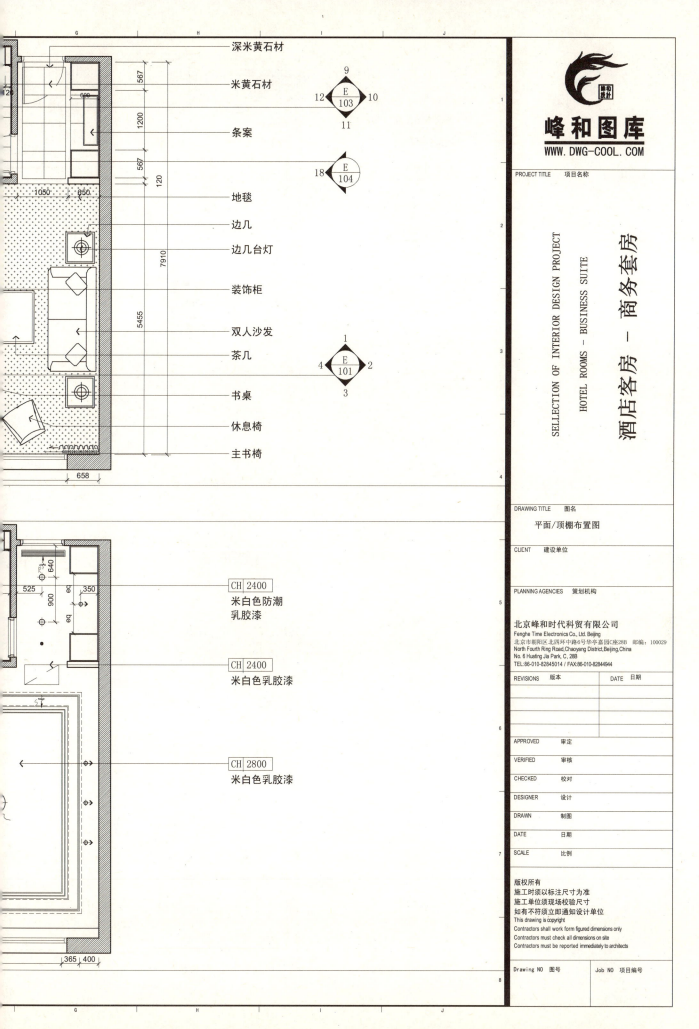

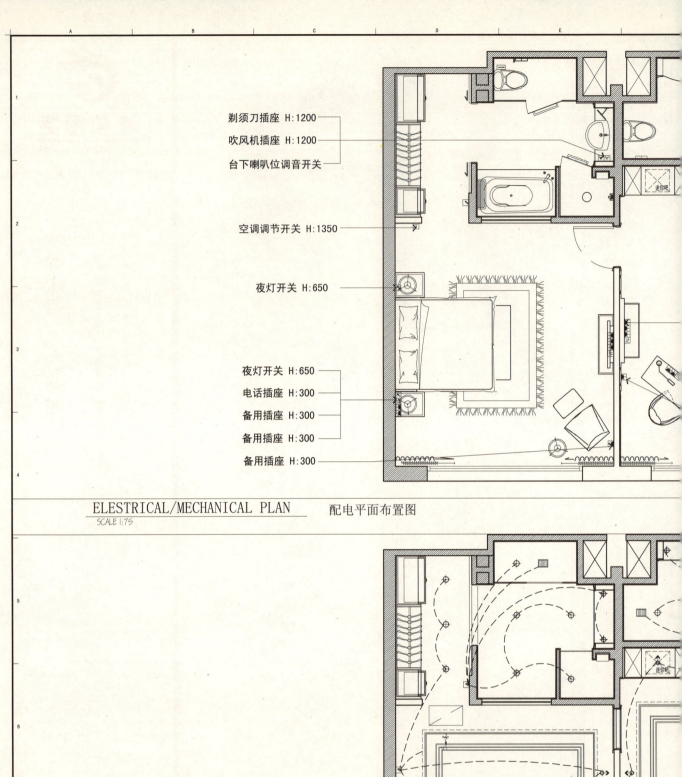

剃须刀插座 H:1200
吹风机插座 H:1200
台下喇叭位调音开关

空调调节开关 H:1350

夜灯开关 H:650

夜灯开关 H:650
电话插座 H:300
备用插座 H:300
备用插座 H:300
备用插座 H:300

ELESTRICAL/MECHANICAL PLAN 配电平面布置图
SCALE 1:75

REFLESTED CEILING PLAN 顶棚接线平面图
SCALE 1:75

-Interior Design-

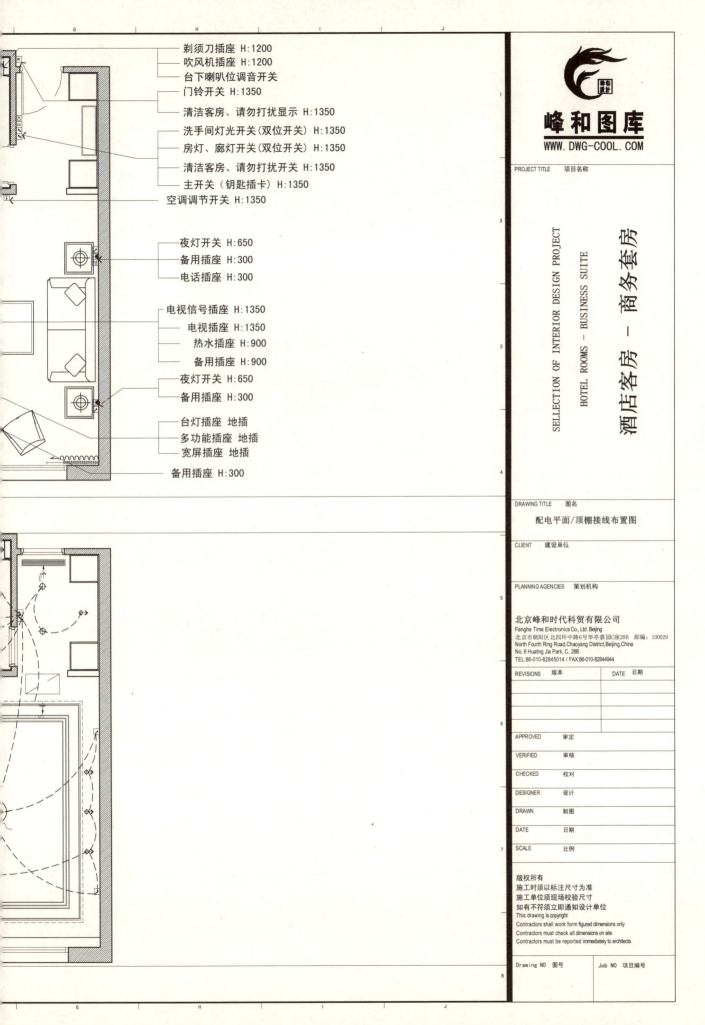

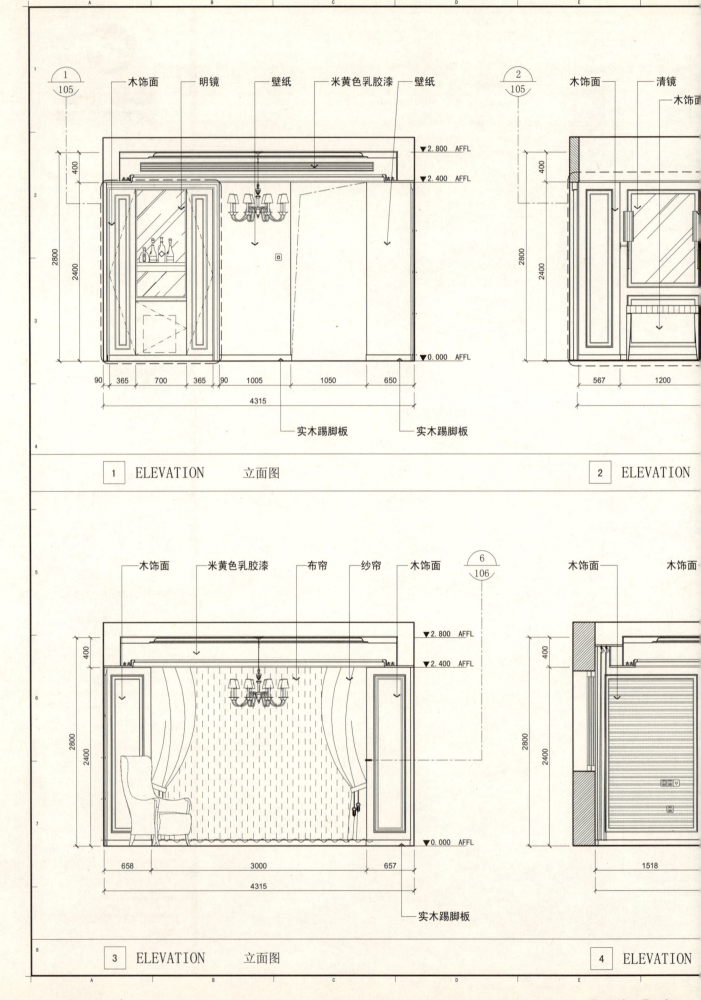

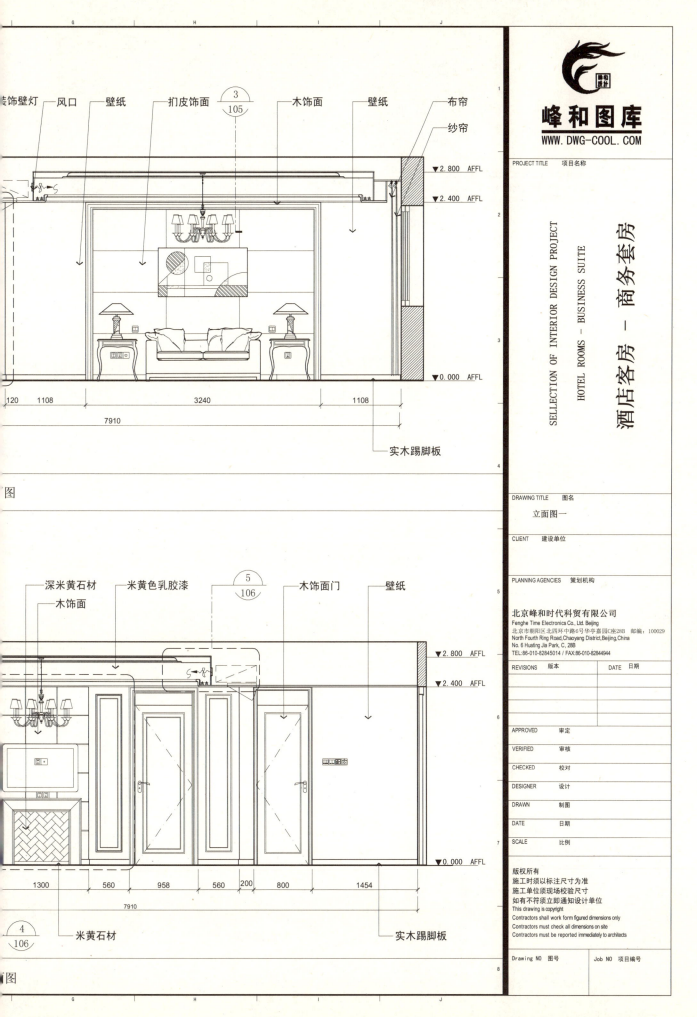

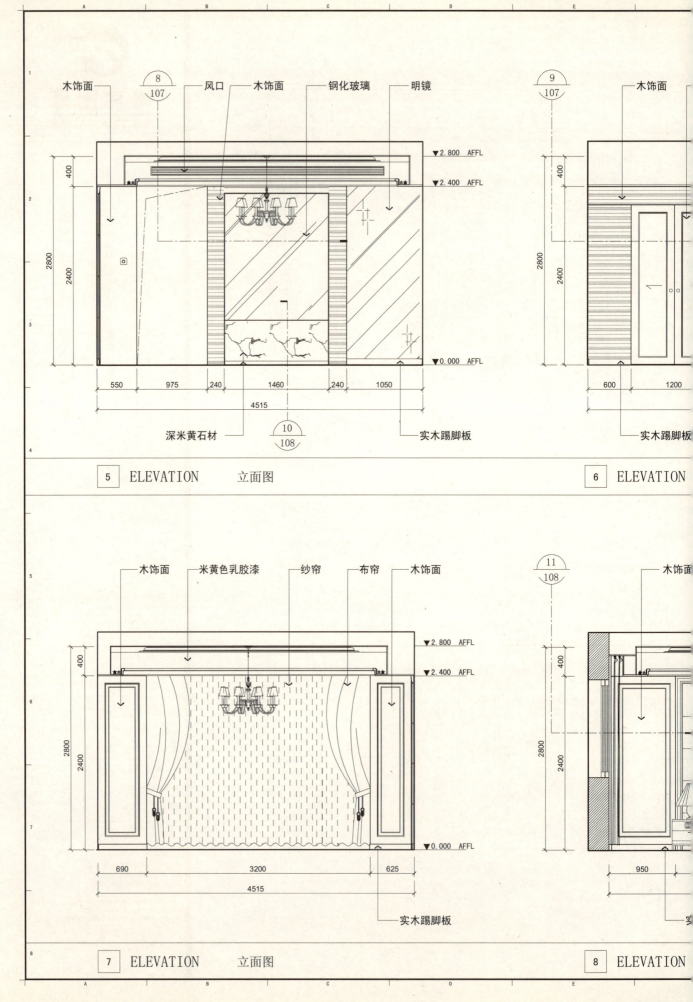

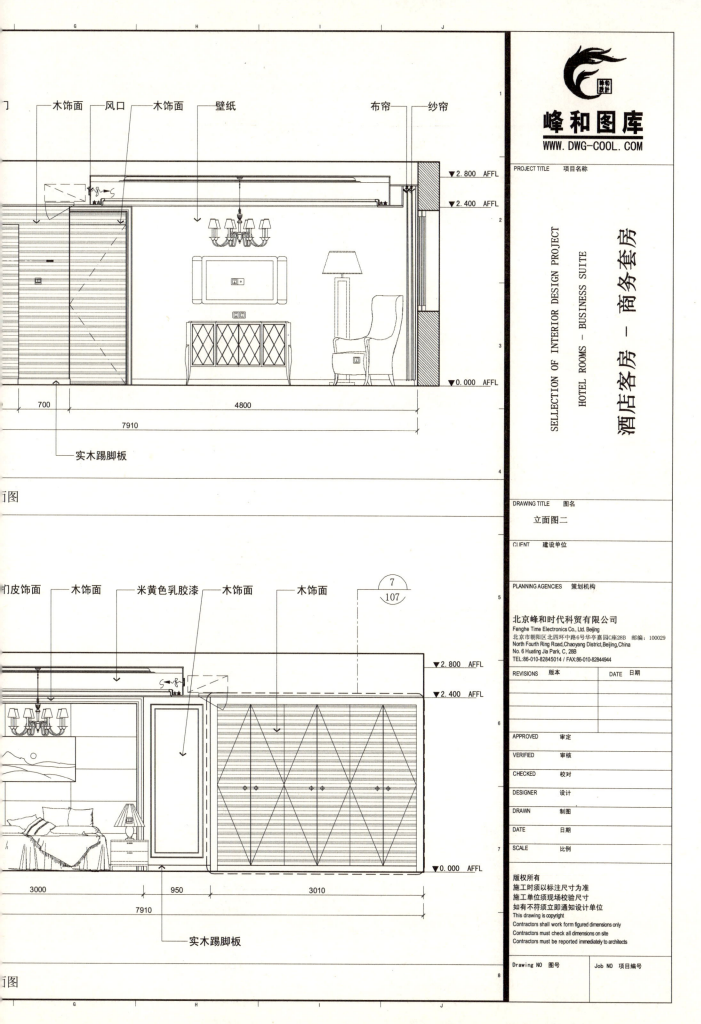

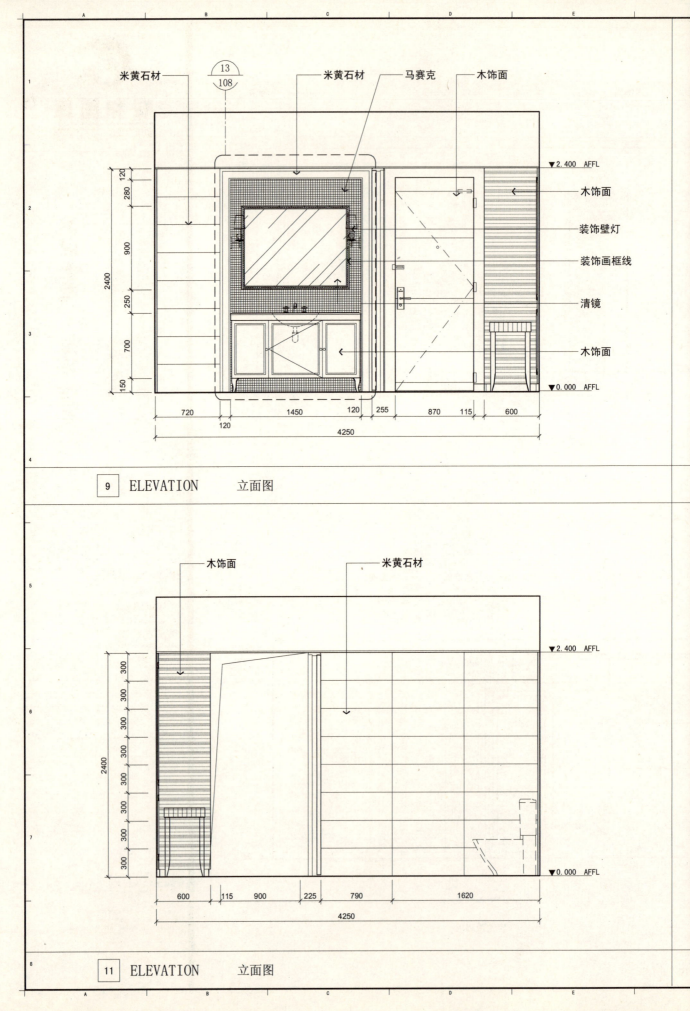

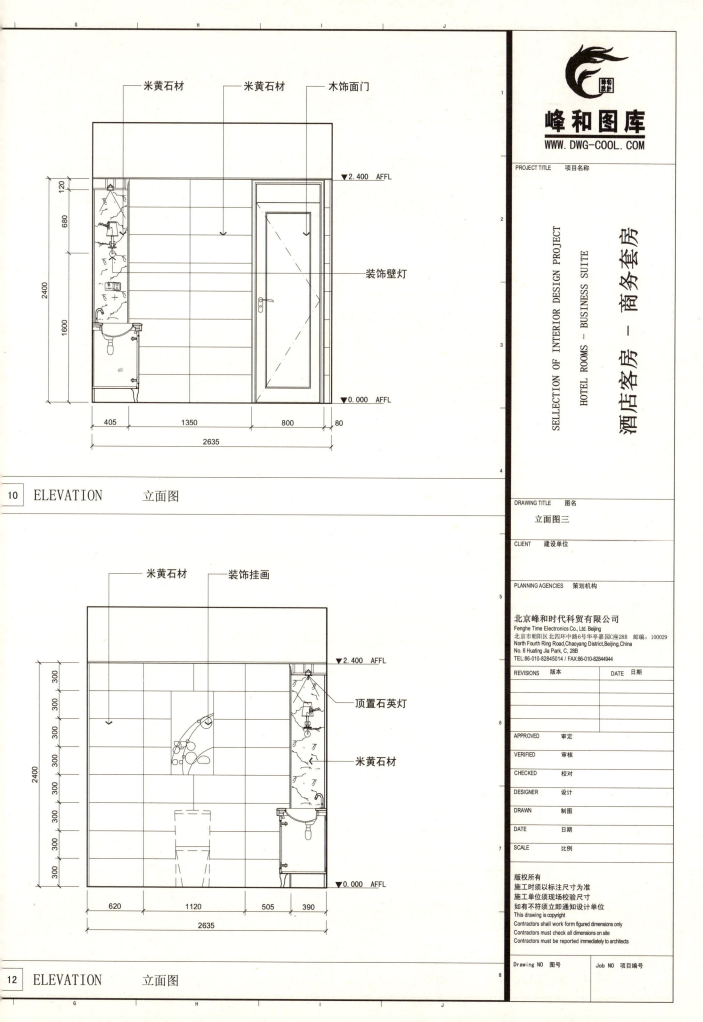

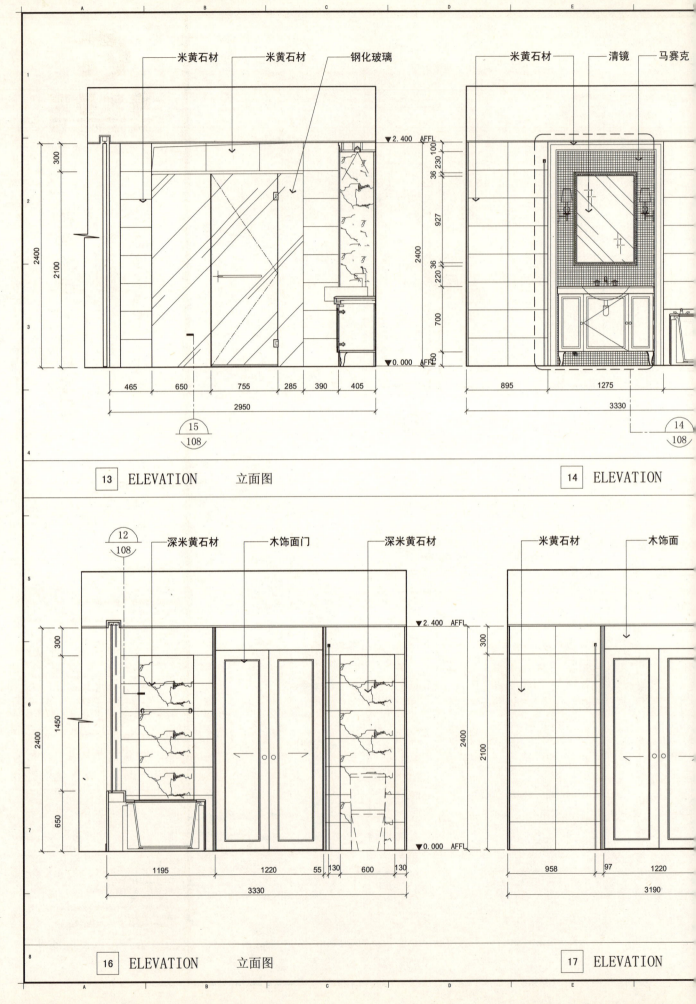

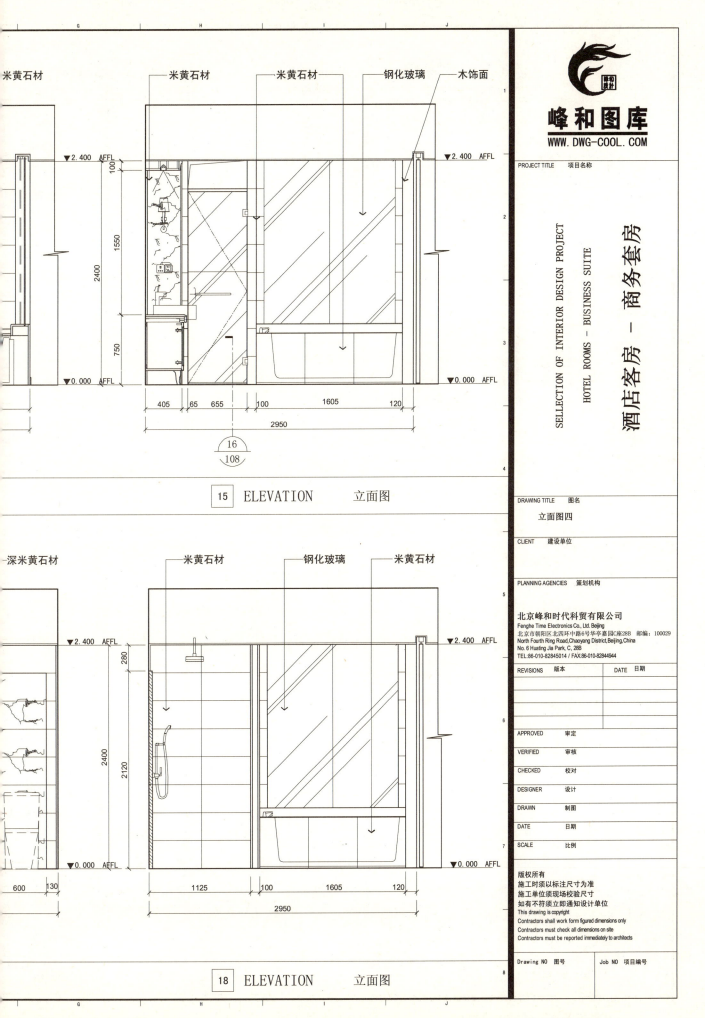

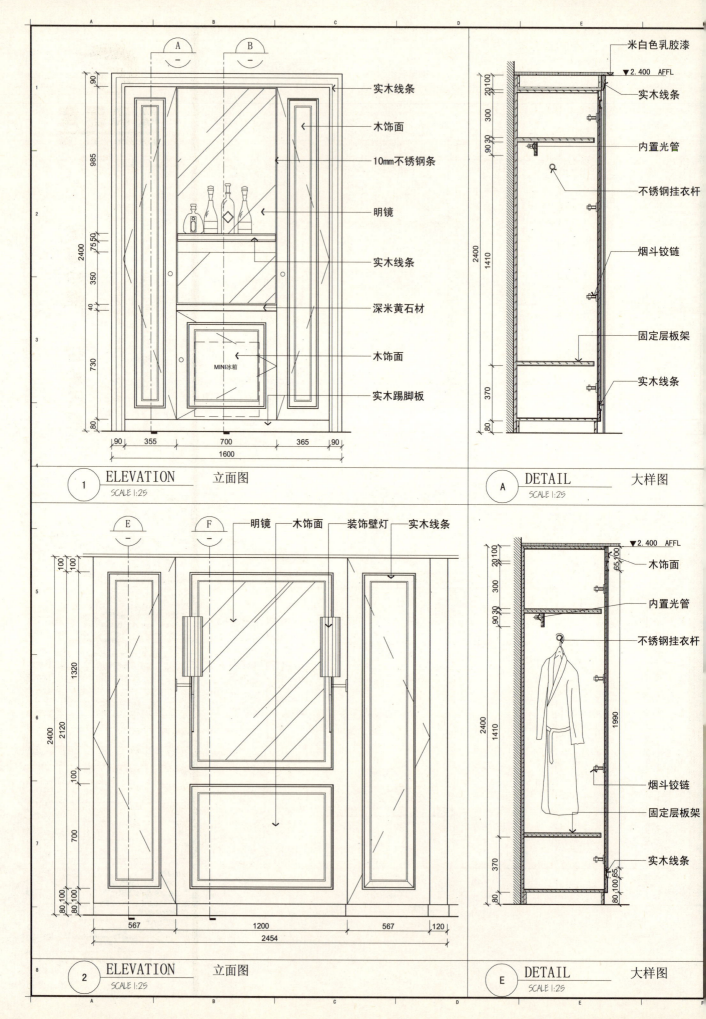

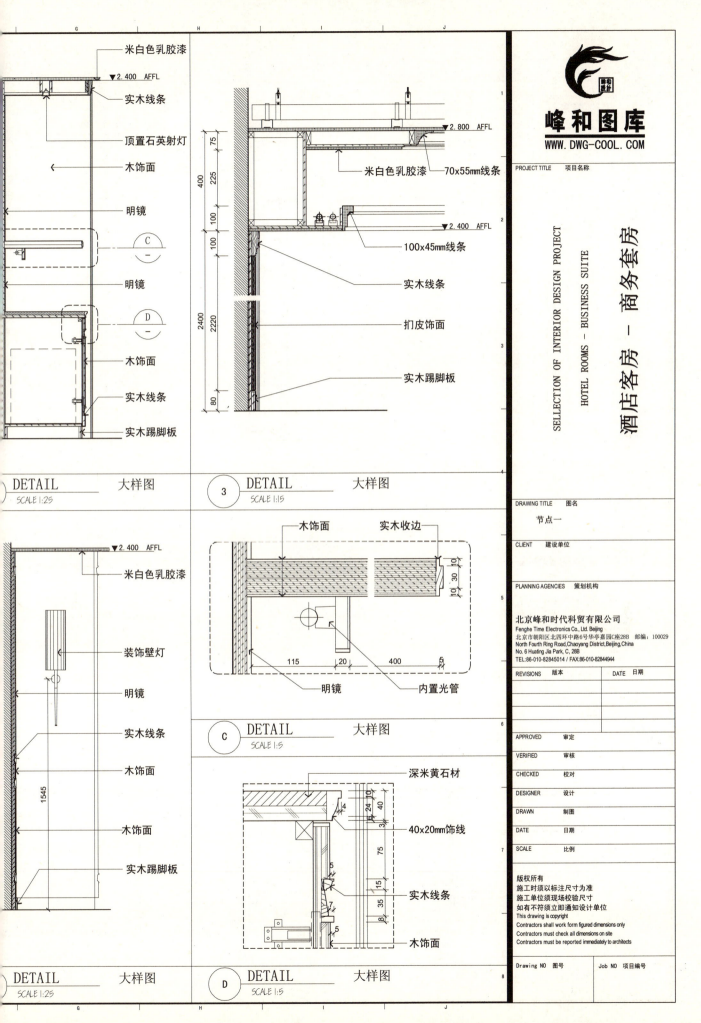

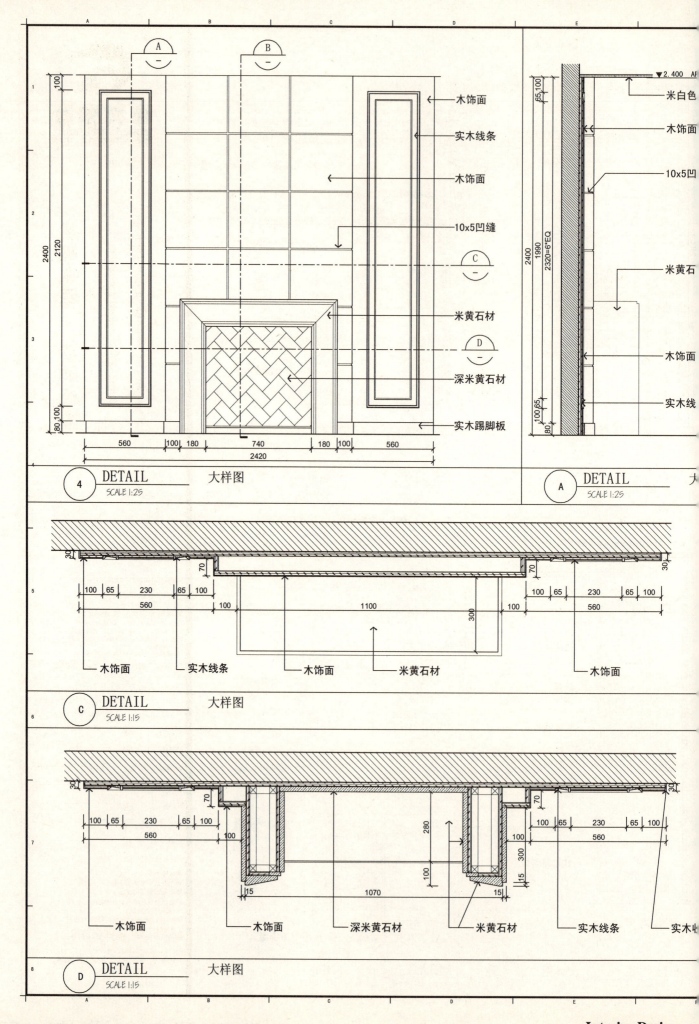

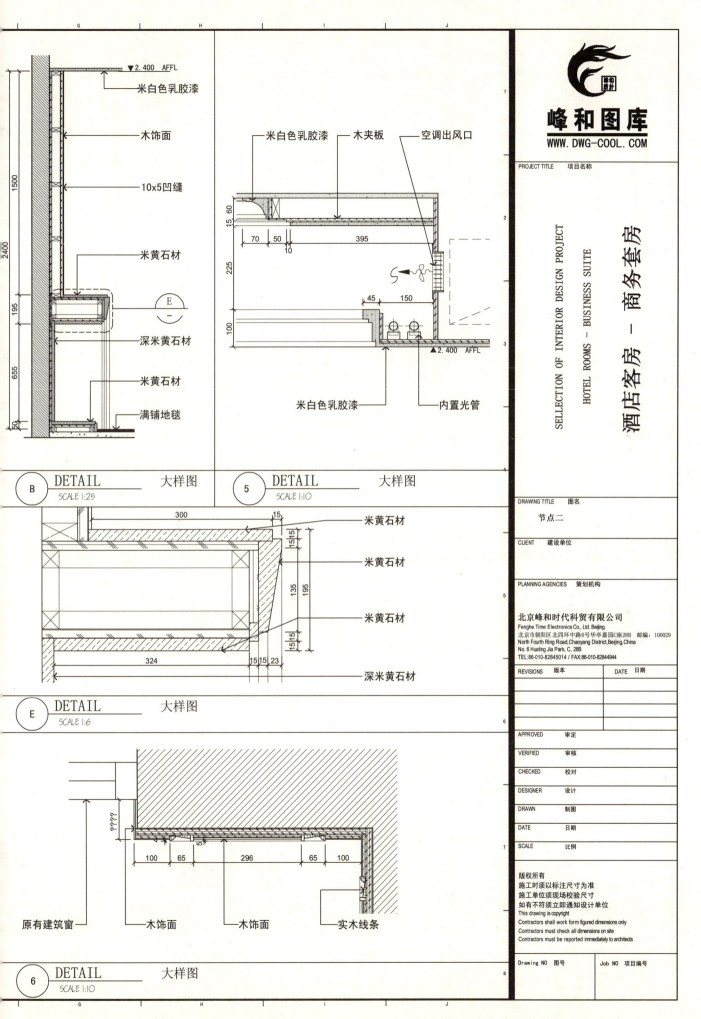

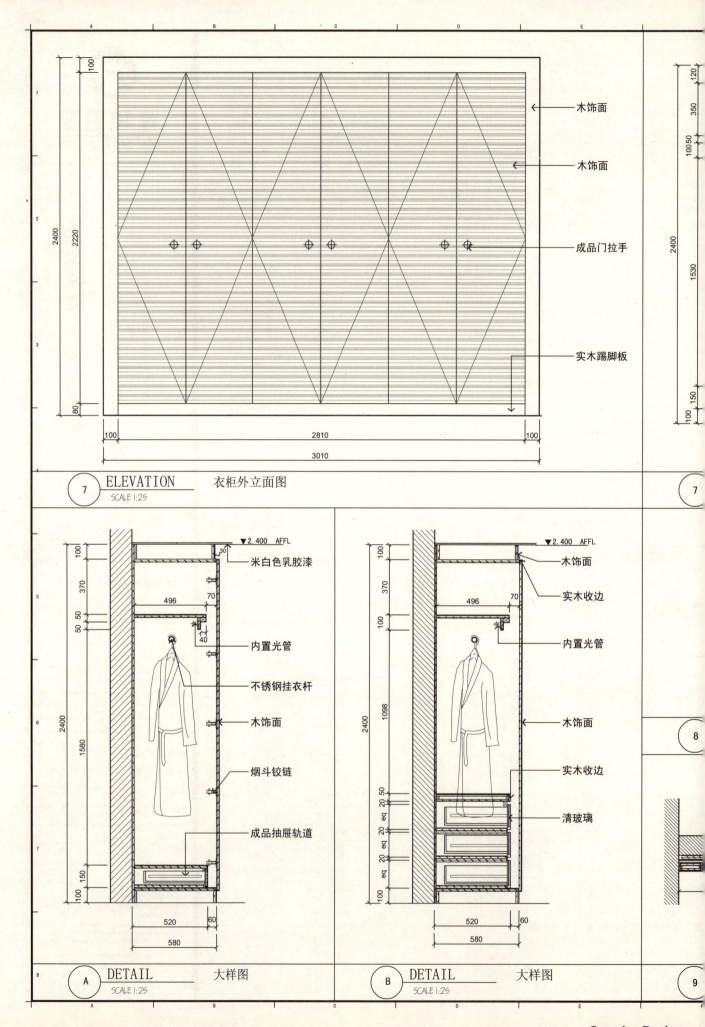

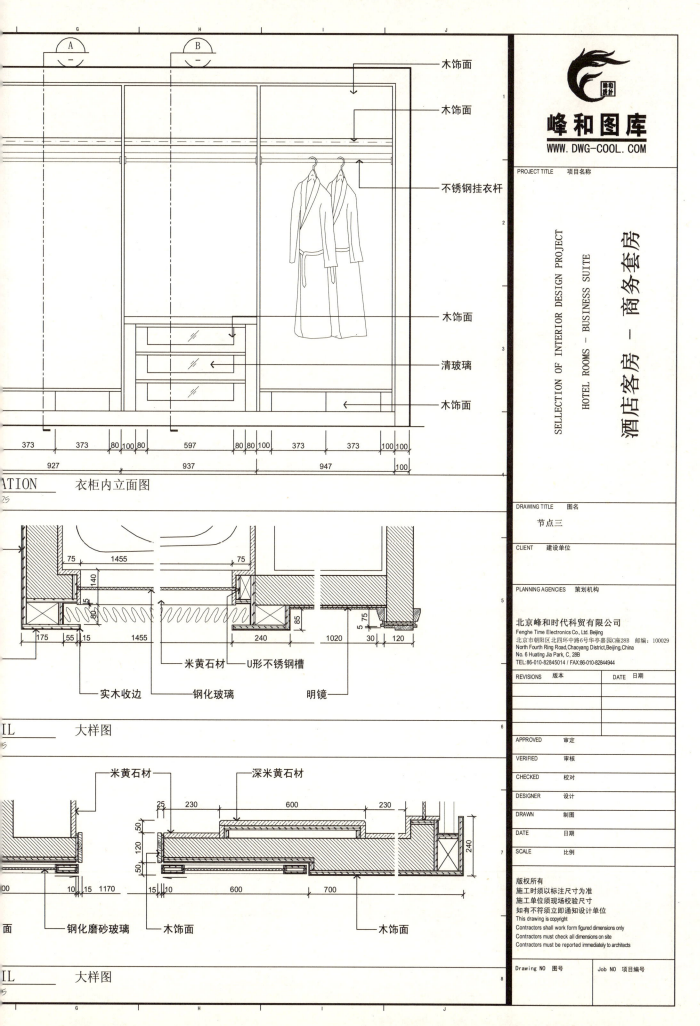

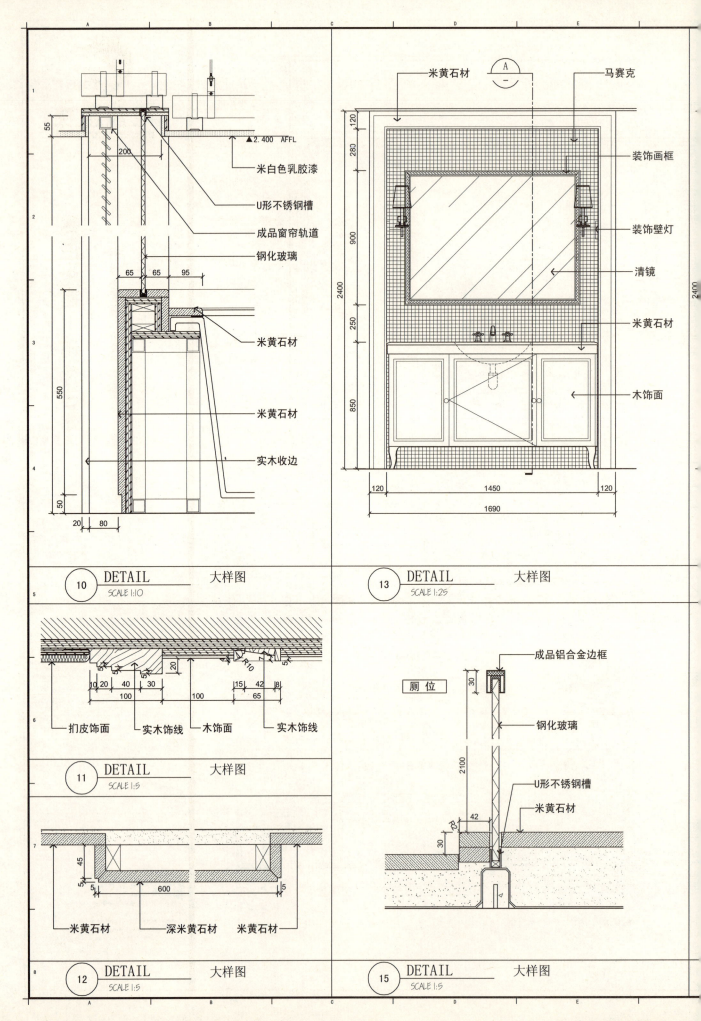

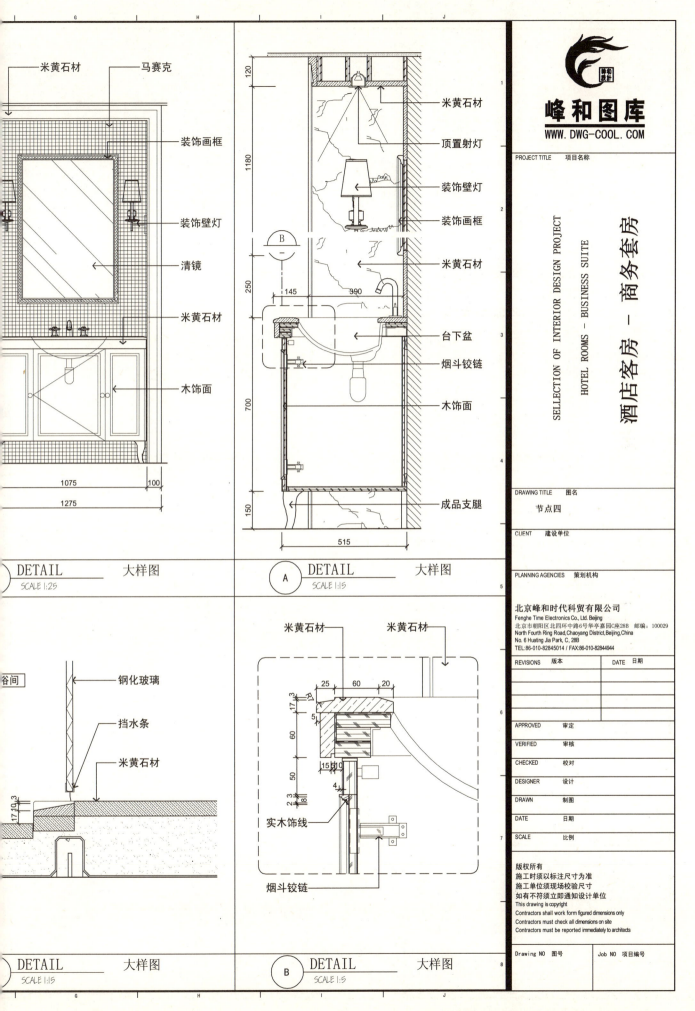

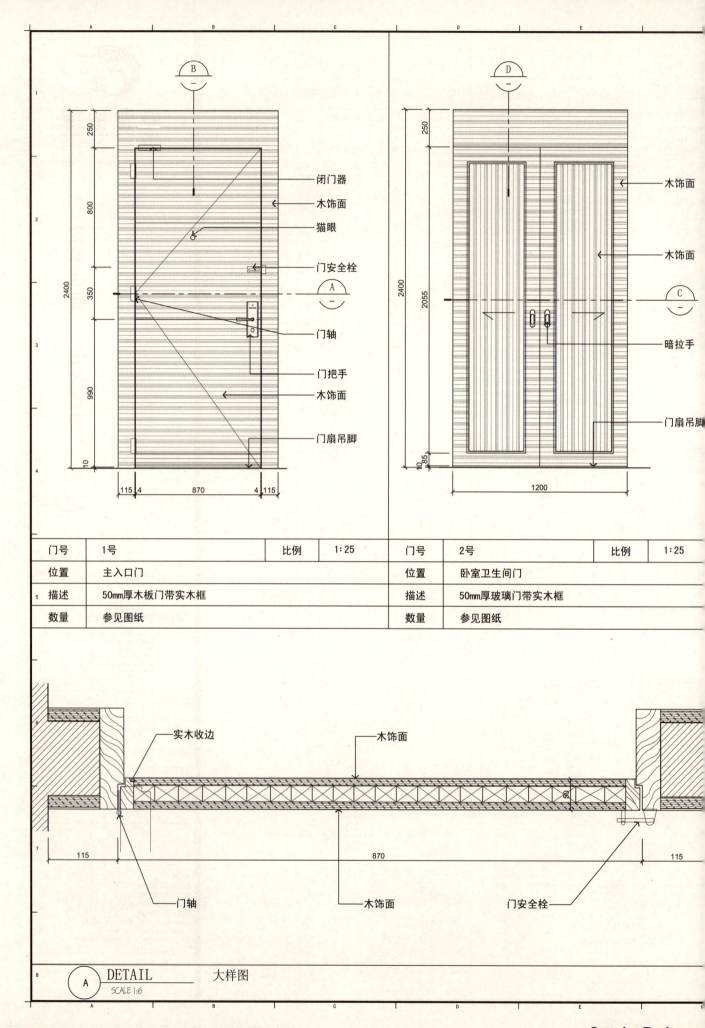

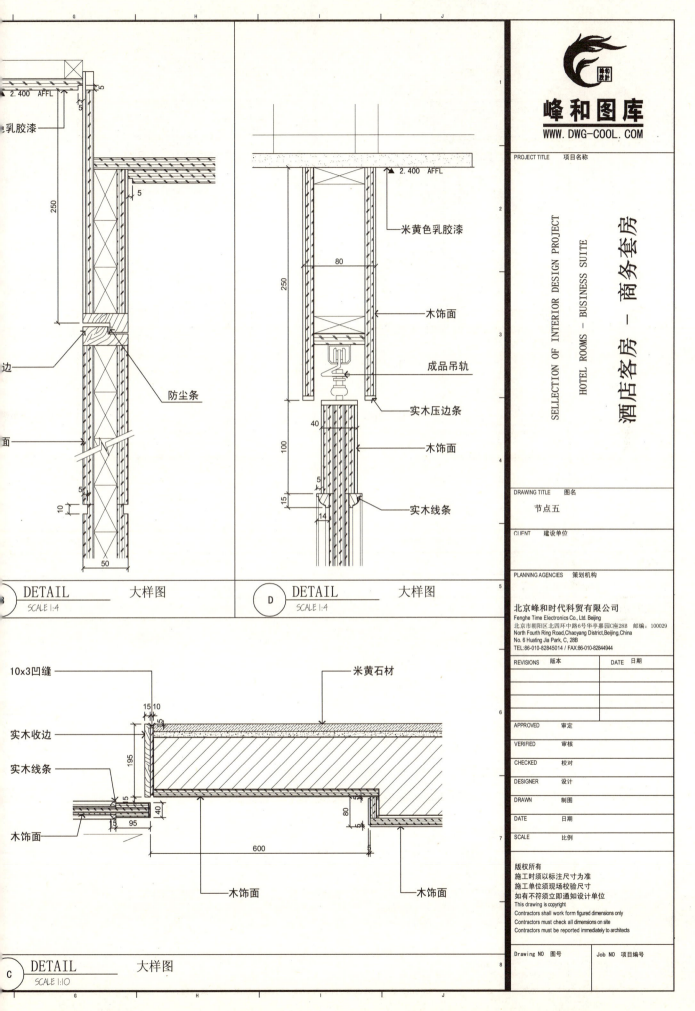

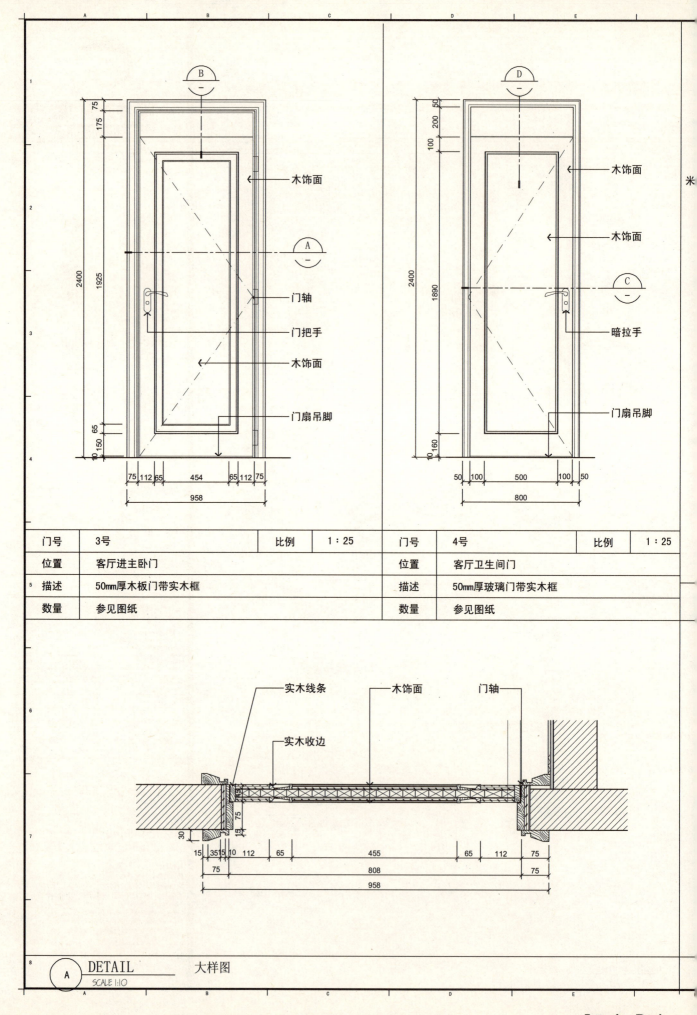

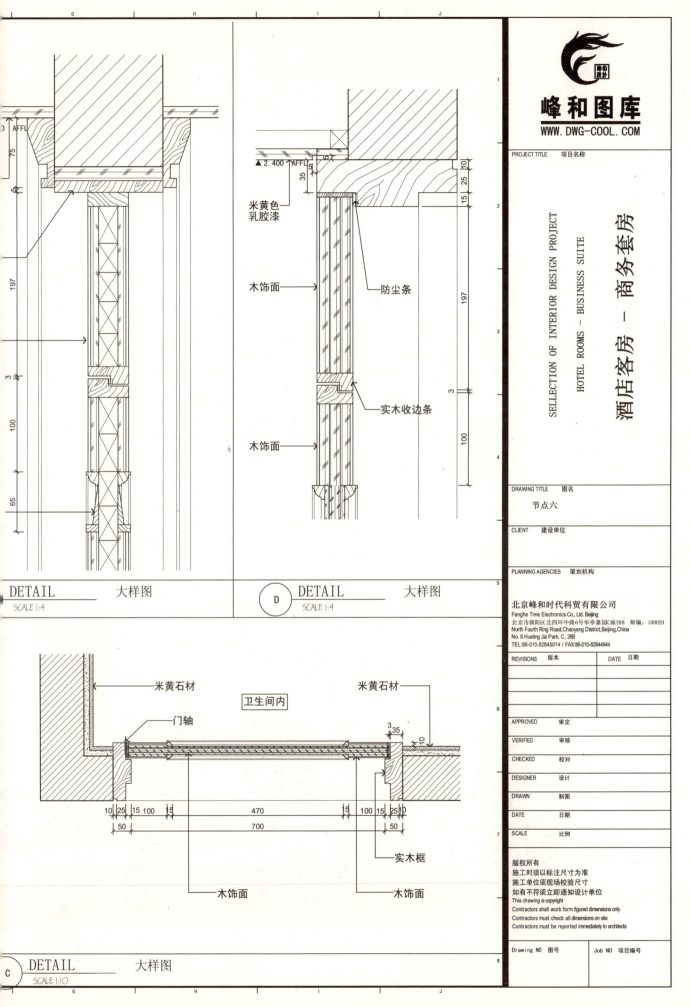

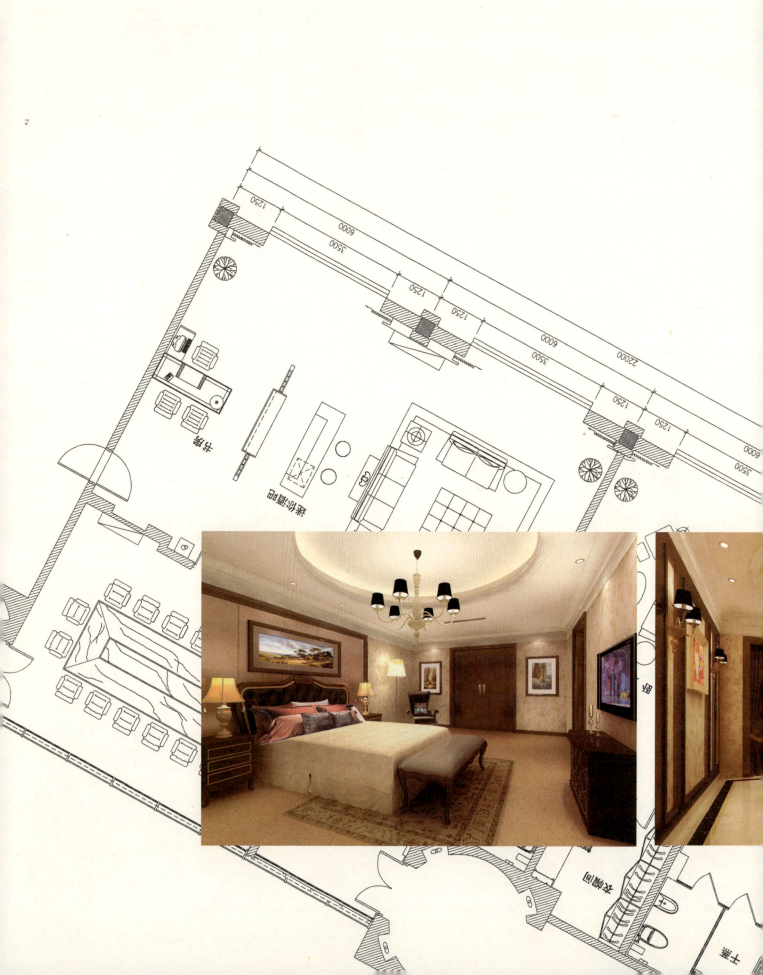

SELLECTION OF INTERIOR DESIGN PROJECT

酒店客房
HOTEL ROOMS

行政套房范例
EXAMPLES OF EXECUTIVE SUITE

-Interior Design-

行政套房效果图范例
EXAMPLES OF PERSPECTIVE DRAWING FOR EXECUTIVE SUITE

登录"峰和图库"网站，获取更多成套设计方案

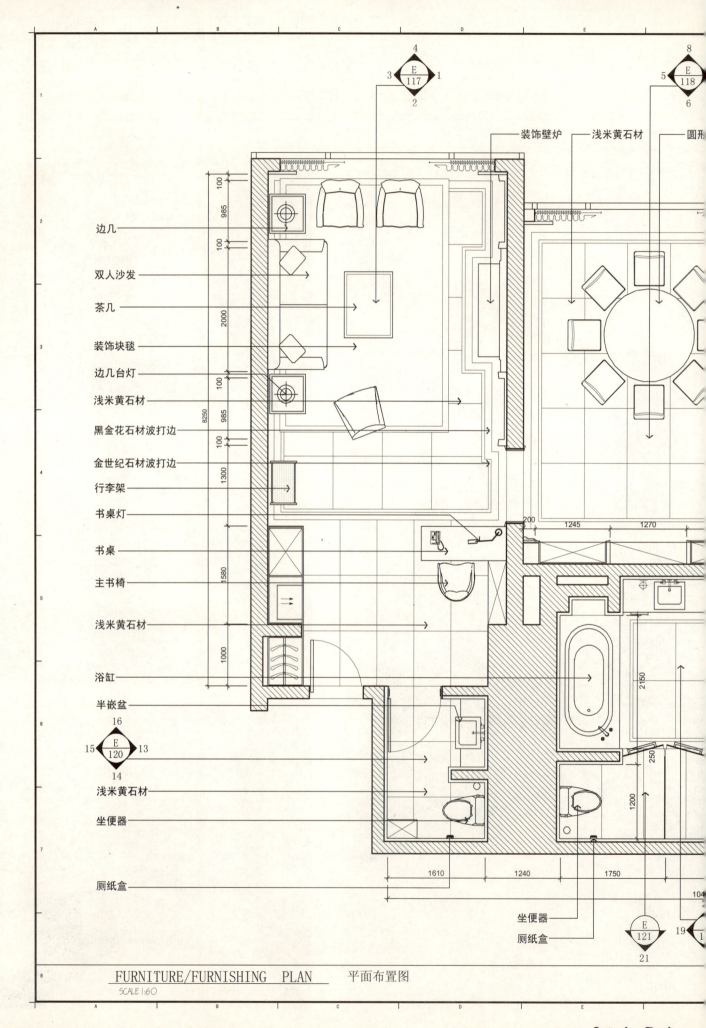

FURNITURE/FURNISHING PLAN　平面布置图
SCALE 1:60

-Interior Design-

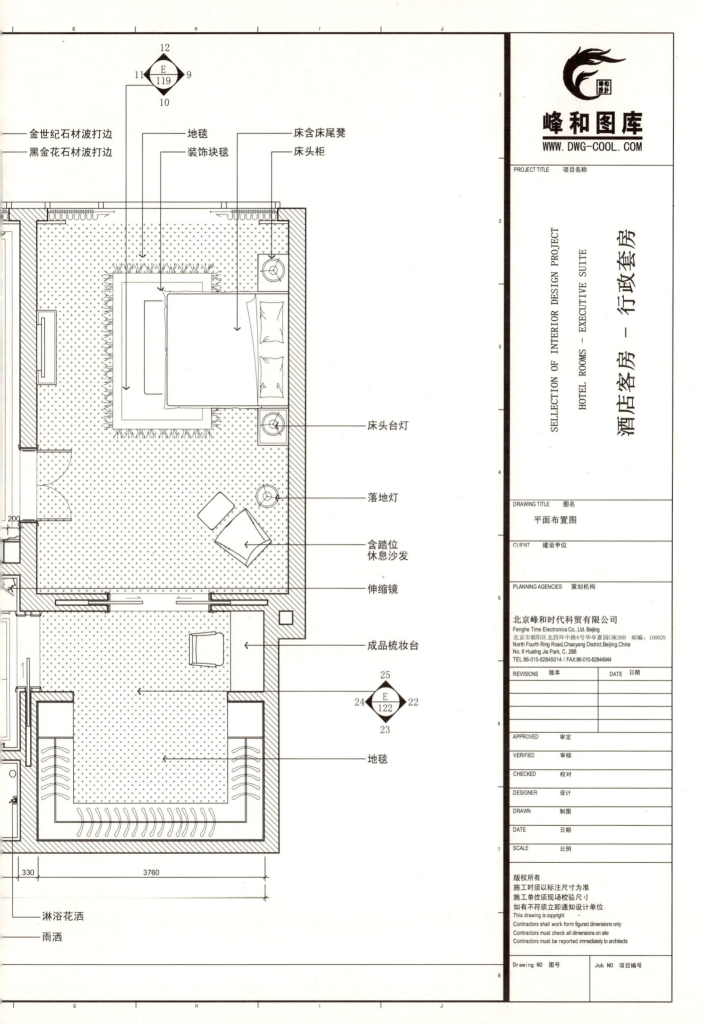

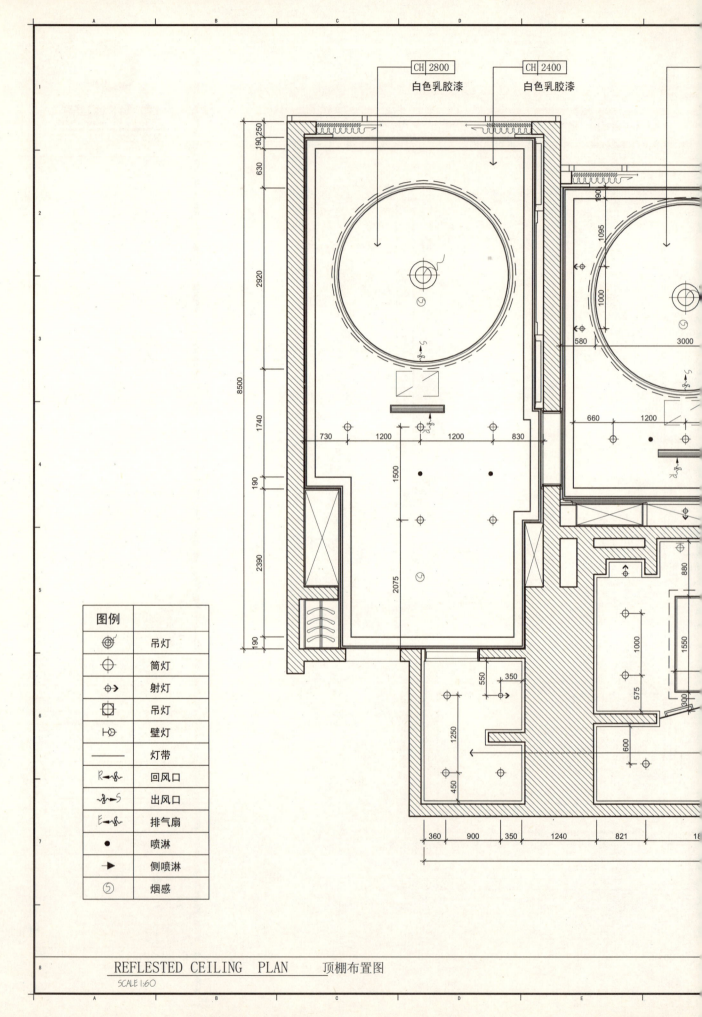

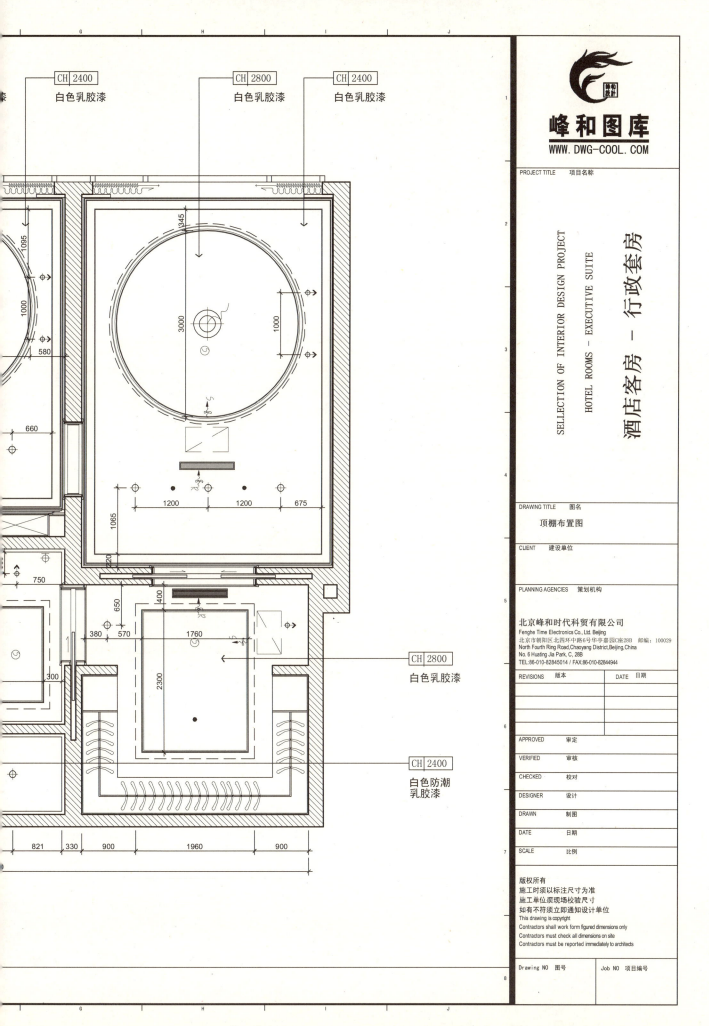

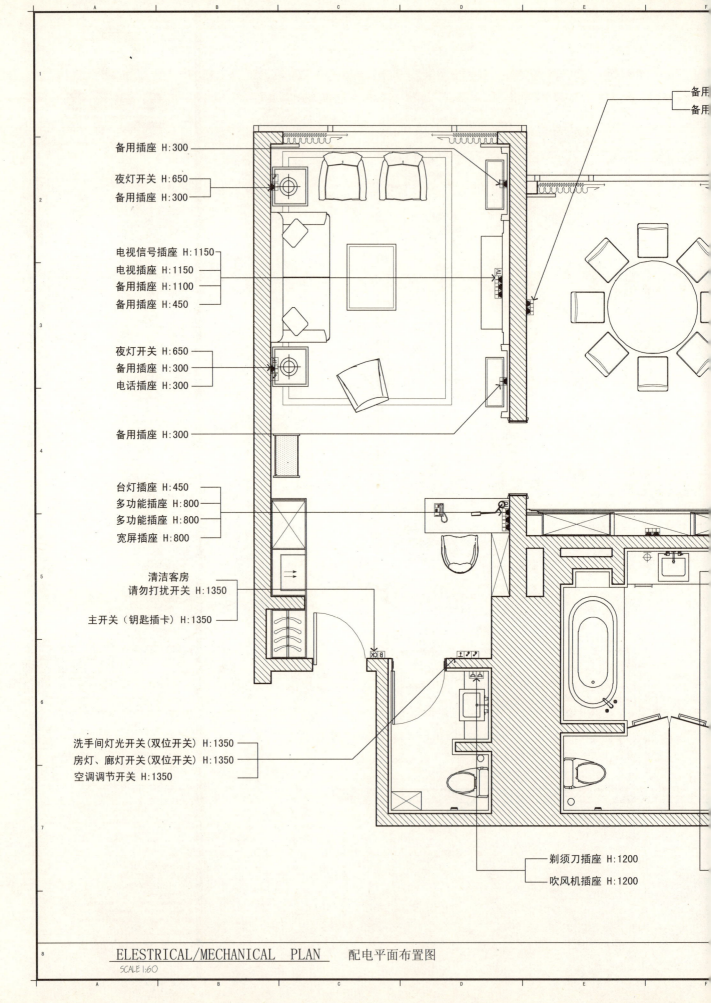

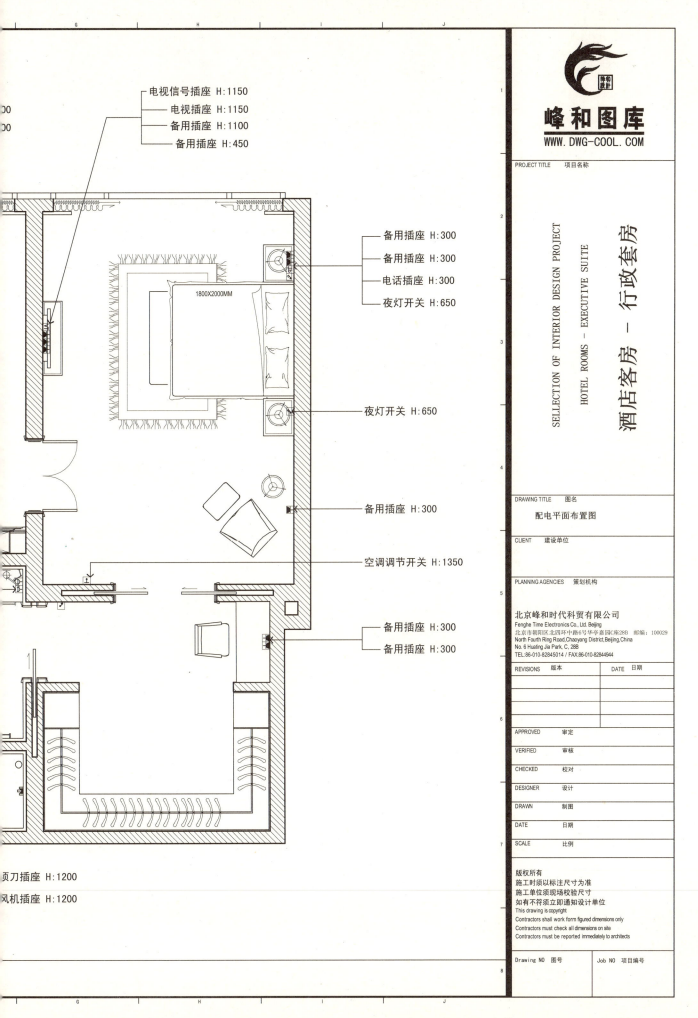

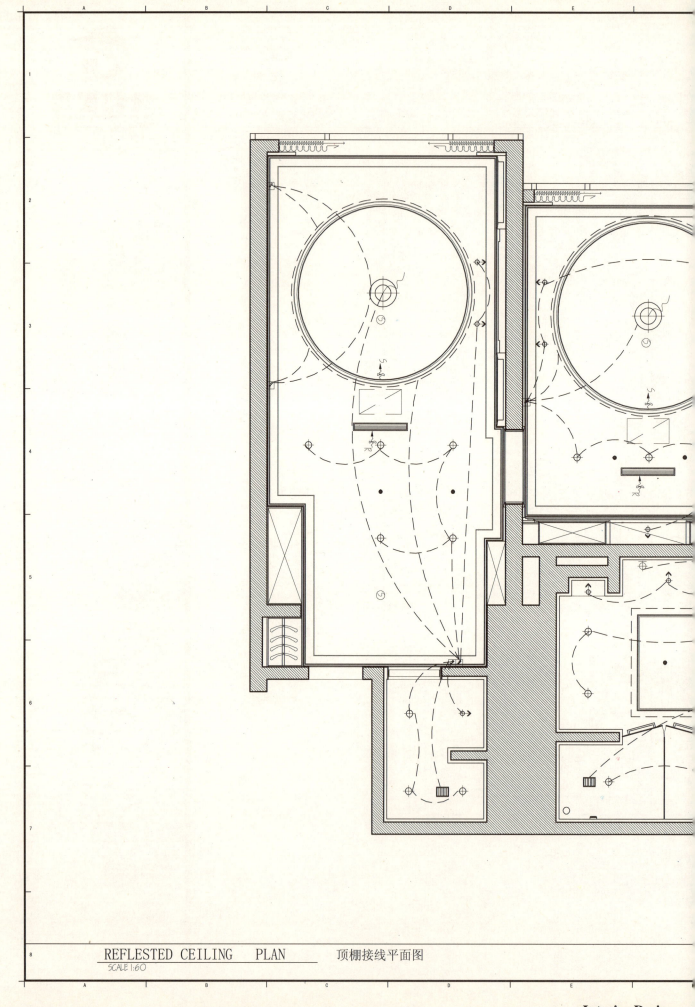

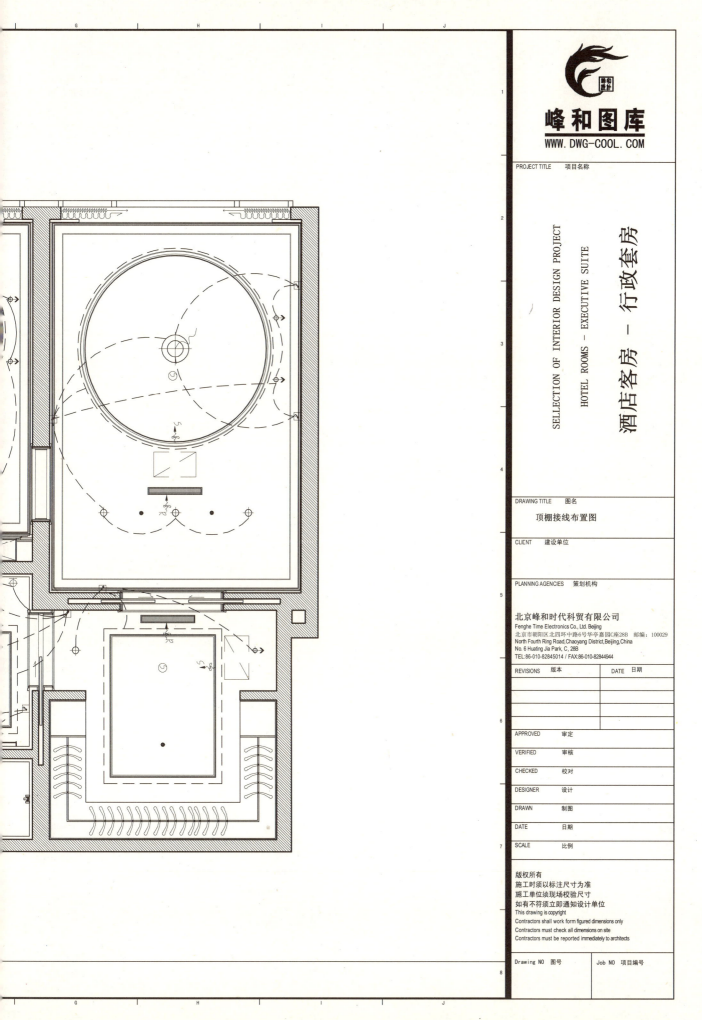

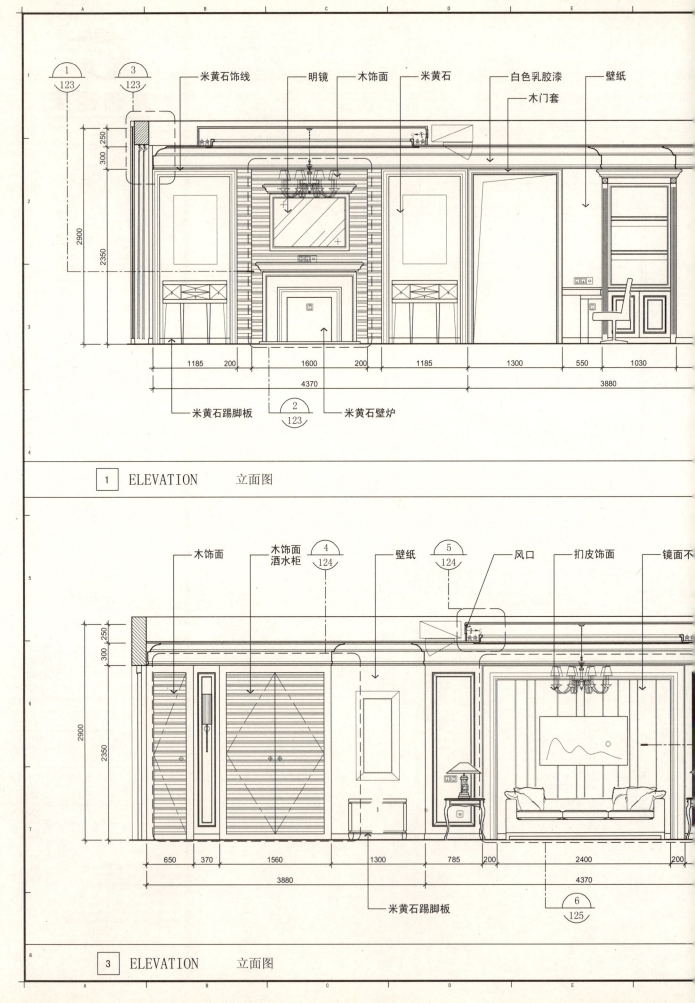

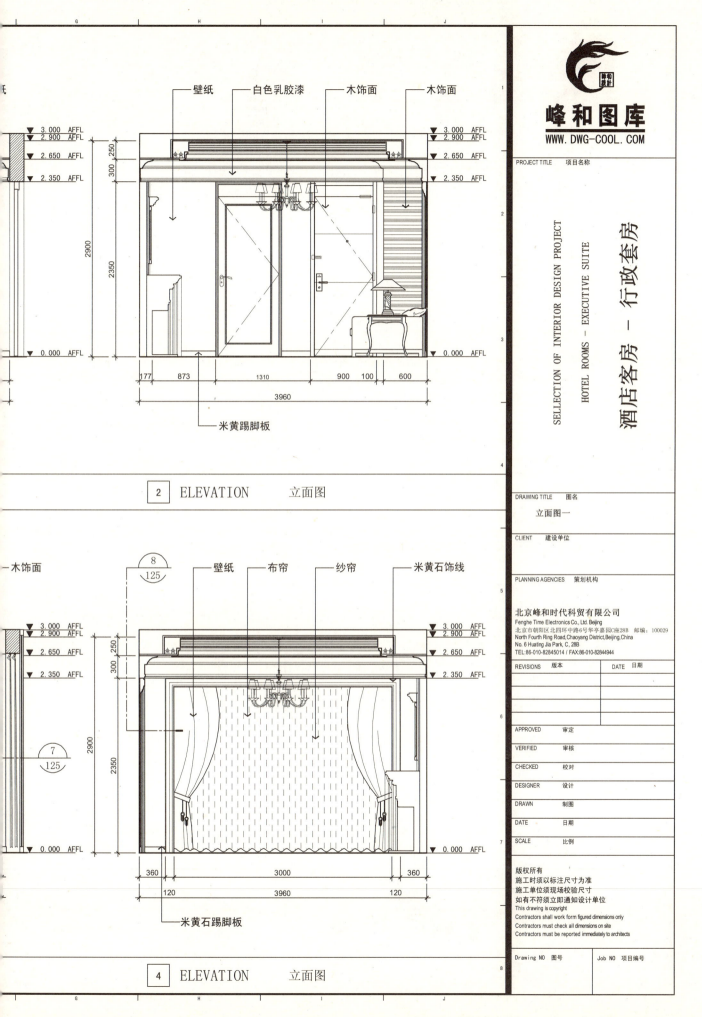

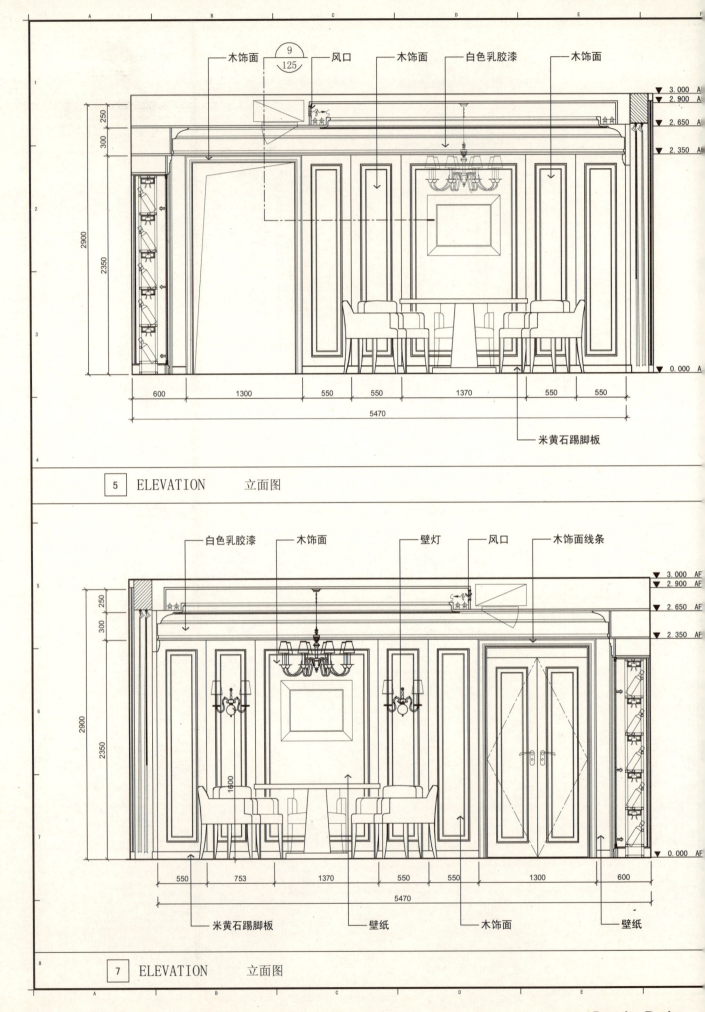

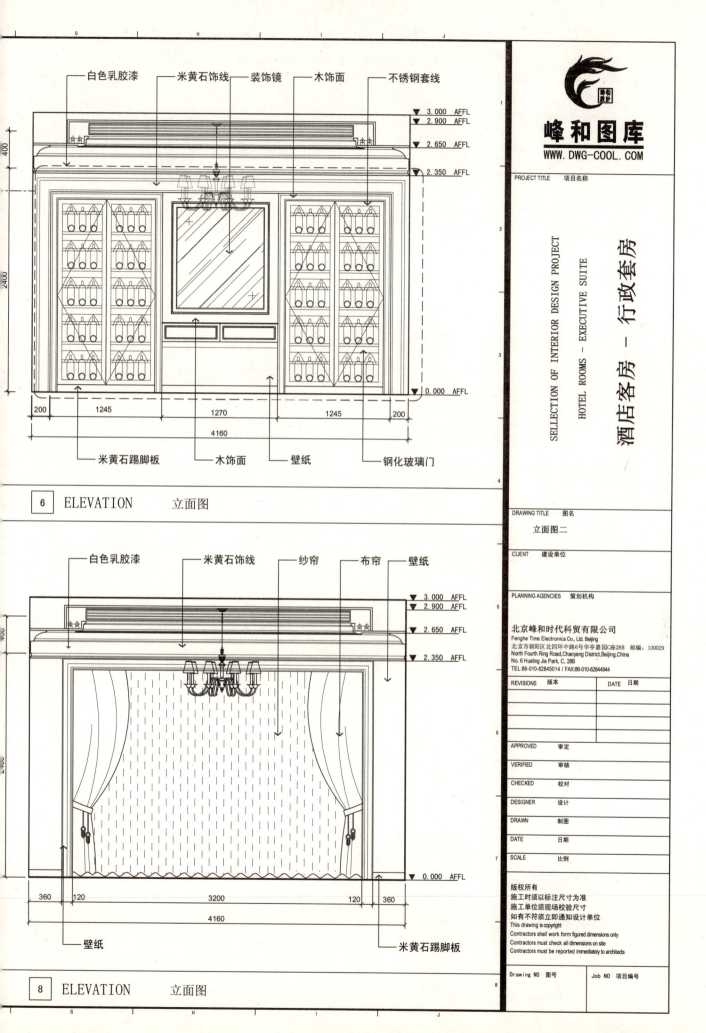

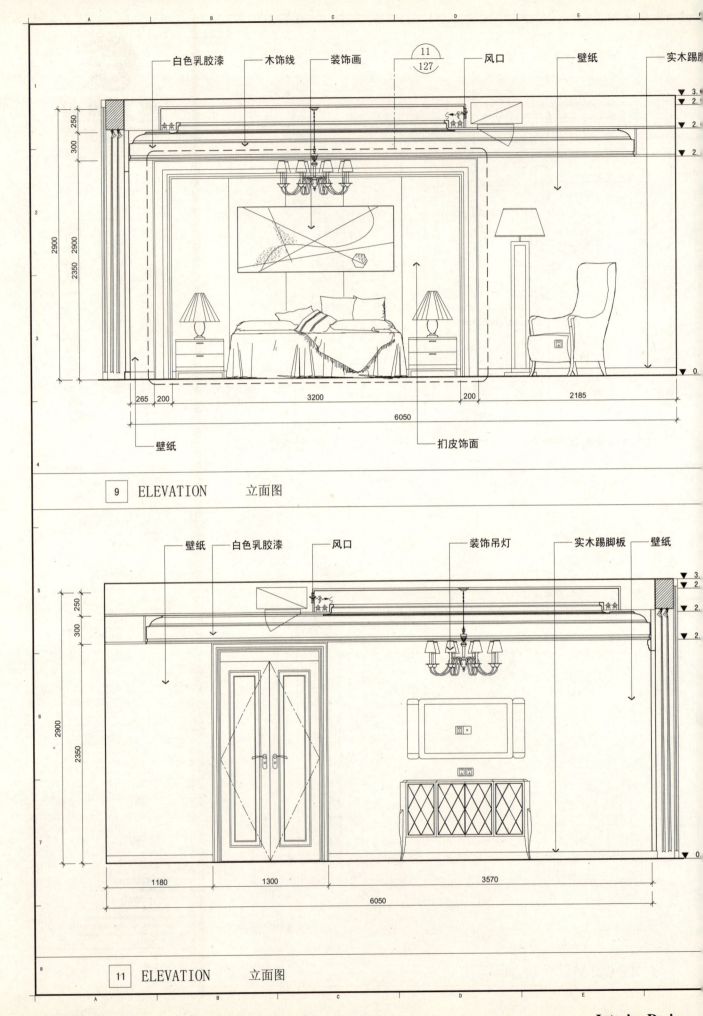

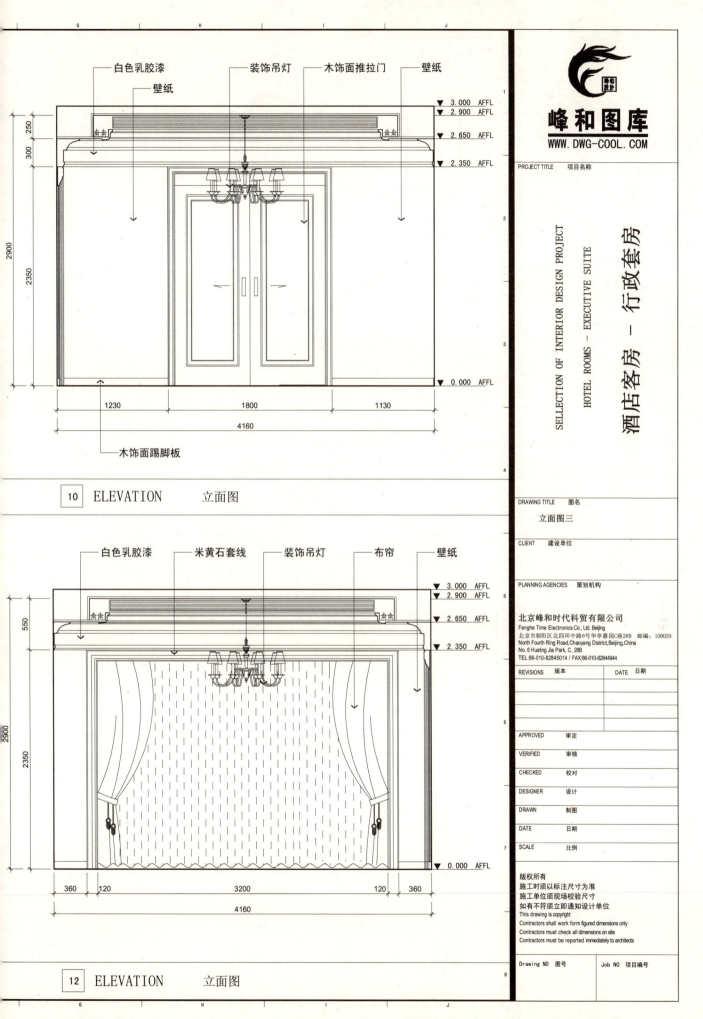

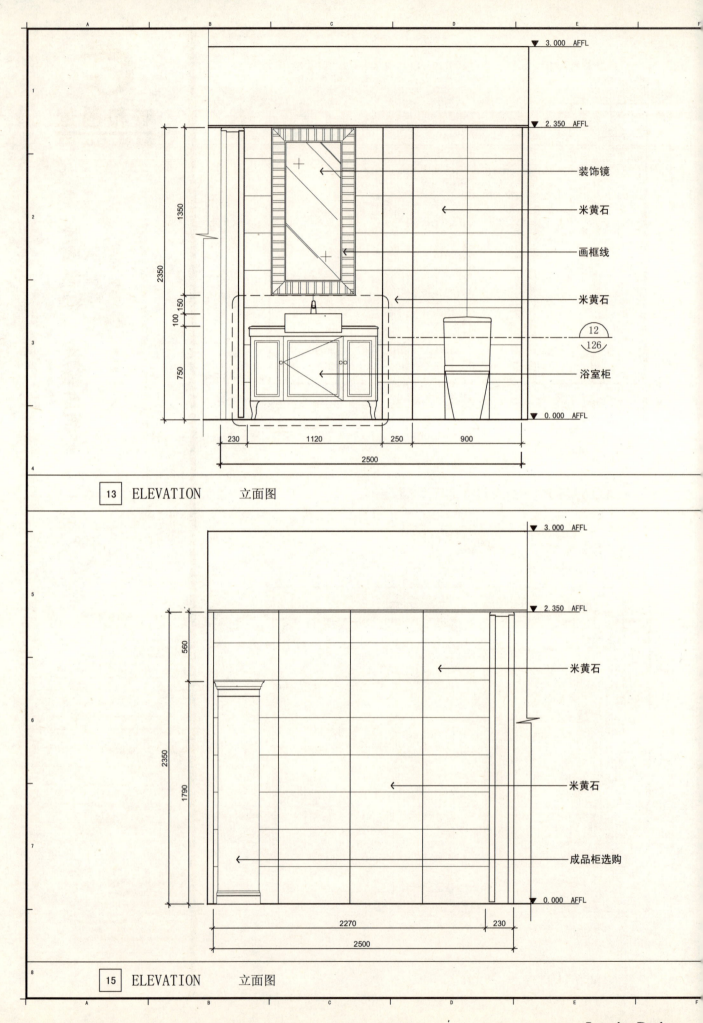

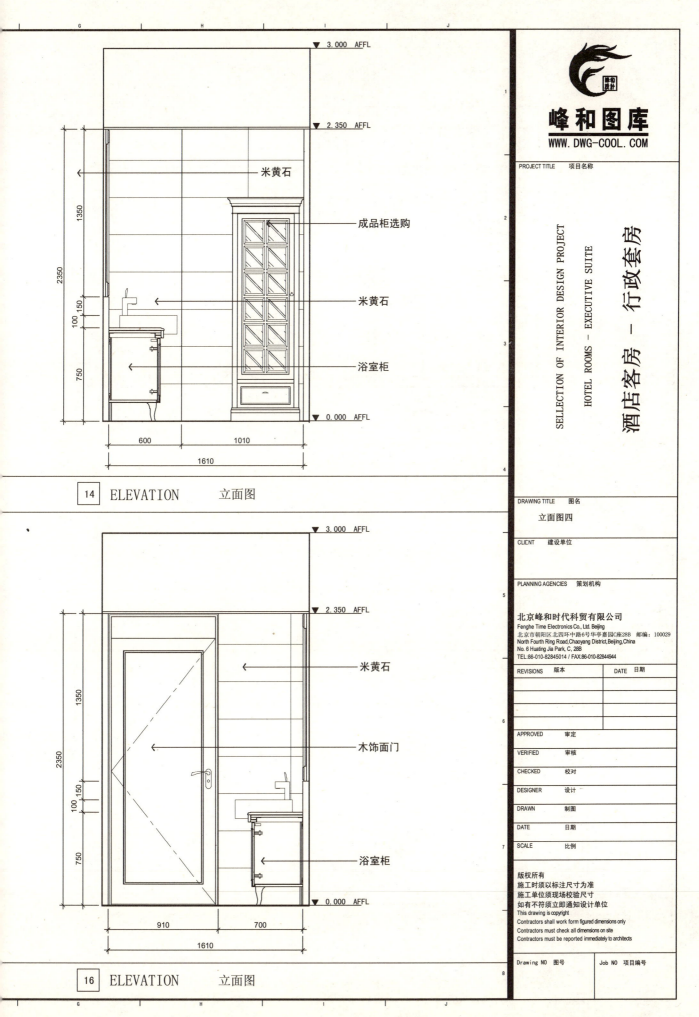

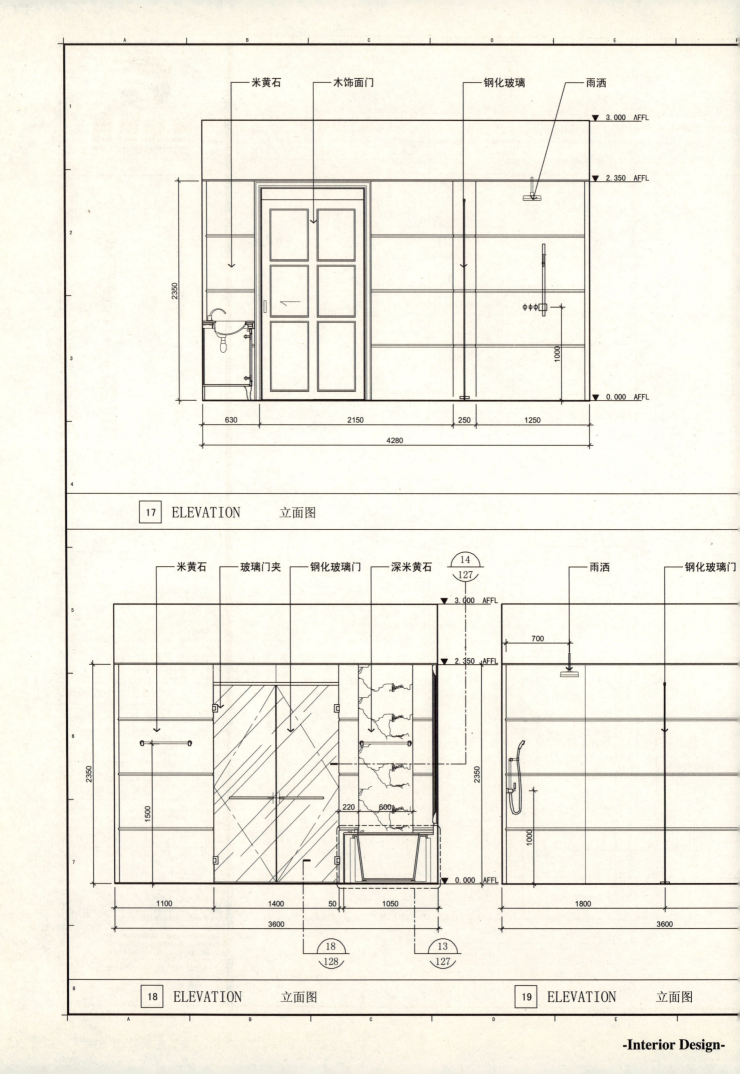

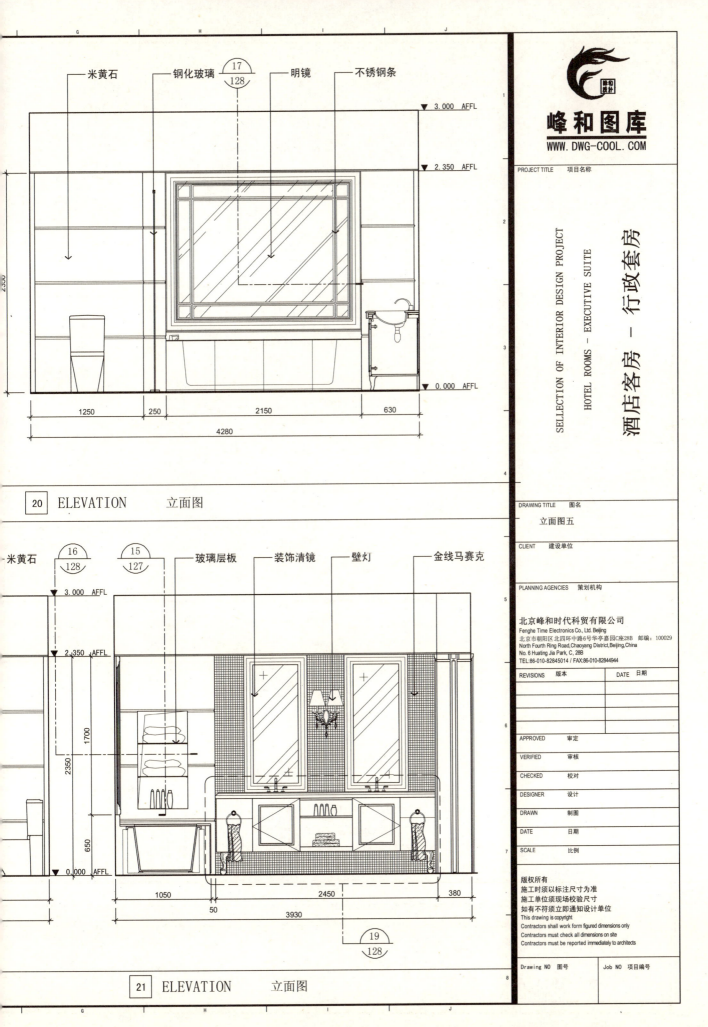

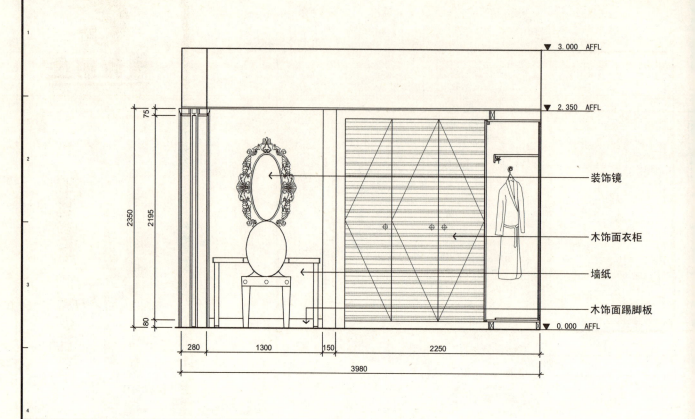

| 22 | ELEVATION 立面图 |

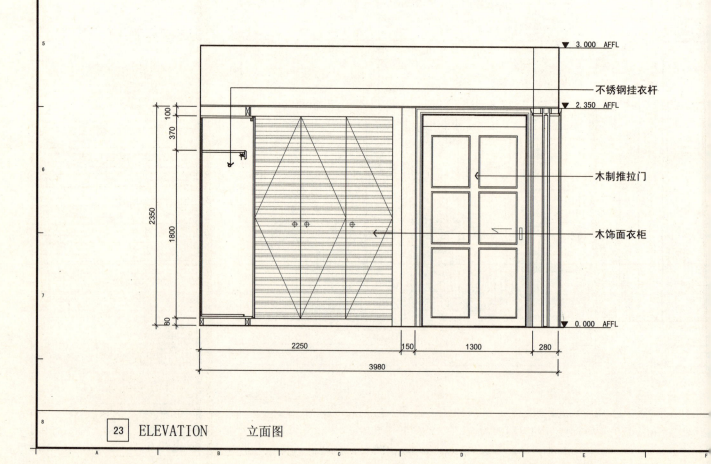

| 23 | ELEVATION 立面图 |

-Interior Design-

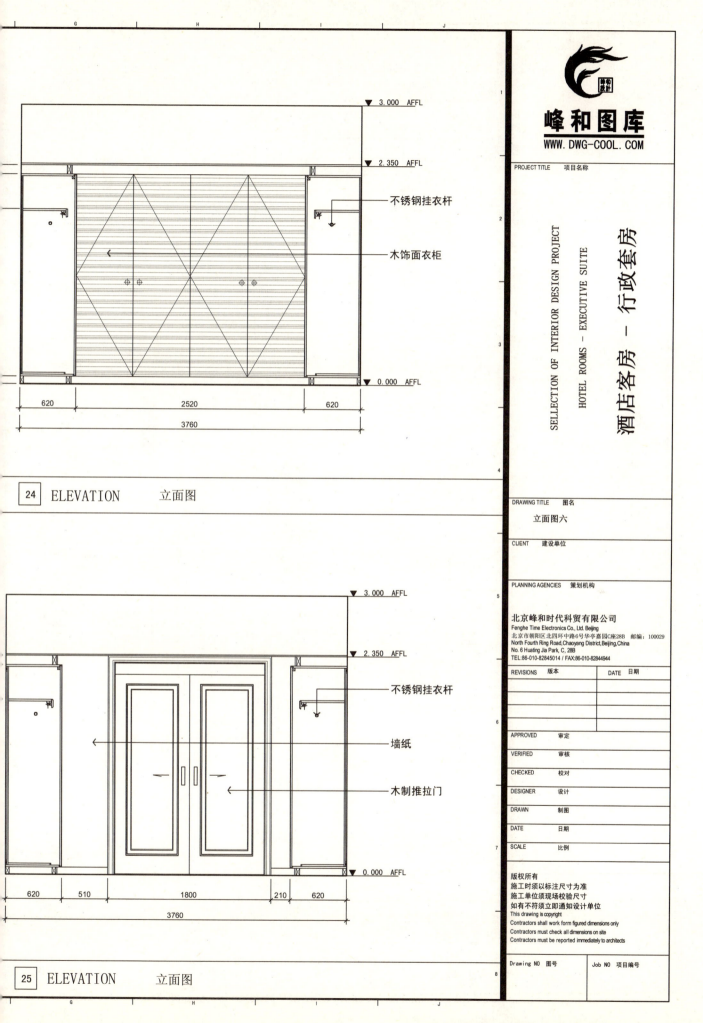

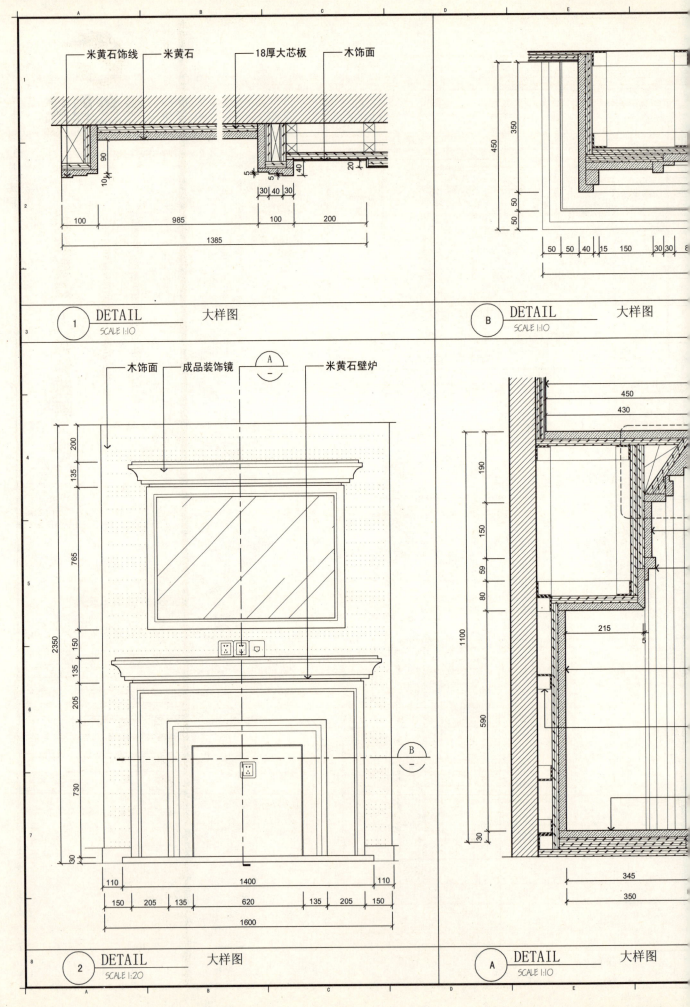

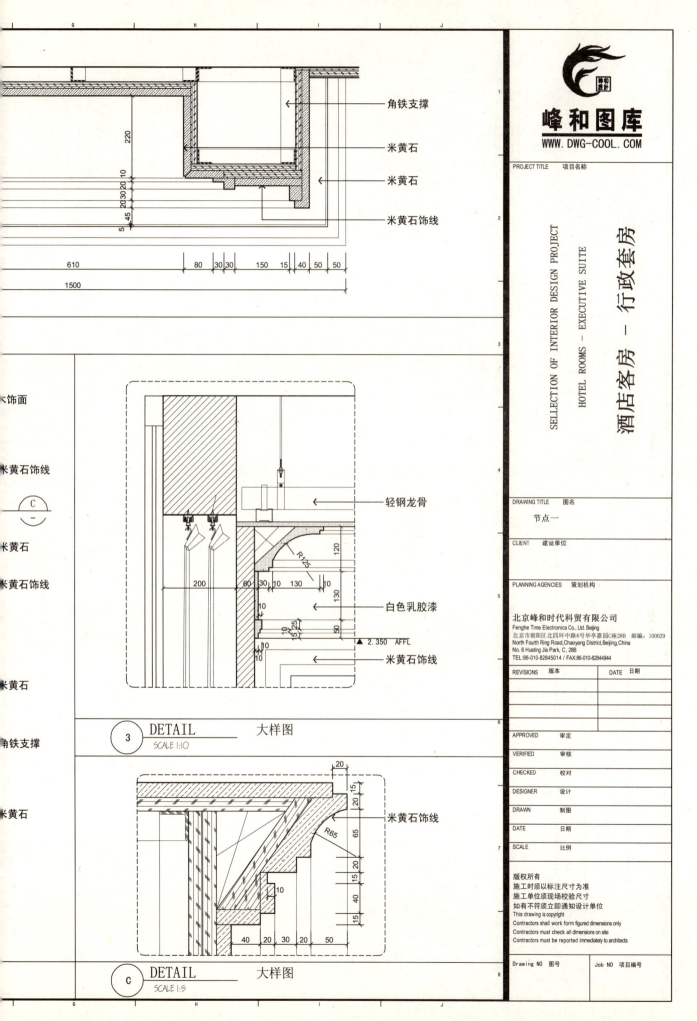

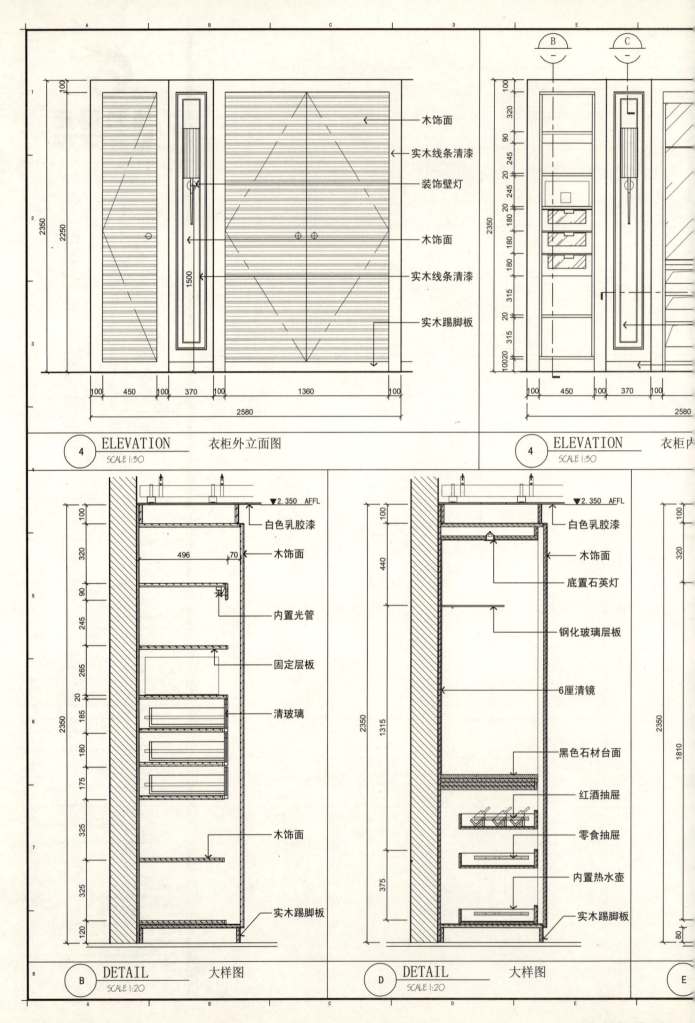

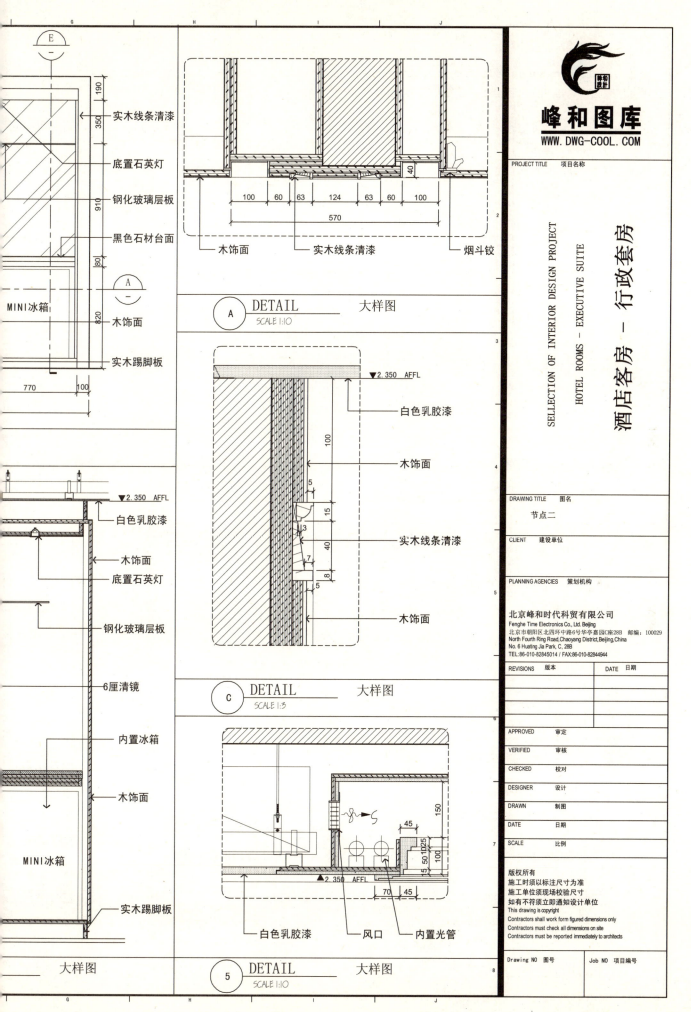

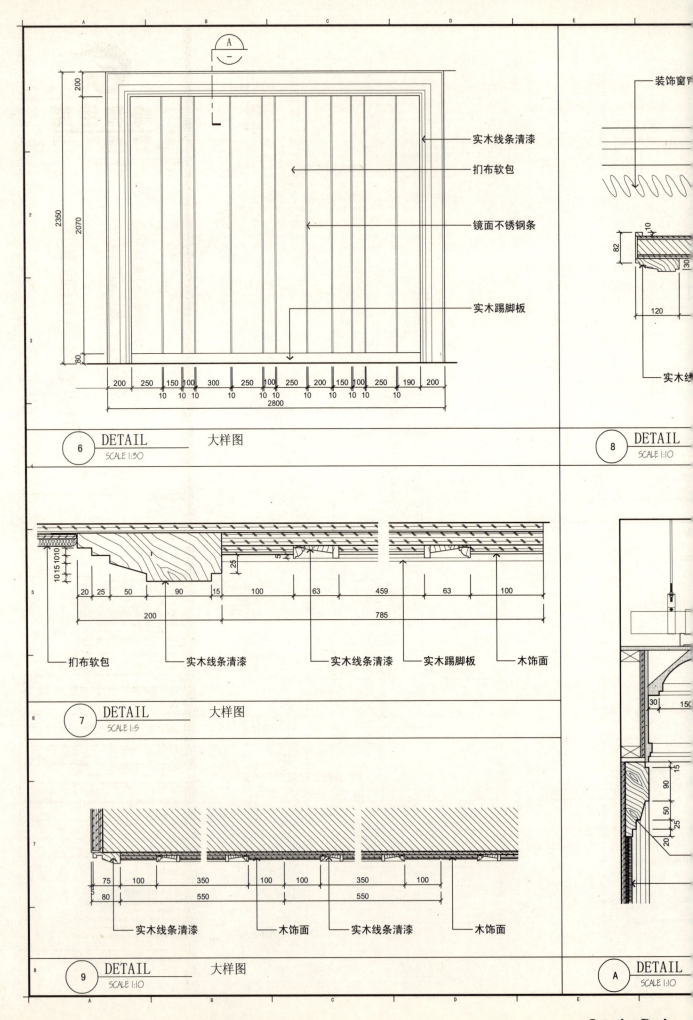

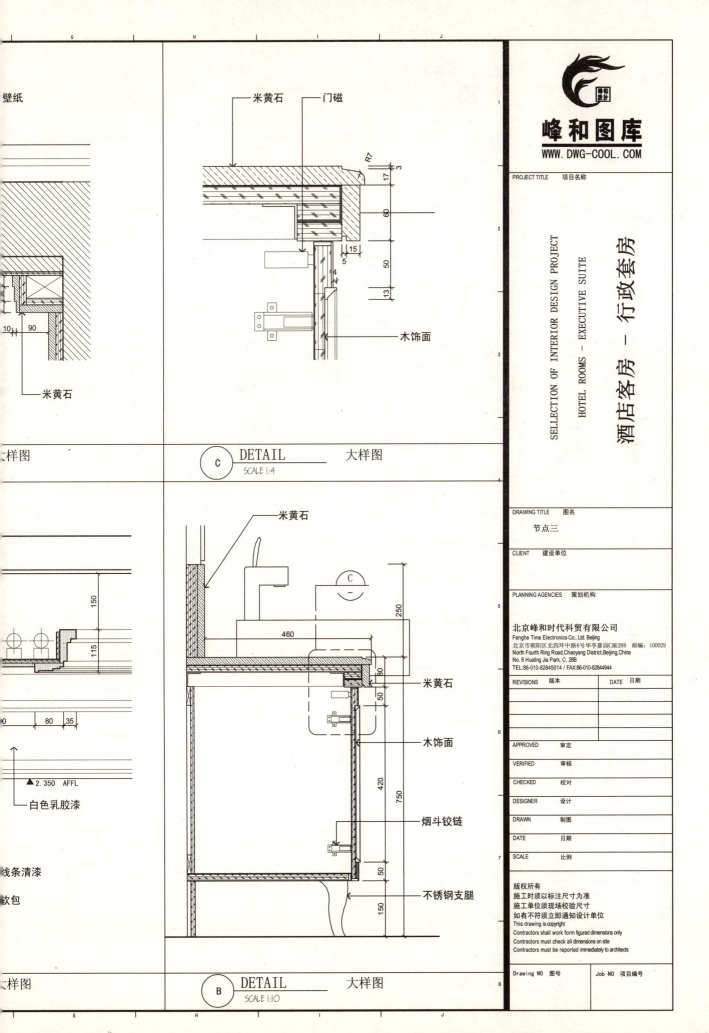

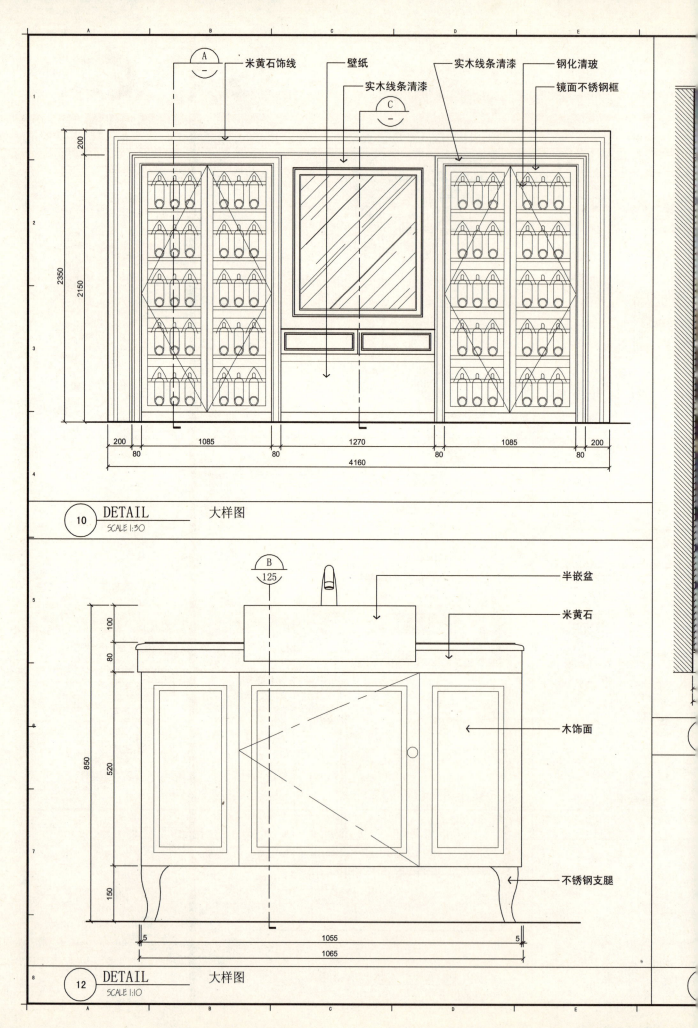

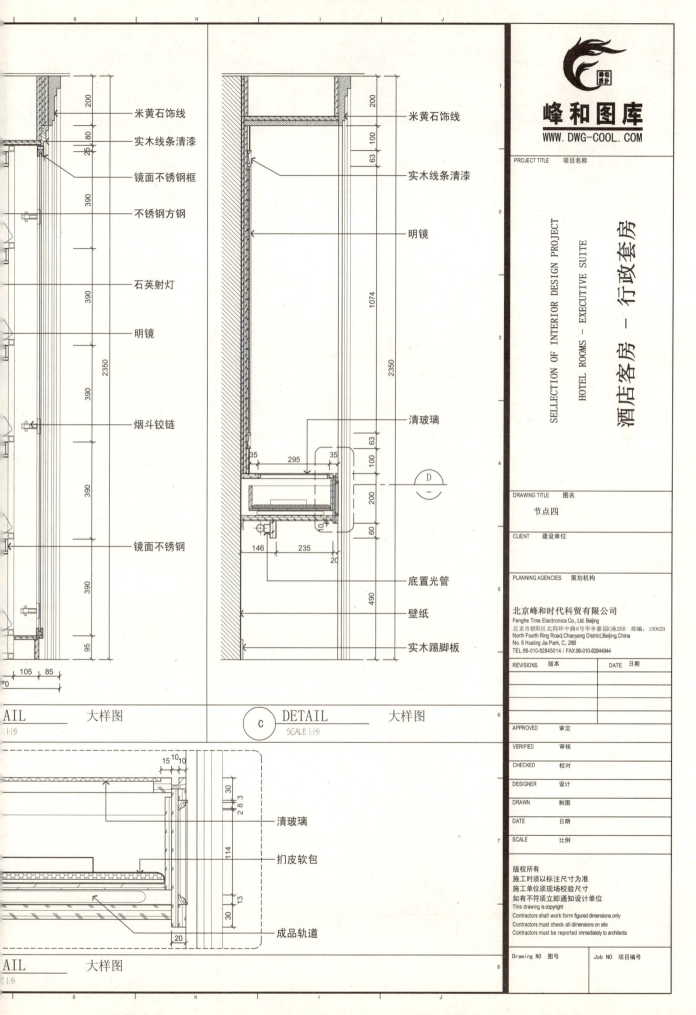

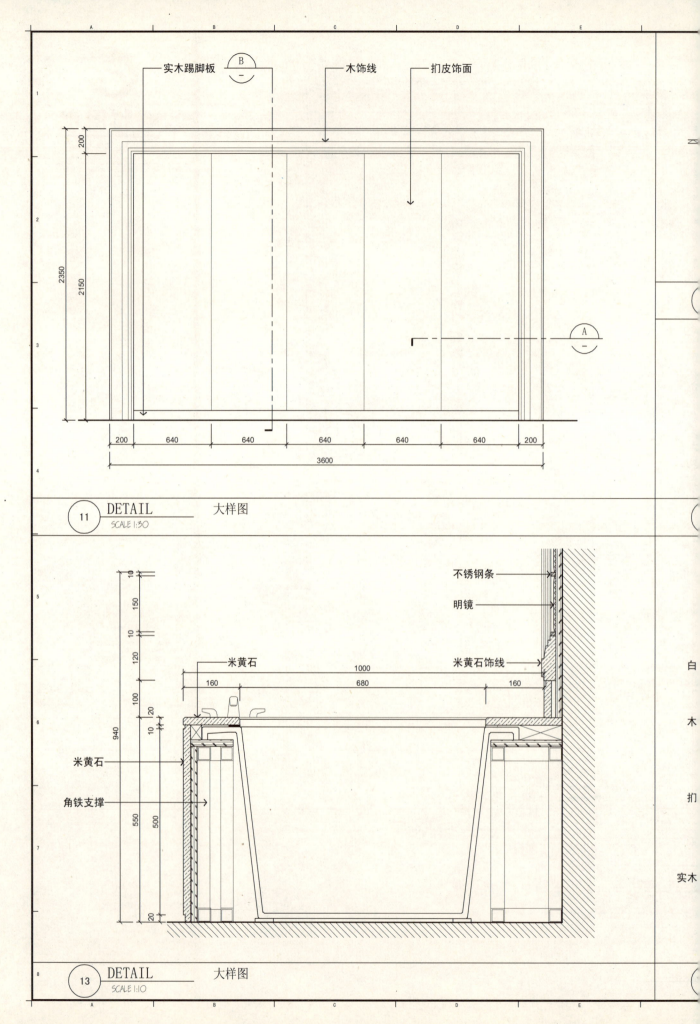

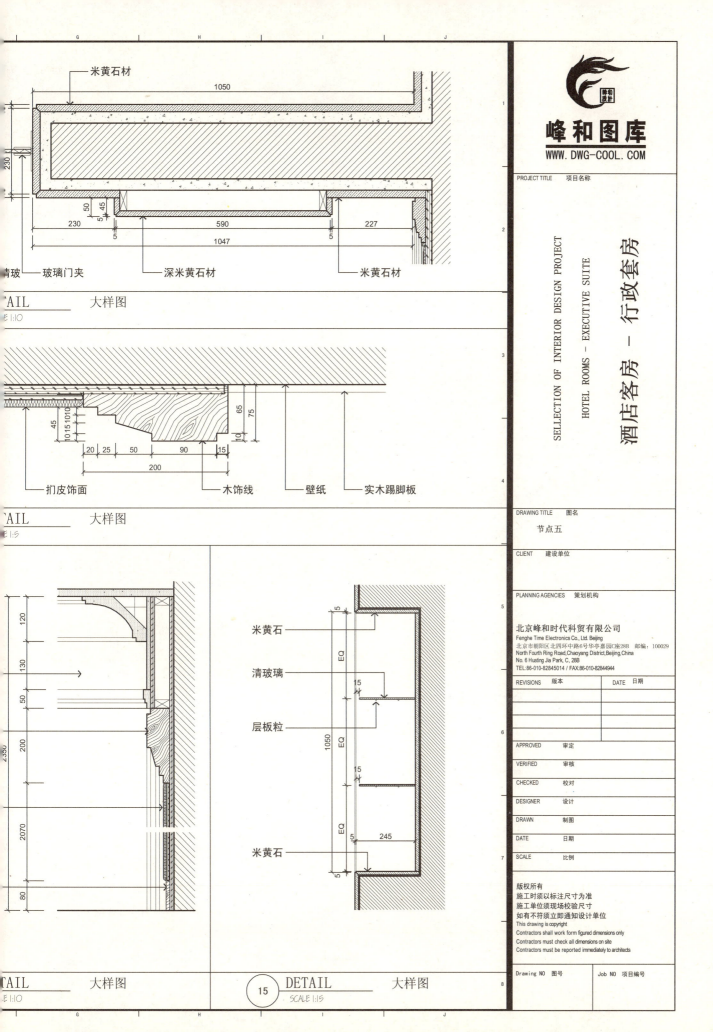

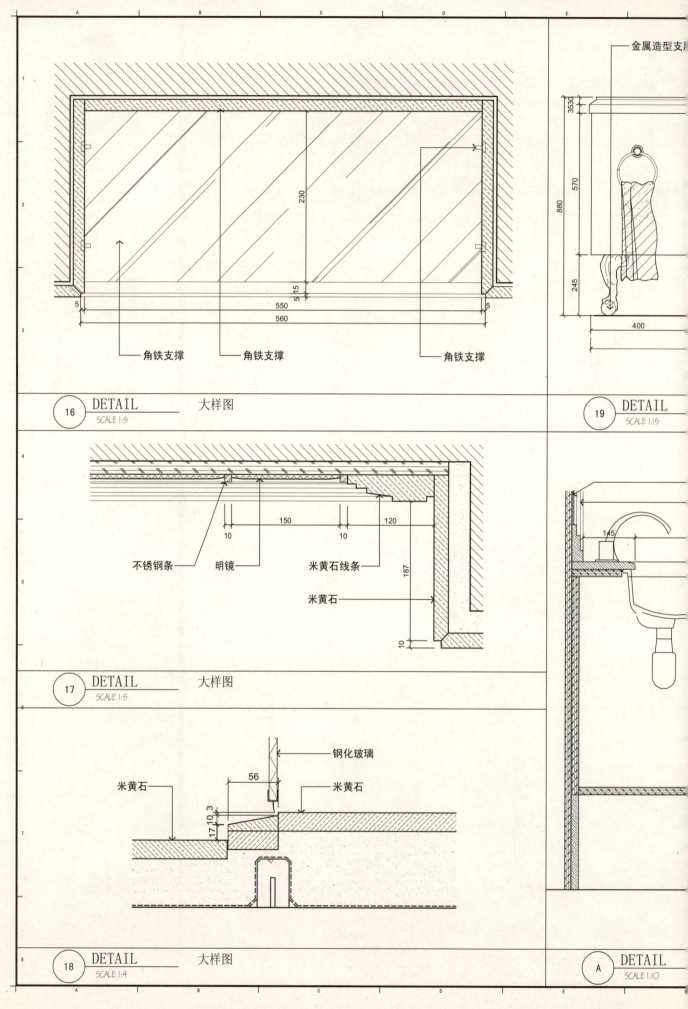

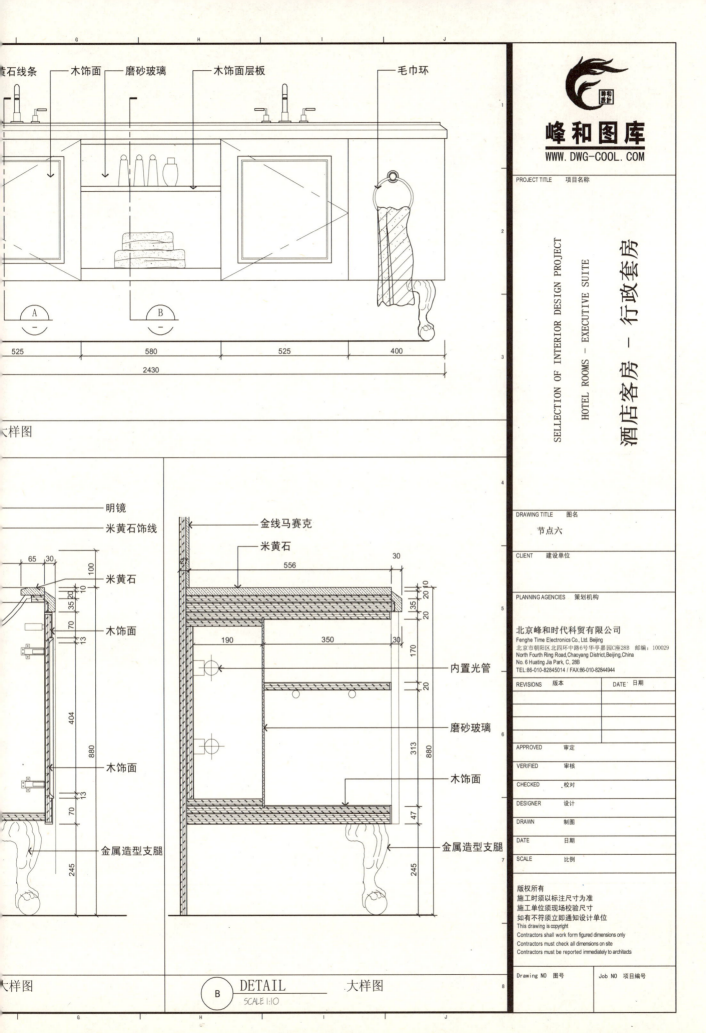

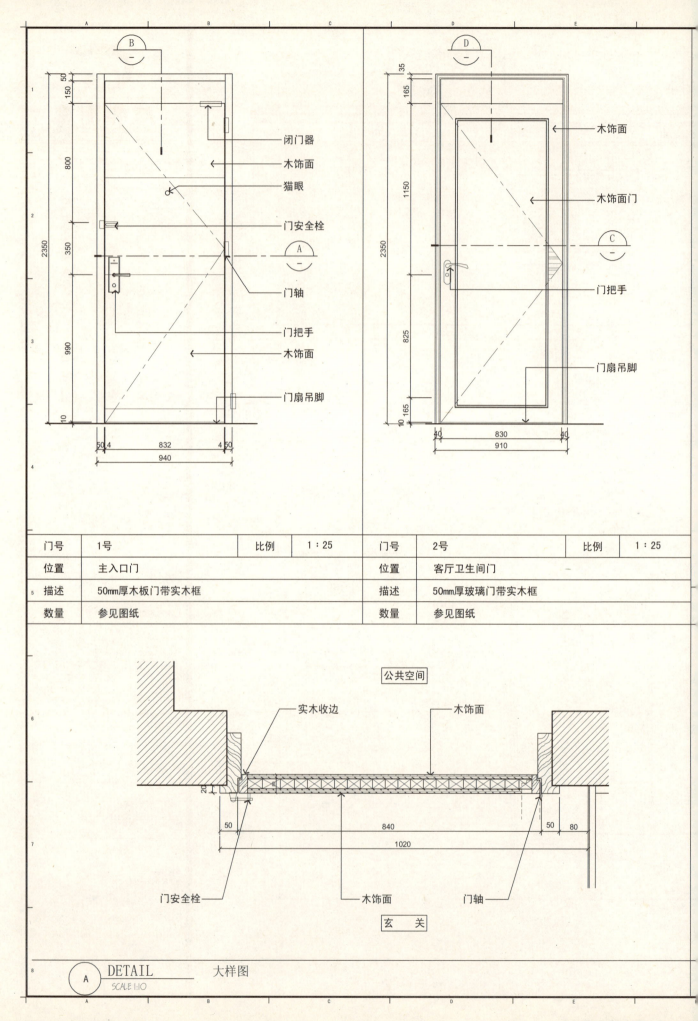

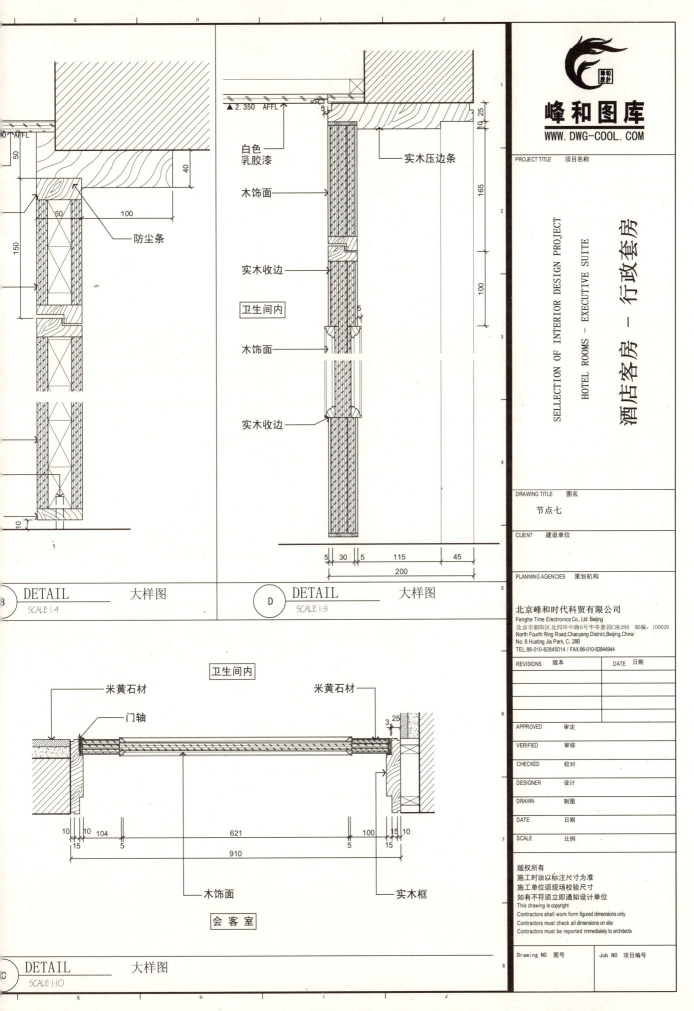

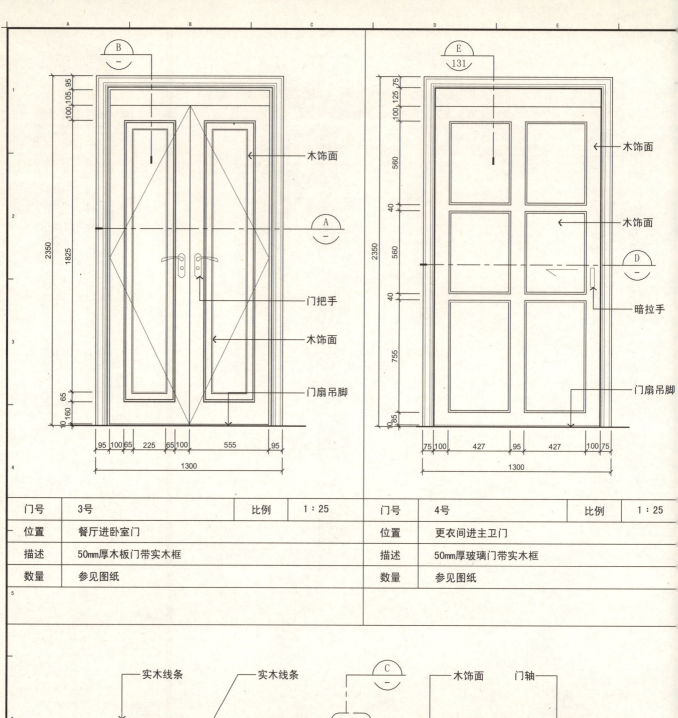

门号	3号	比例	1:25	门号	4号	比例	1:25
位置	餐厅进卧室门			位置	更衣间进主卫门		
描述	50mm厚木板门带实木框			描述	50mm厚玻璃门带实木框		
数量	参见图纸			数量	参见图纸		

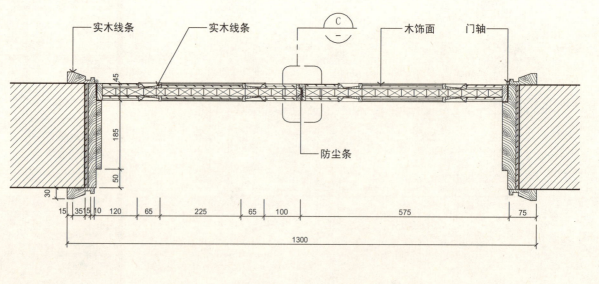

DETAIL SCALE 1:10   大样图

-Interior Design-

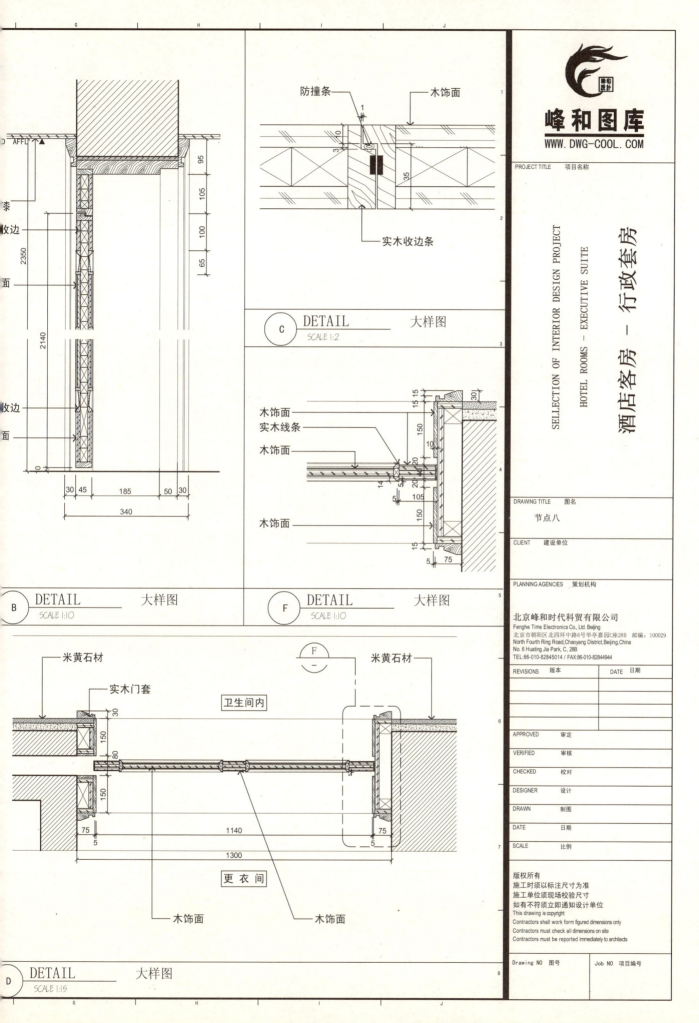

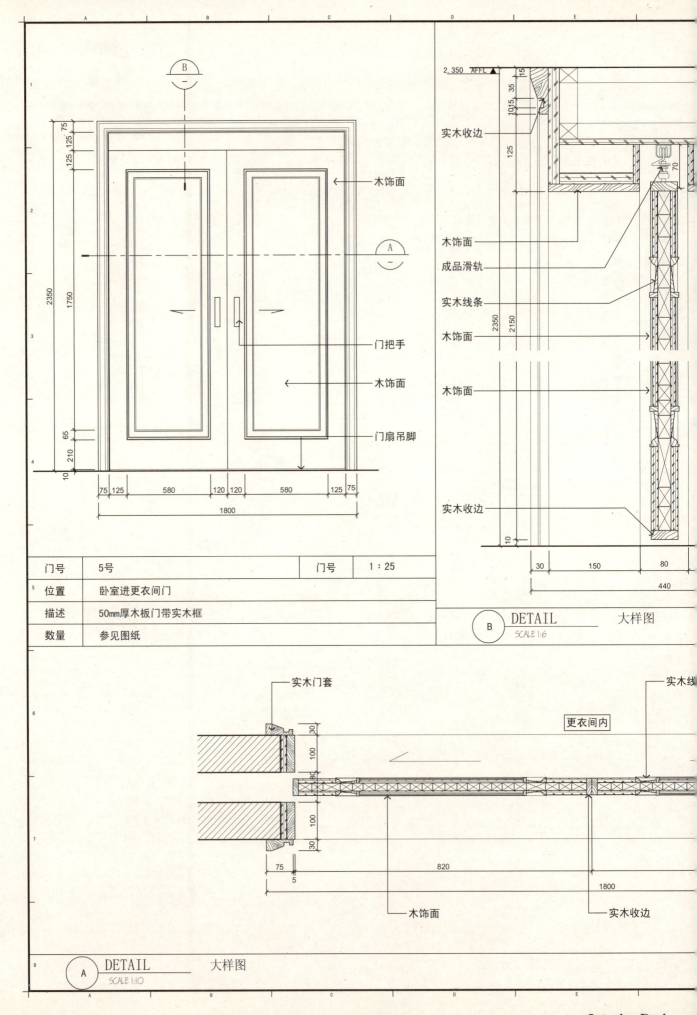

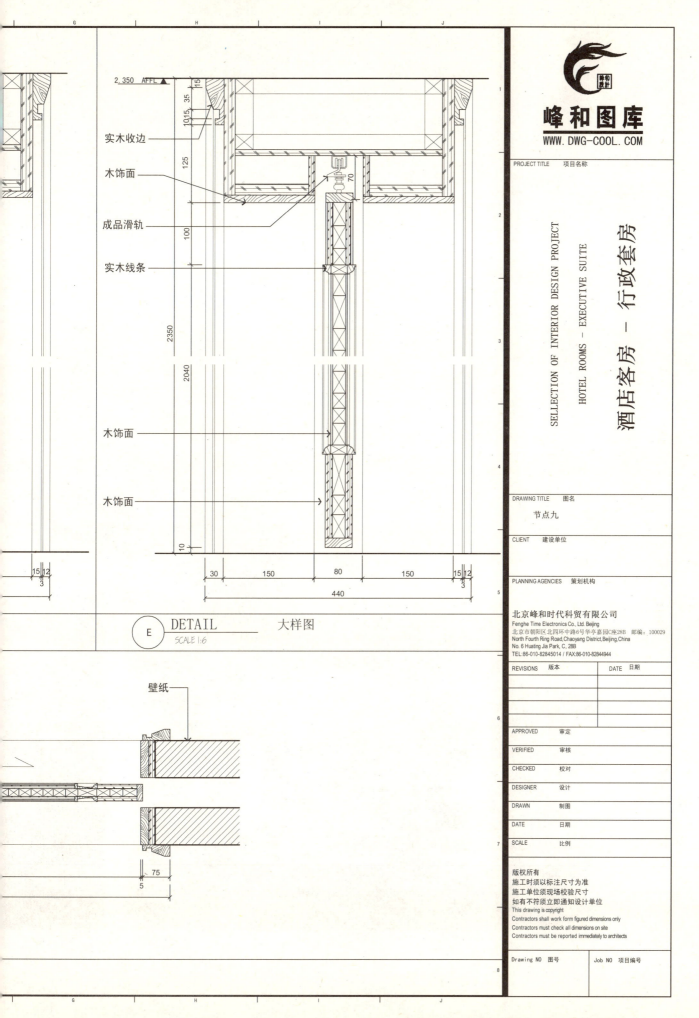

SELLECTION OF INTERIOR DESIGN PROJECT

酒店客房
HOTEL ROOMS

总统套房范例
EXAMPLES OF PRESIDENTIAL SUITE

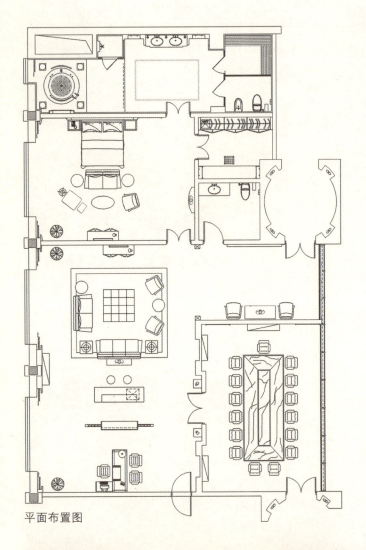

平面布置图

-Interior Design-

总统套房效果图范例
EXAMPLES OF PERSPECTIVE DRAWING FOR PRESIDENTIAL SUITE

登录"峰和图库"网站，获取更多成套设计方案

-Interior Design-

总统套房效果图范例
EXAMPLES OF PERSPECTIVE DRAWING FOR PRESIDENTIAL SUITE

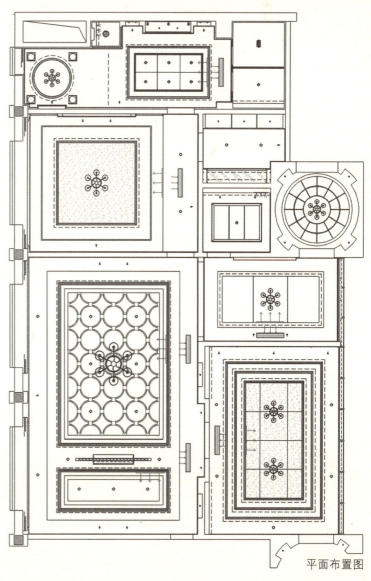

平面布置图

登录"峰和图库"网站，获取更多成套设计方案

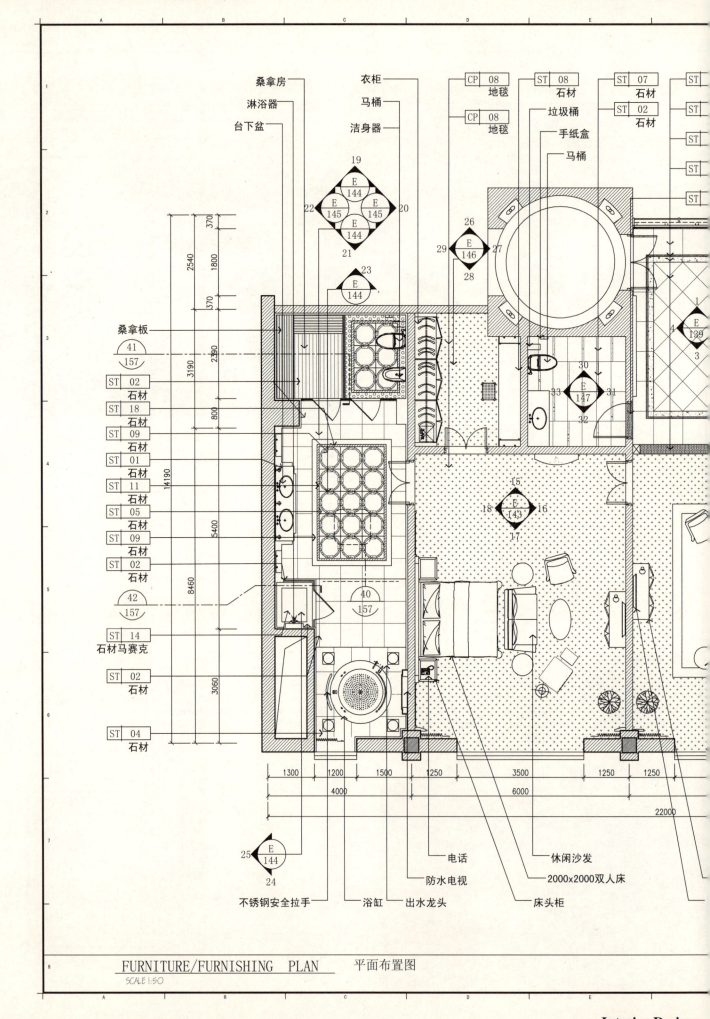

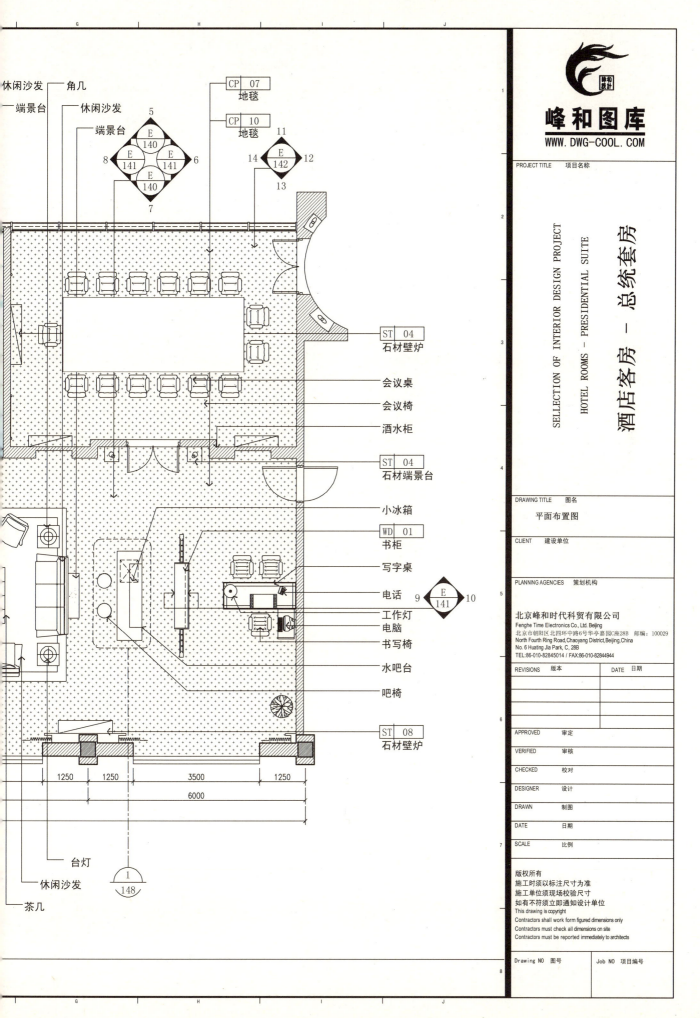

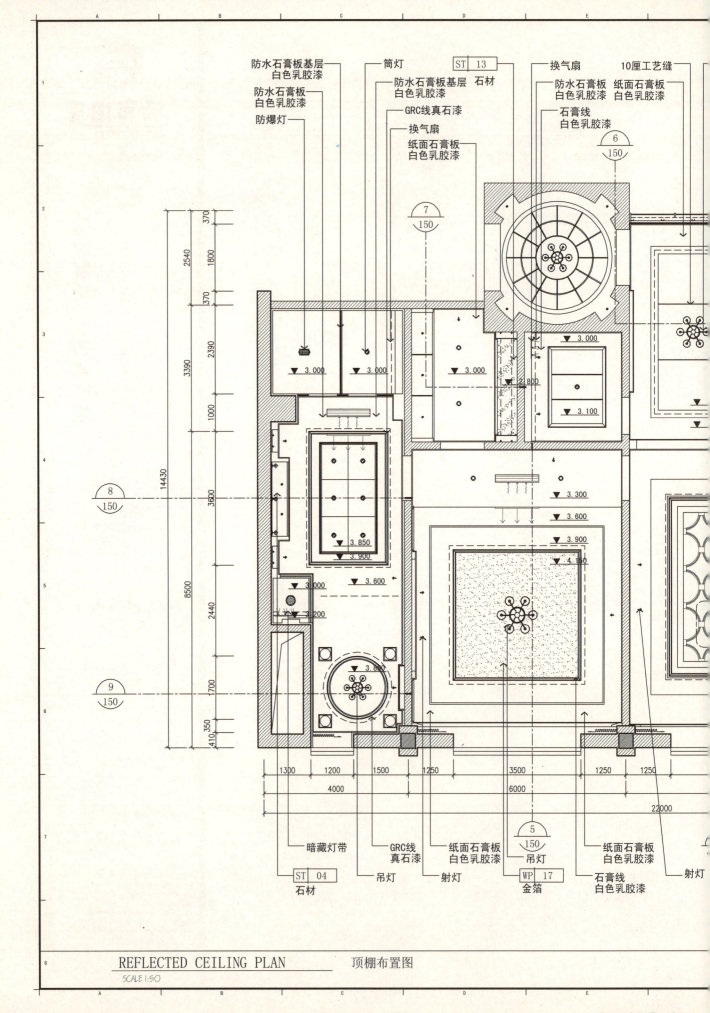

REFLECTED CEILING PLAN 顶棚布置图
SCALE 1:50

-Interior Design-

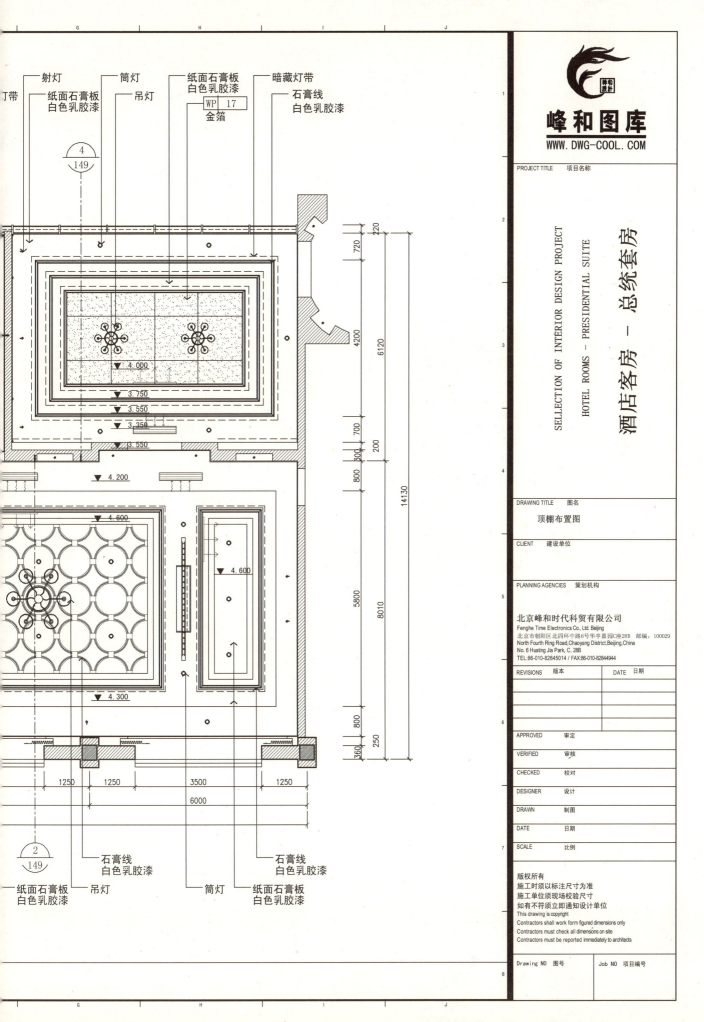

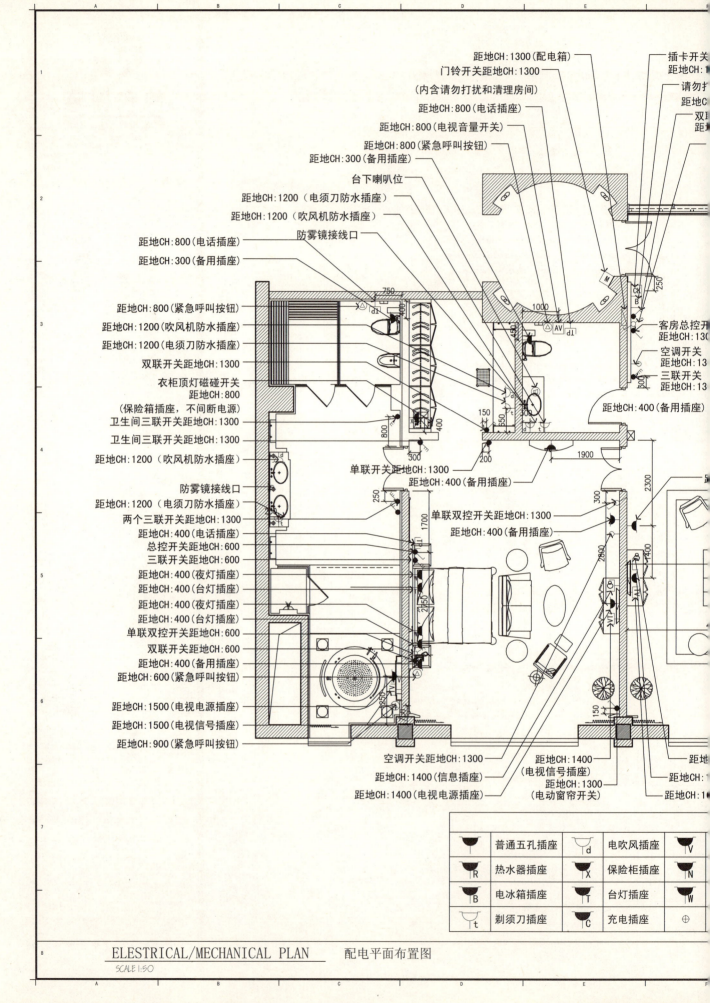

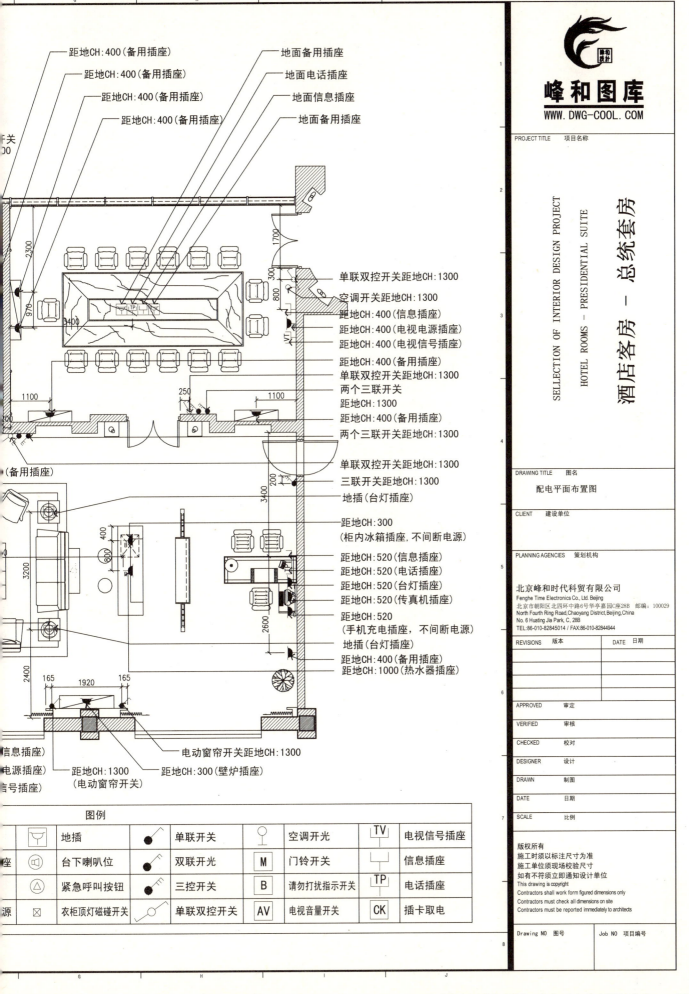

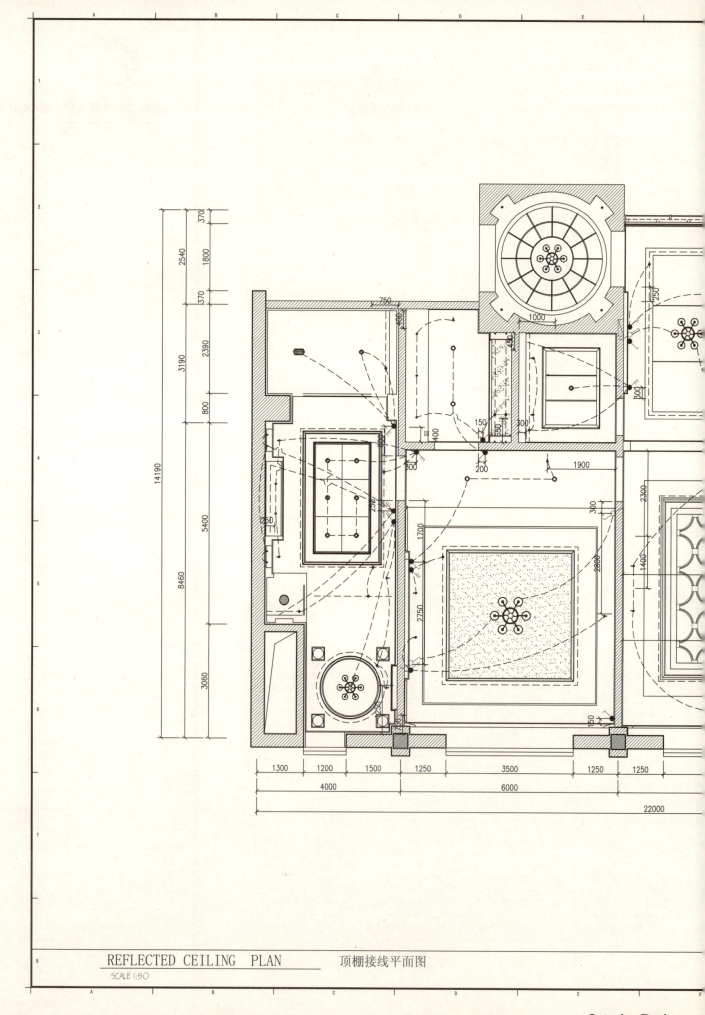

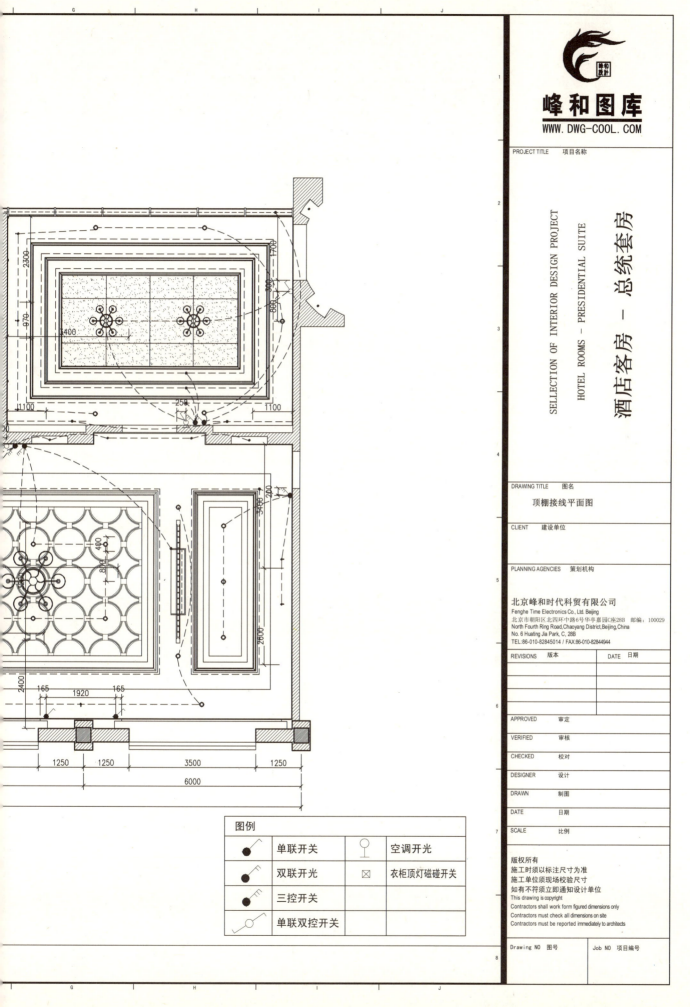

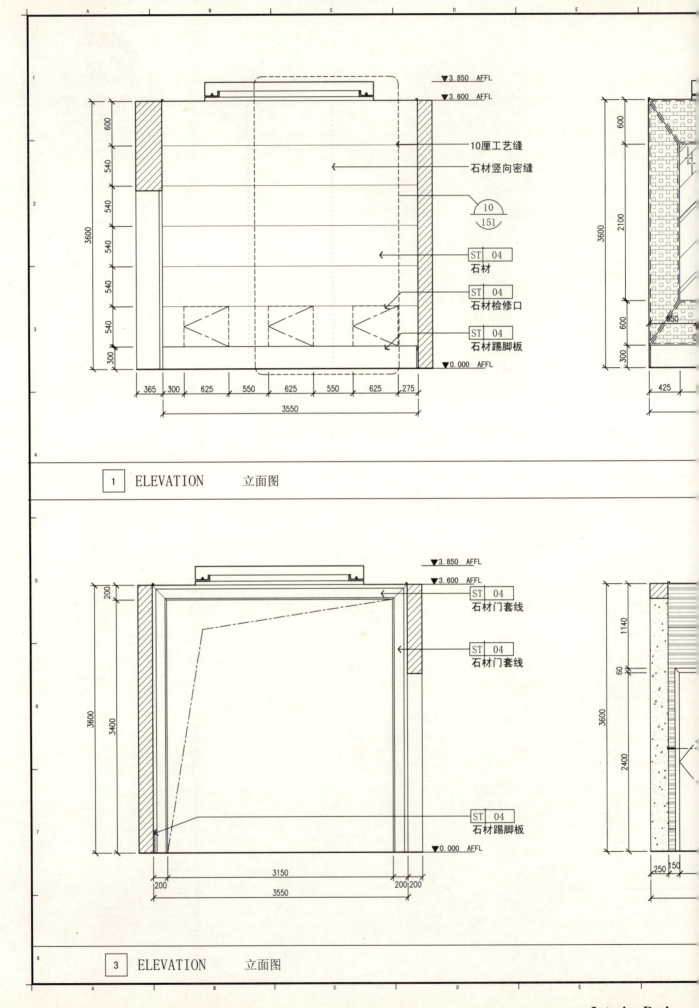

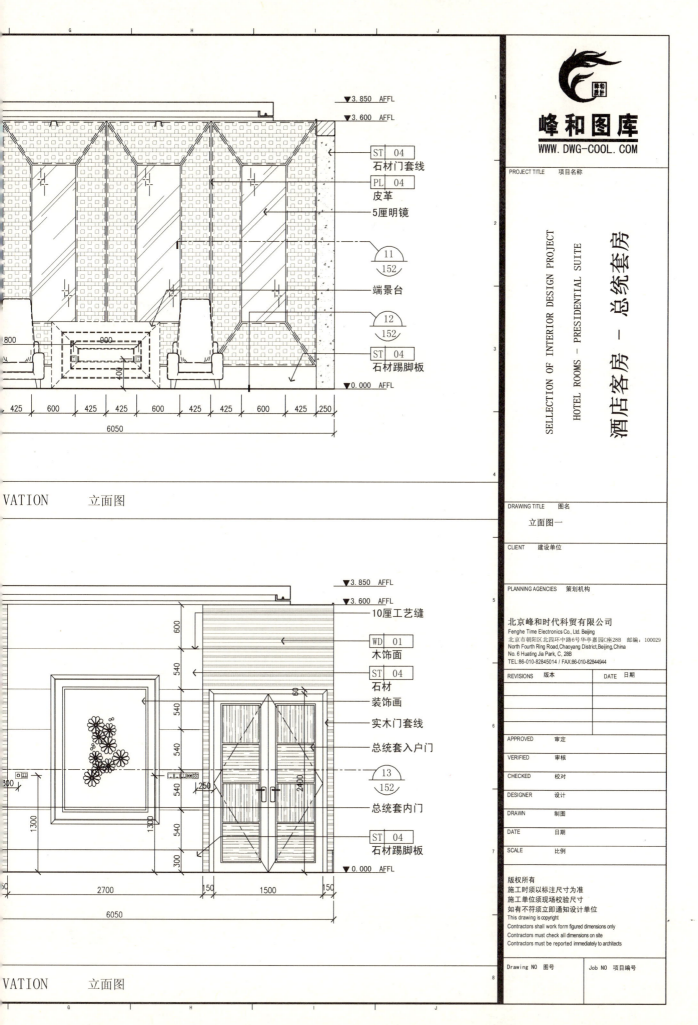

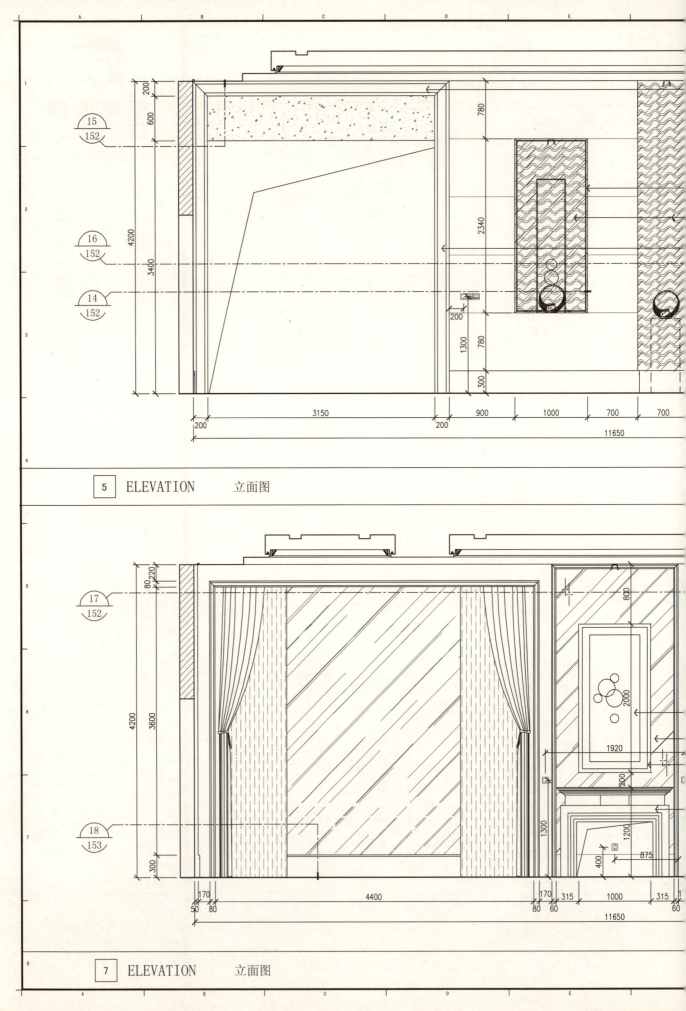

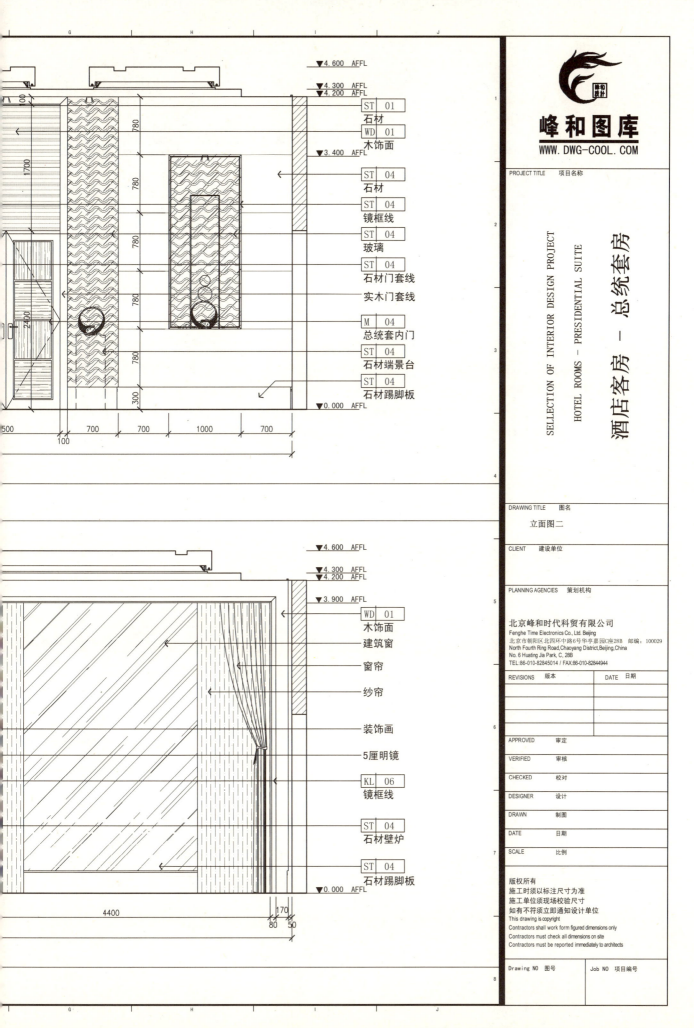

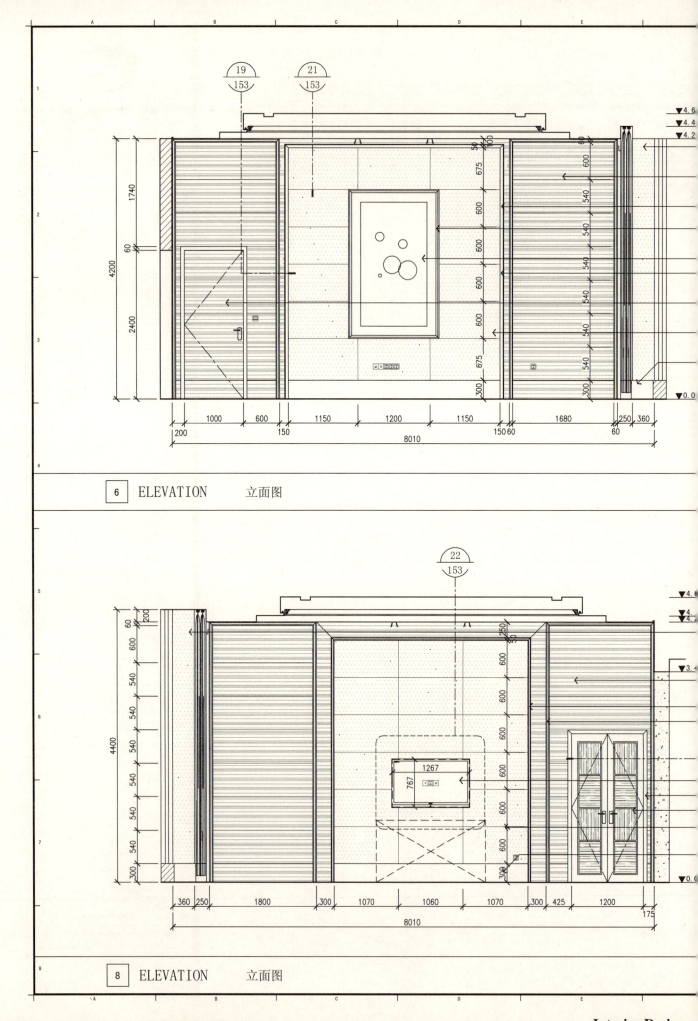

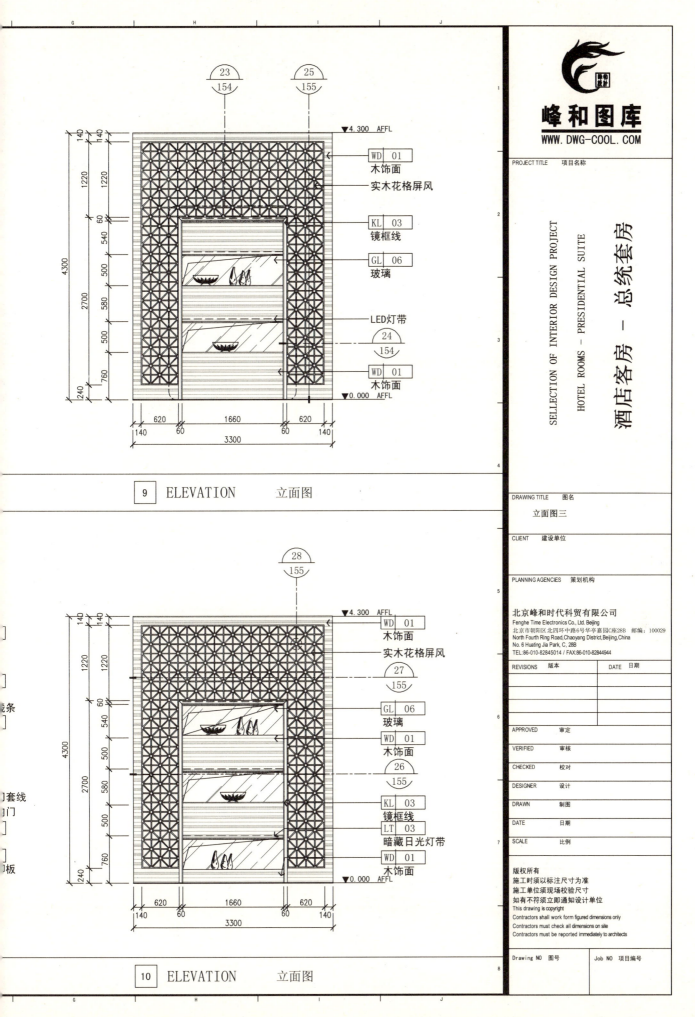

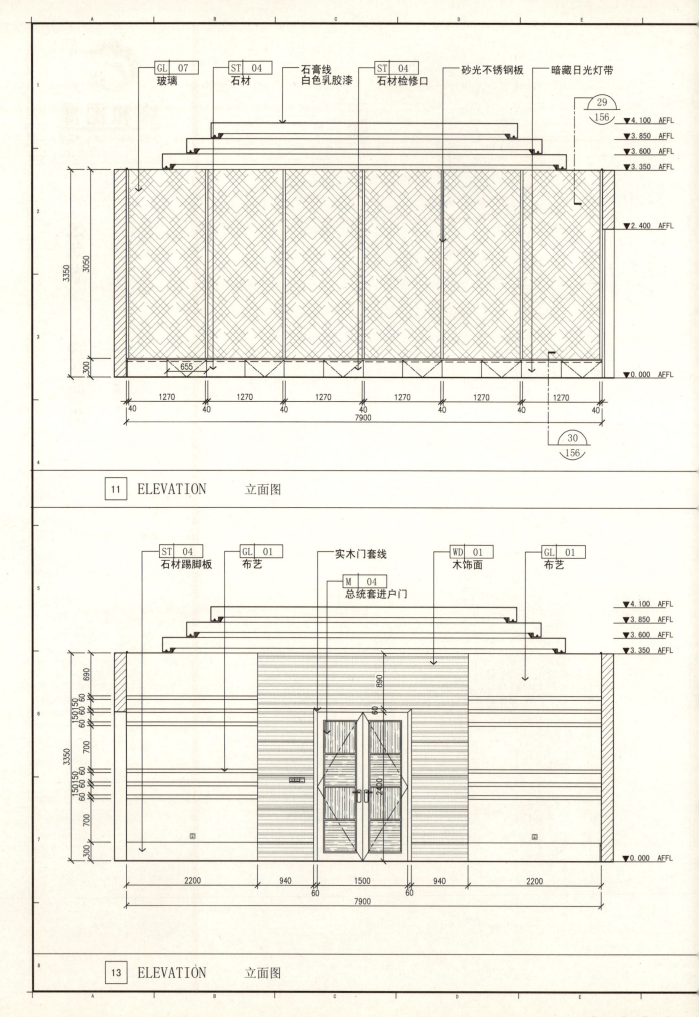

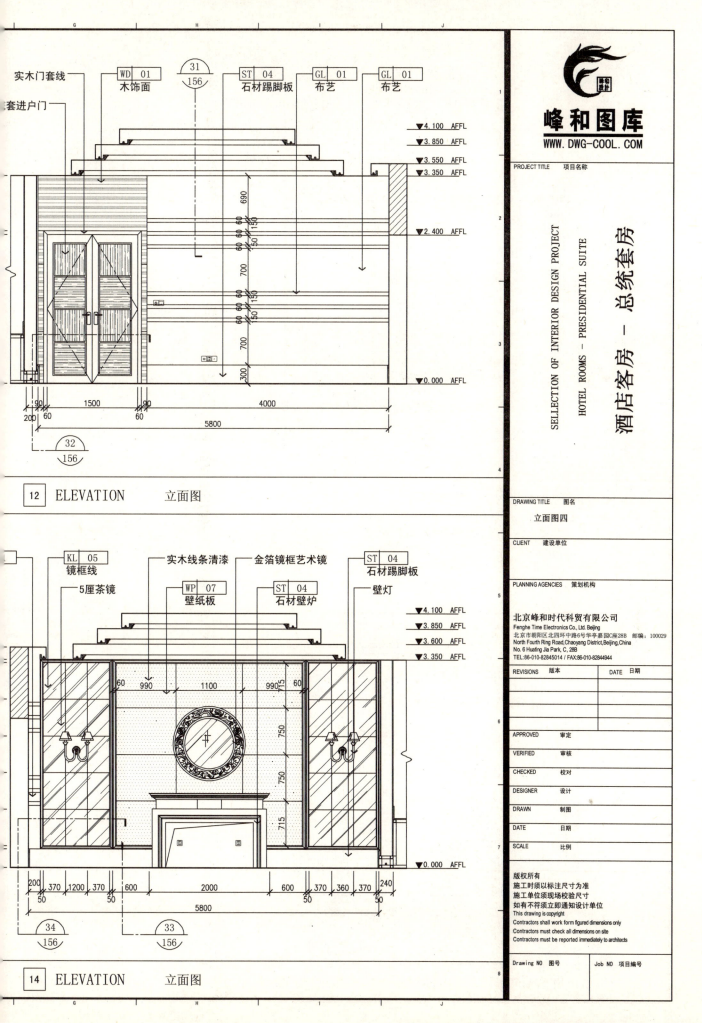

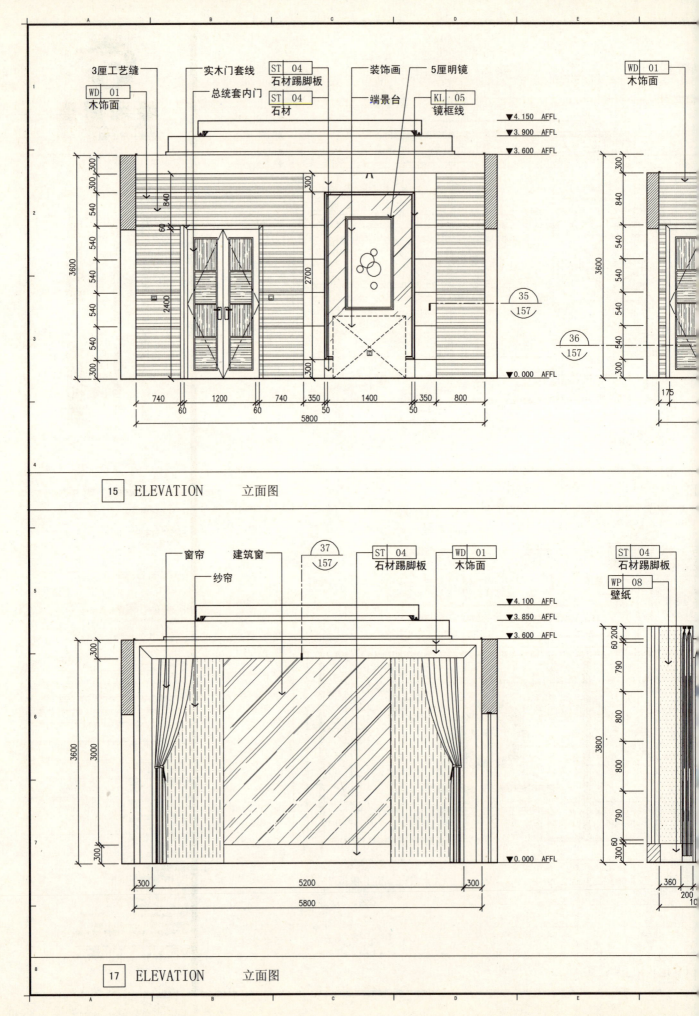

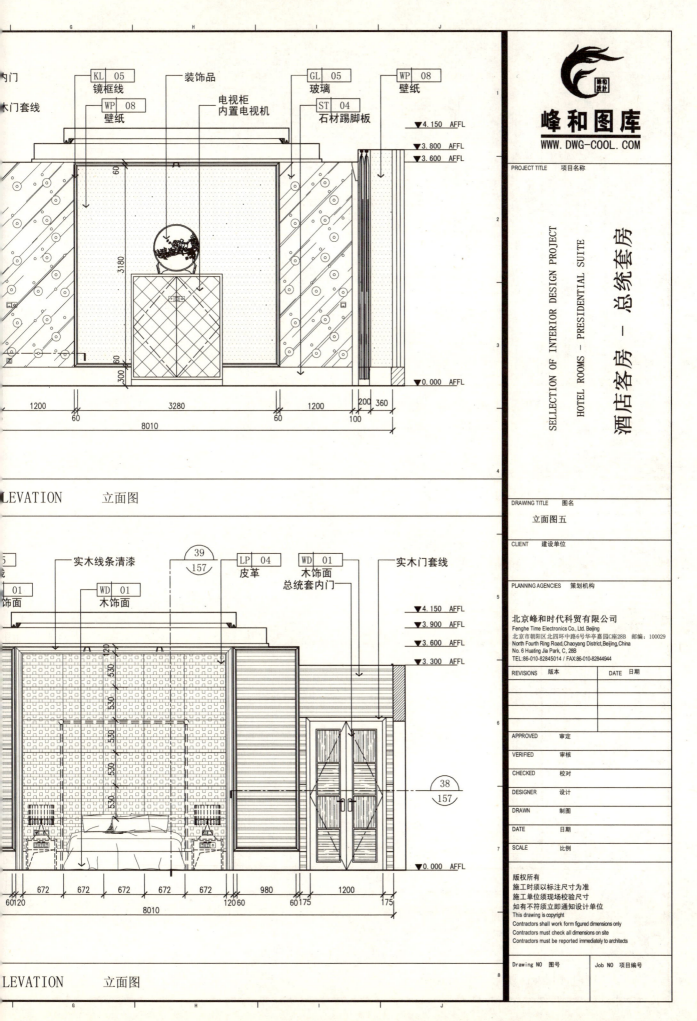

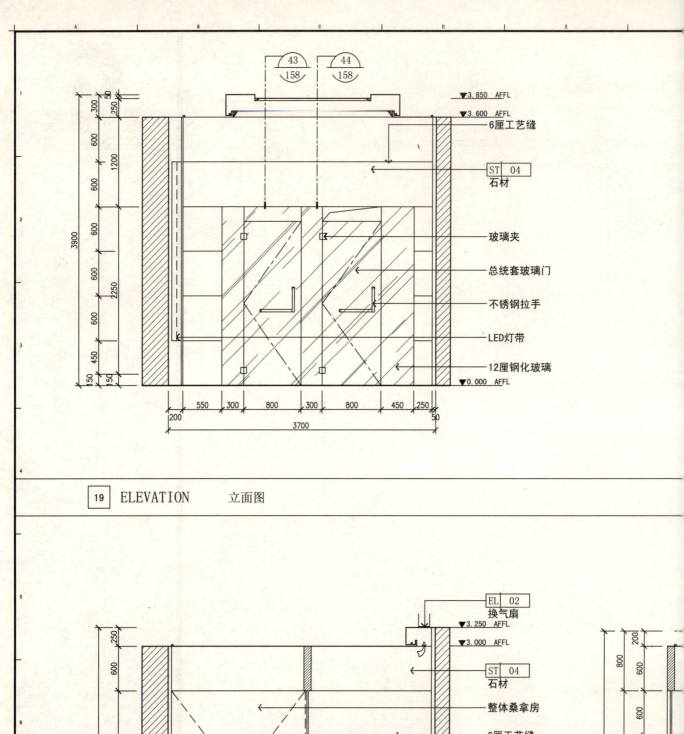

| 19 | ELEVATION 立面图 |

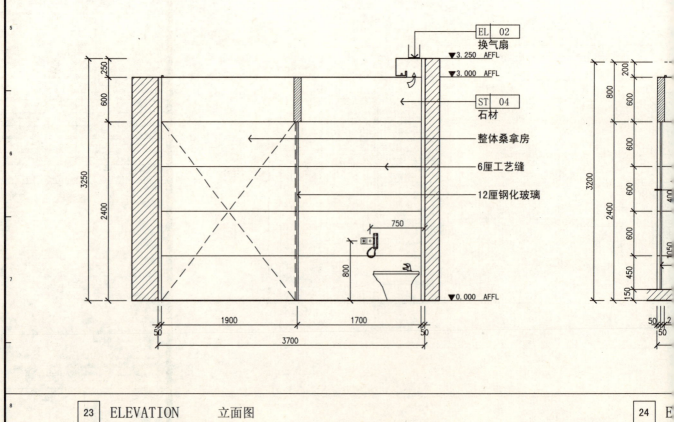

| 23 | ELEVATION 立面图 |

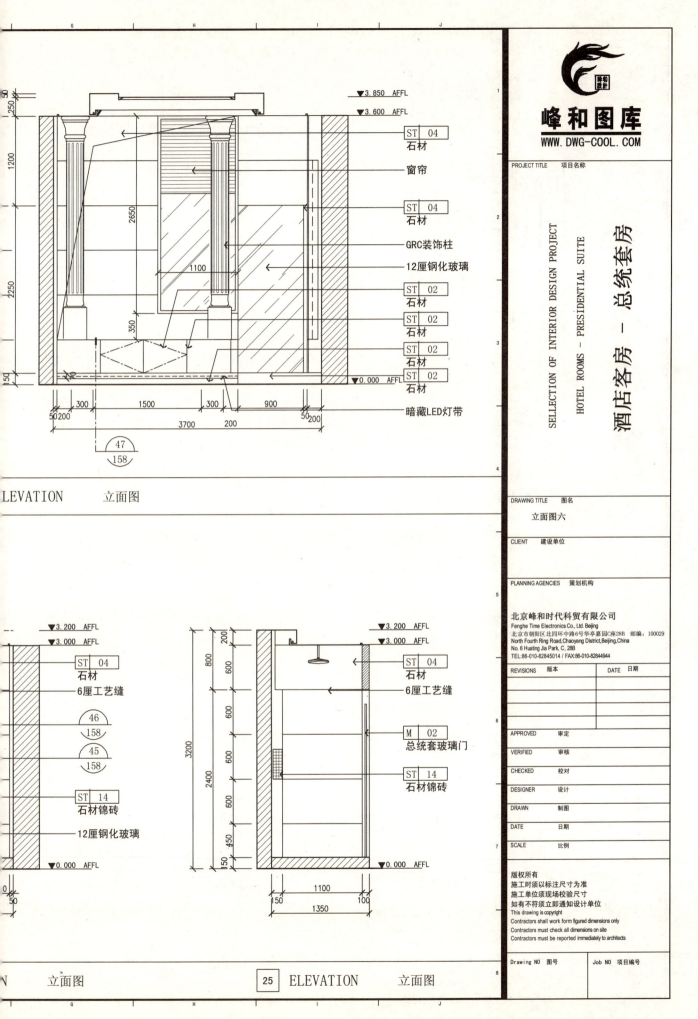

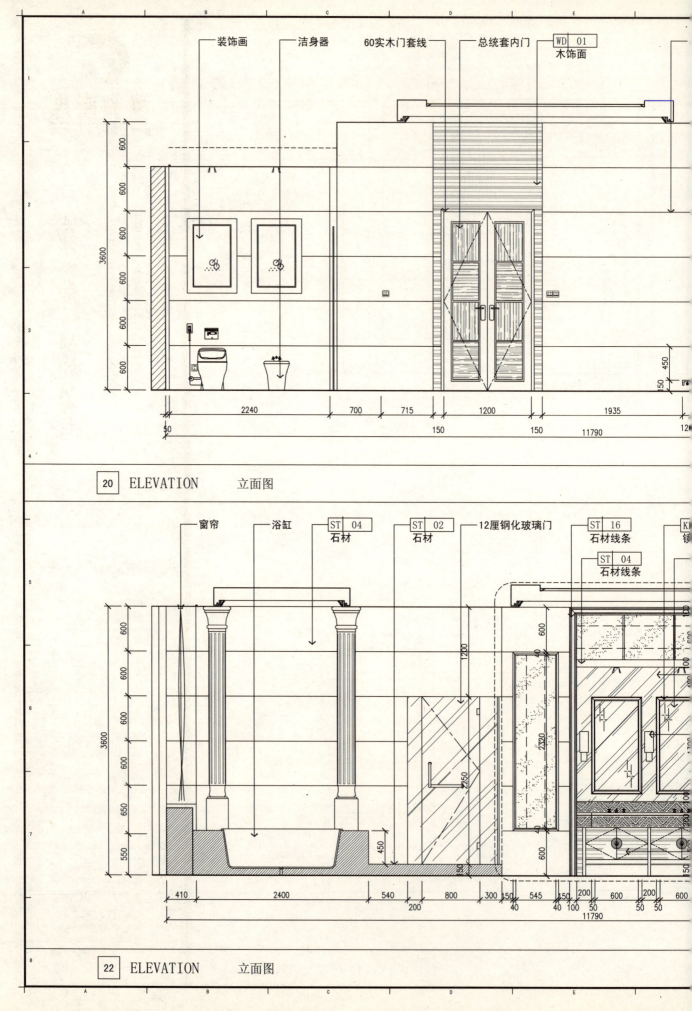

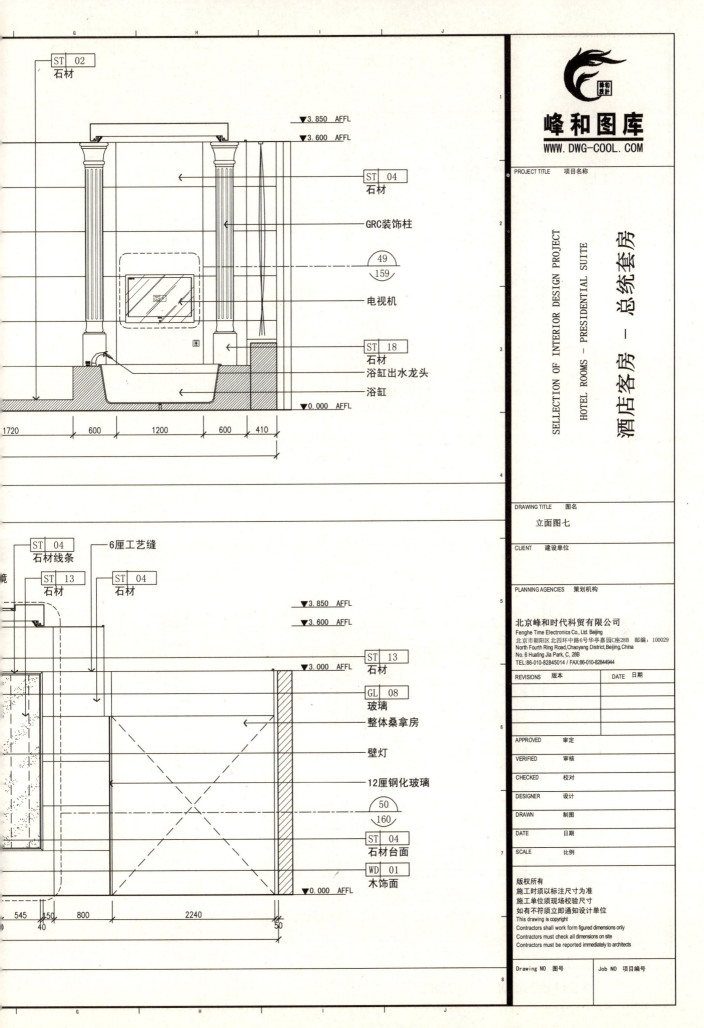

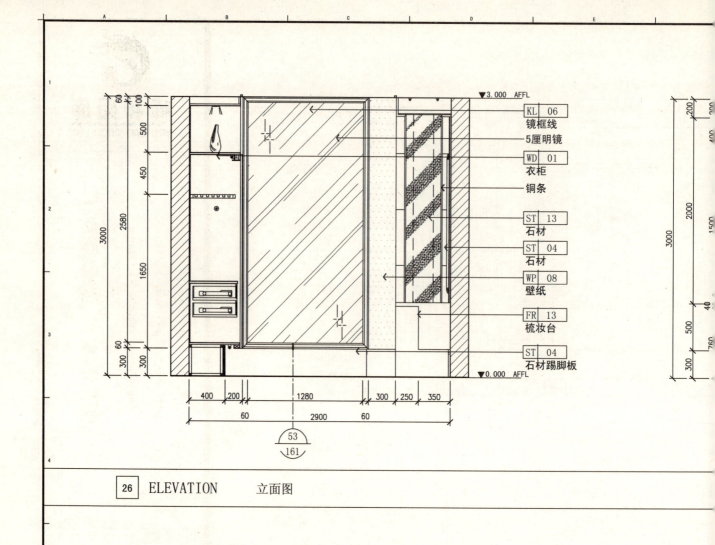

| 26 | ELEVATION | 立面图 |

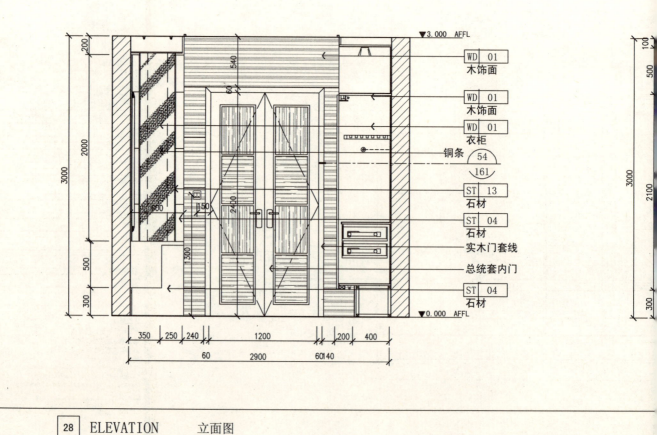

| 28 | ELEVATION | 立面图 |

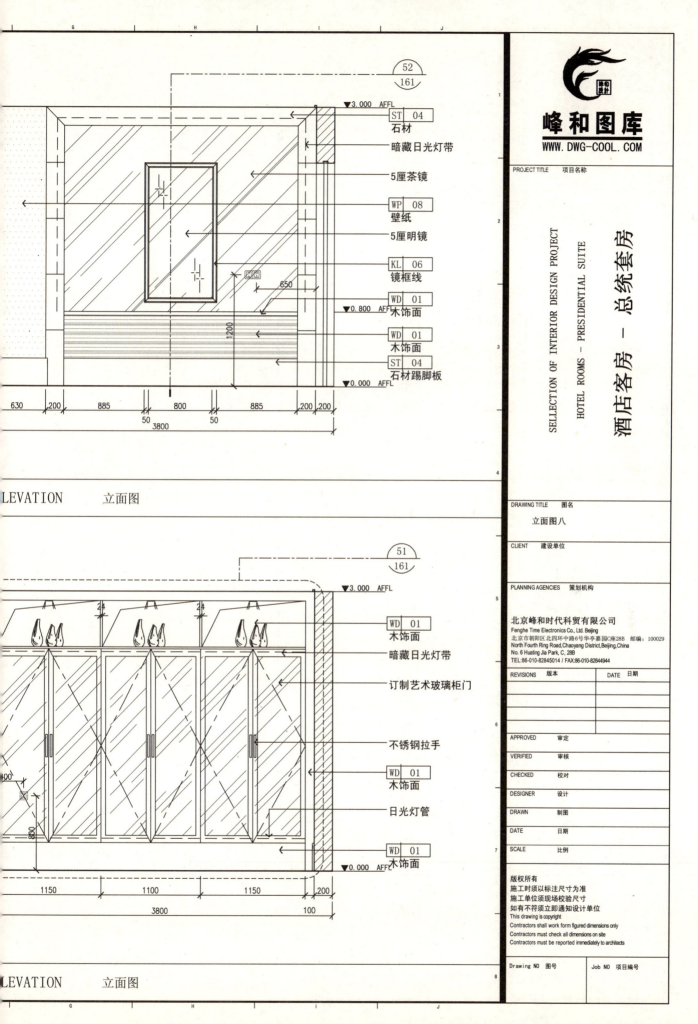

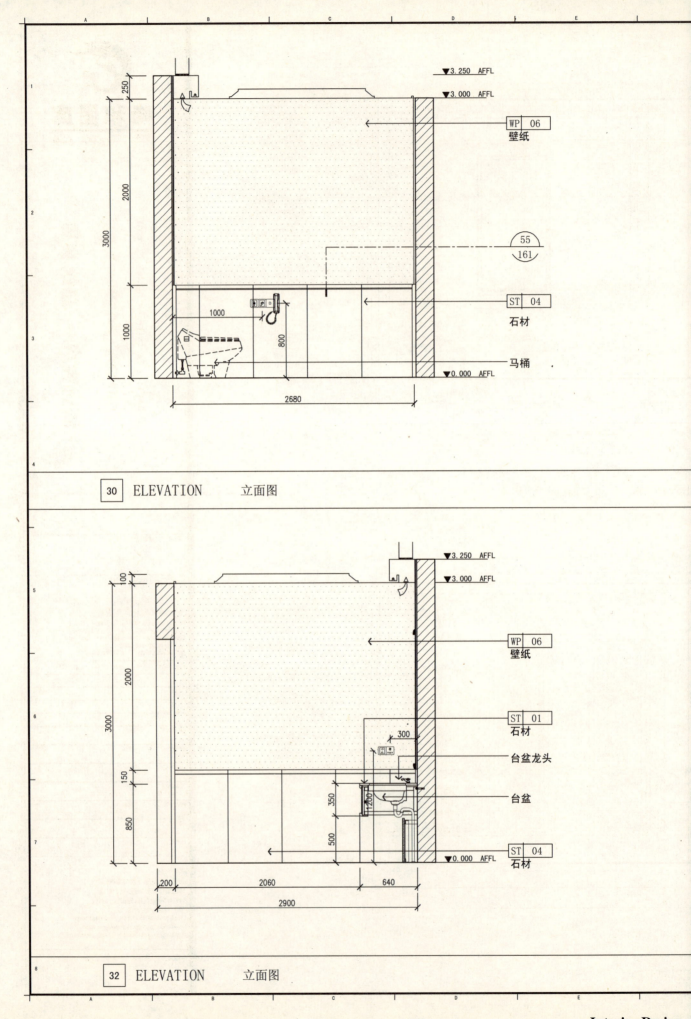

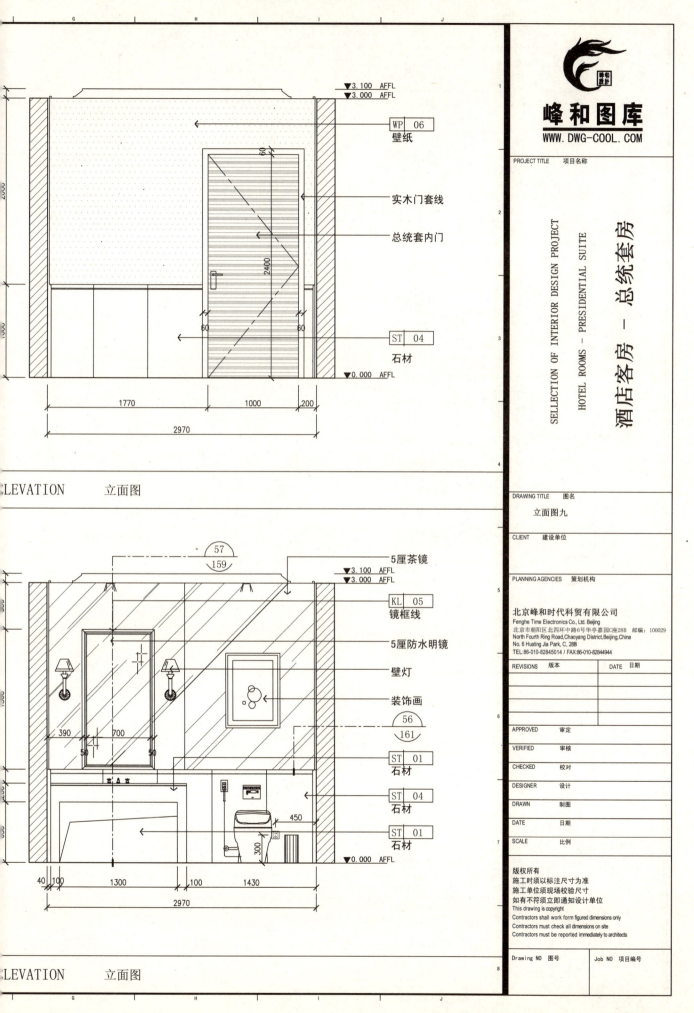

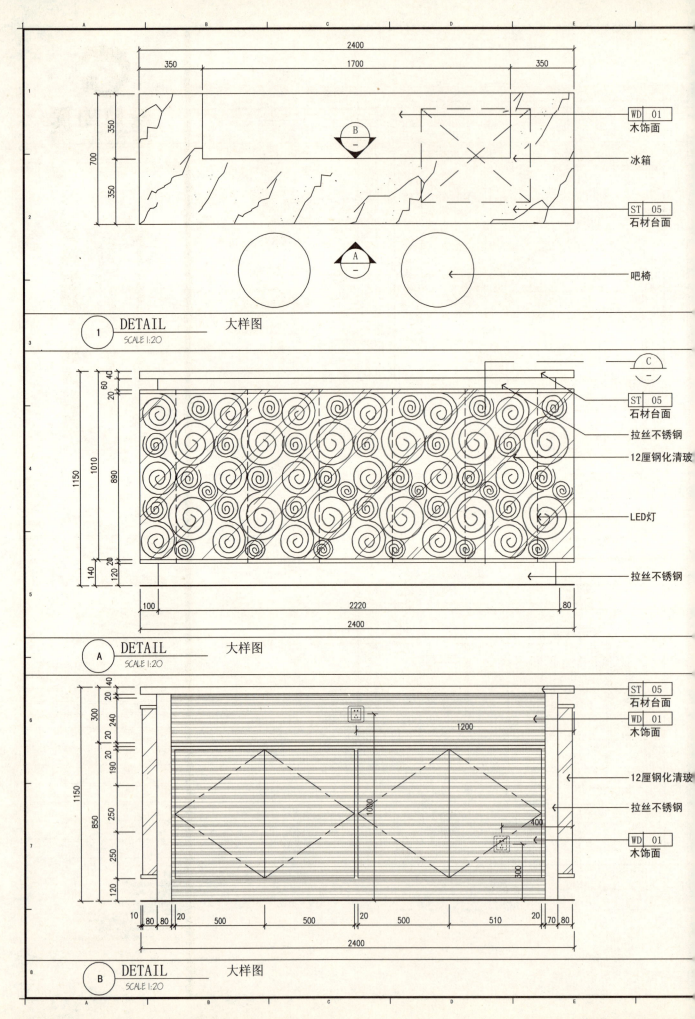
-Interior Design-

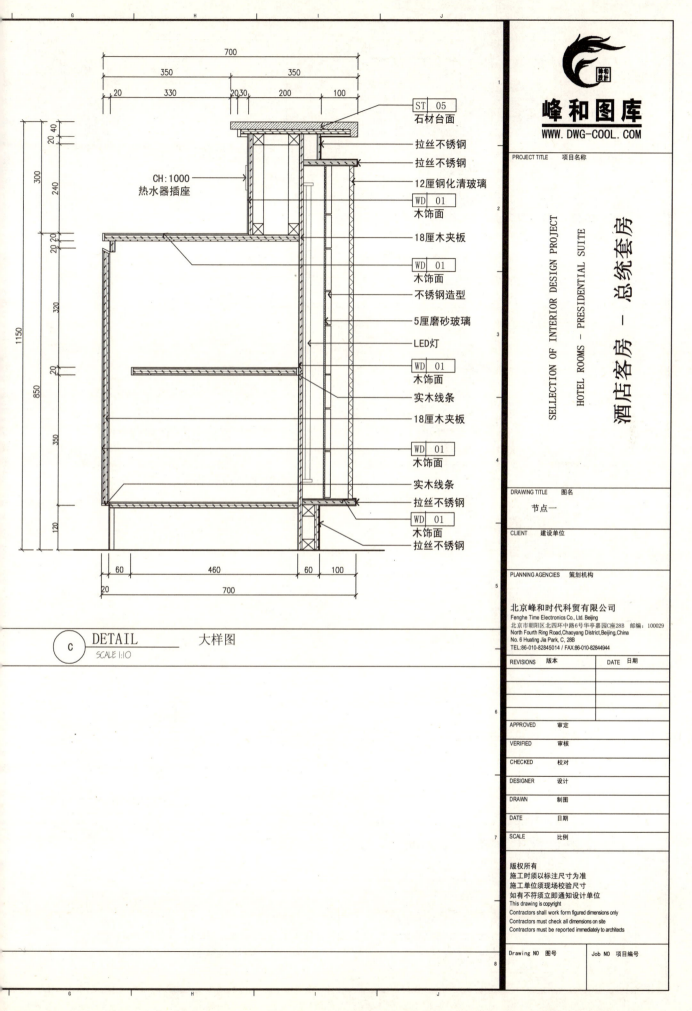

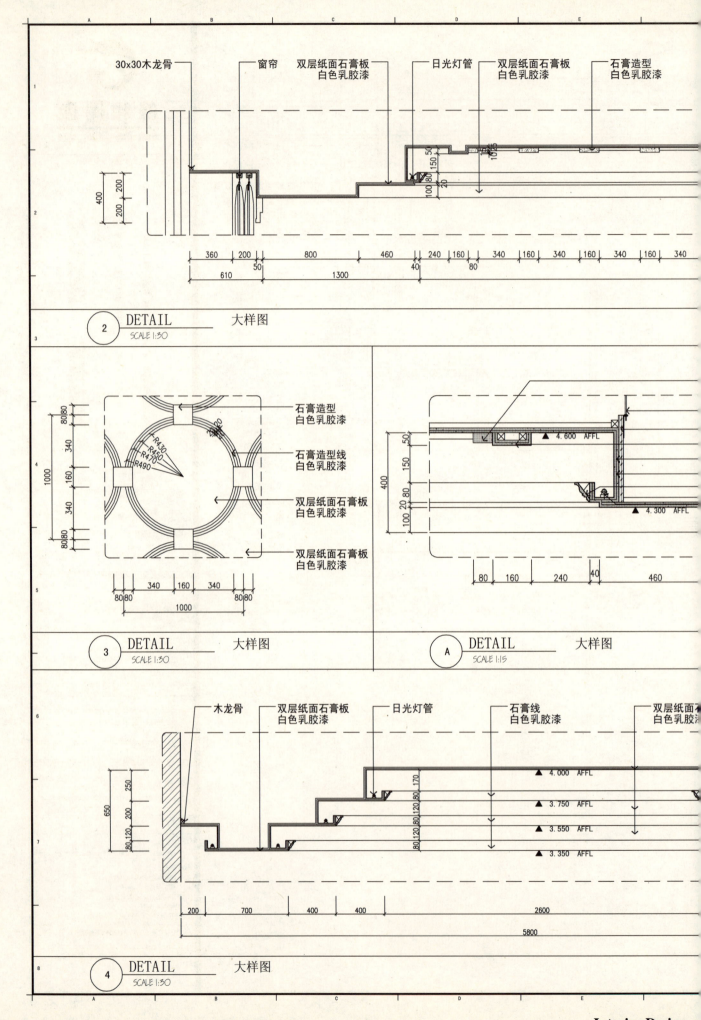

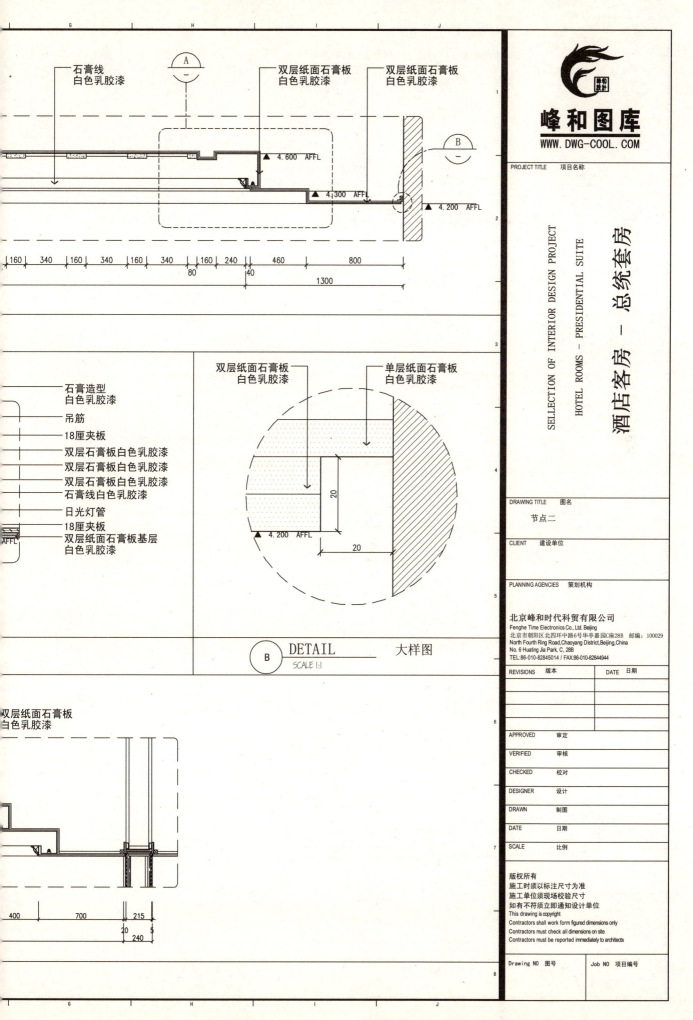

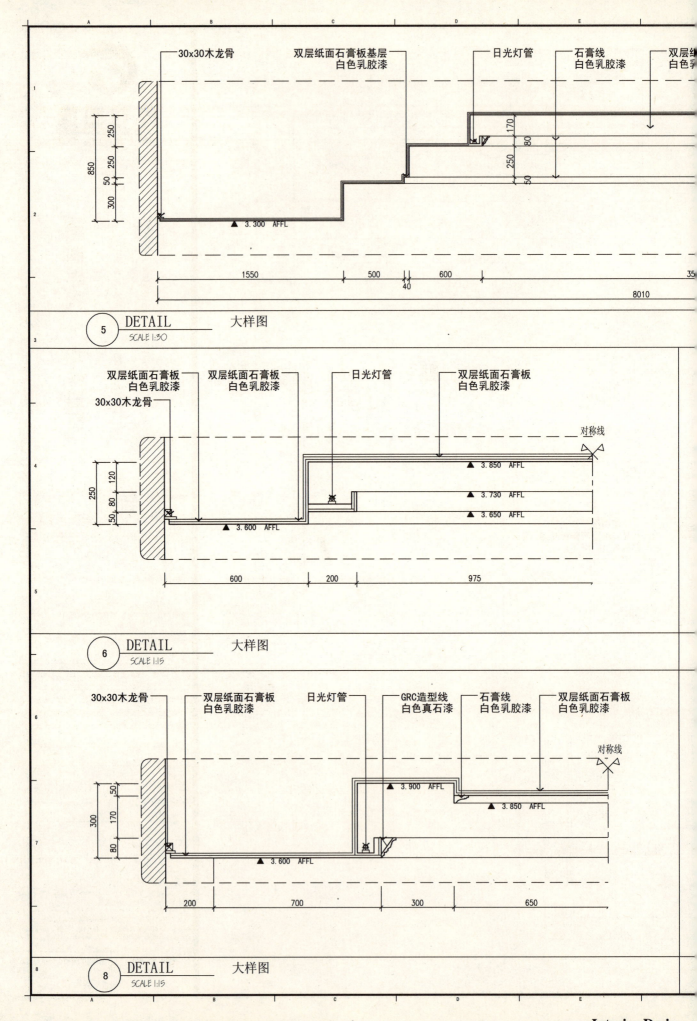

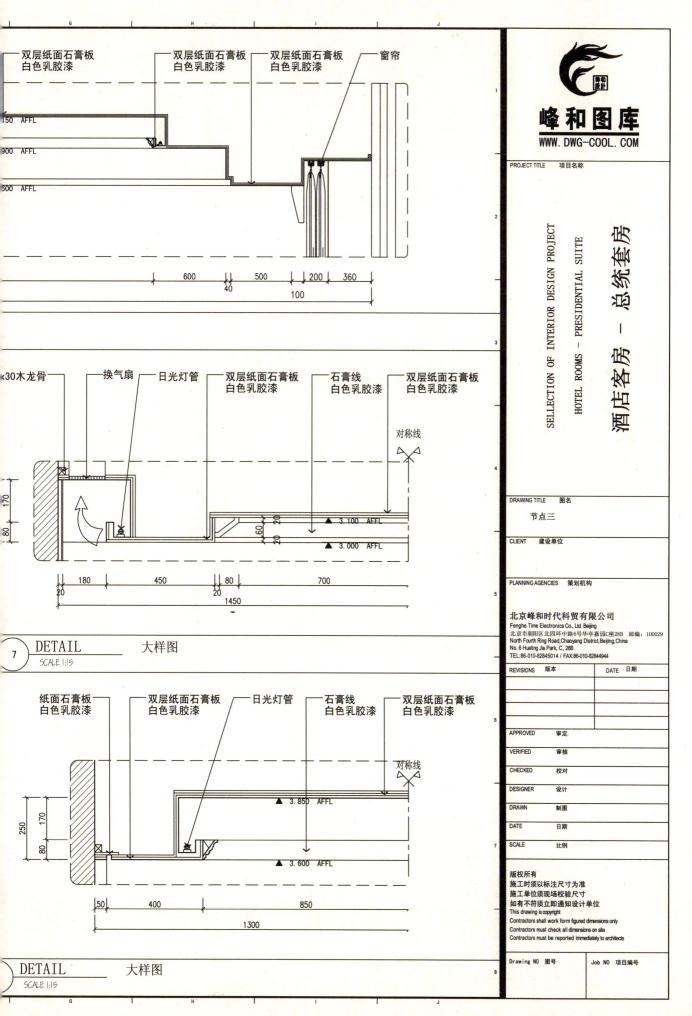

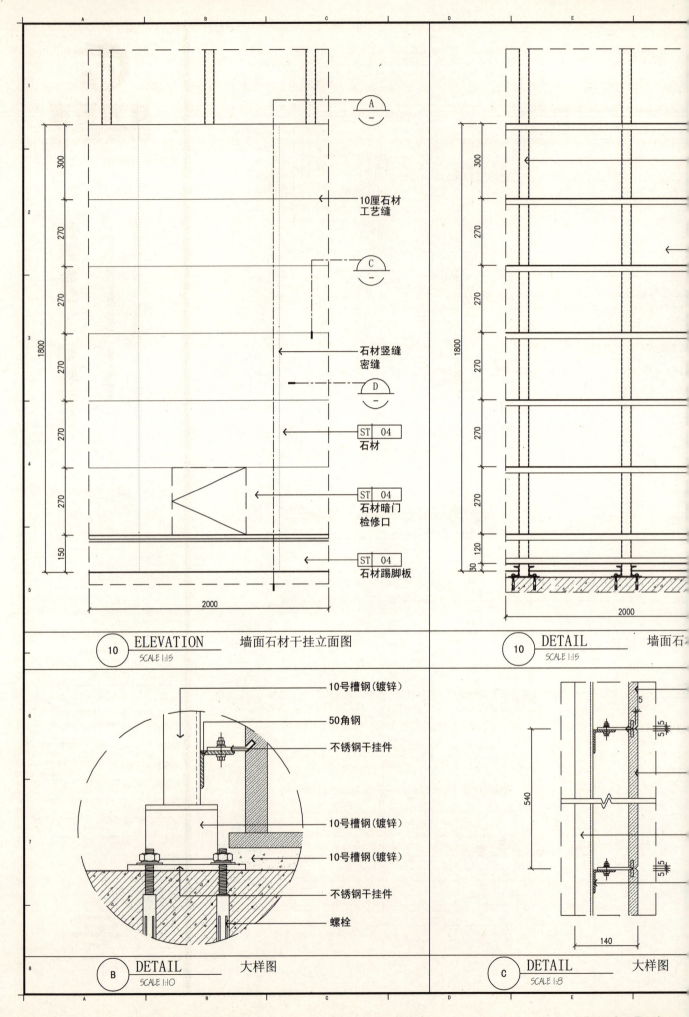

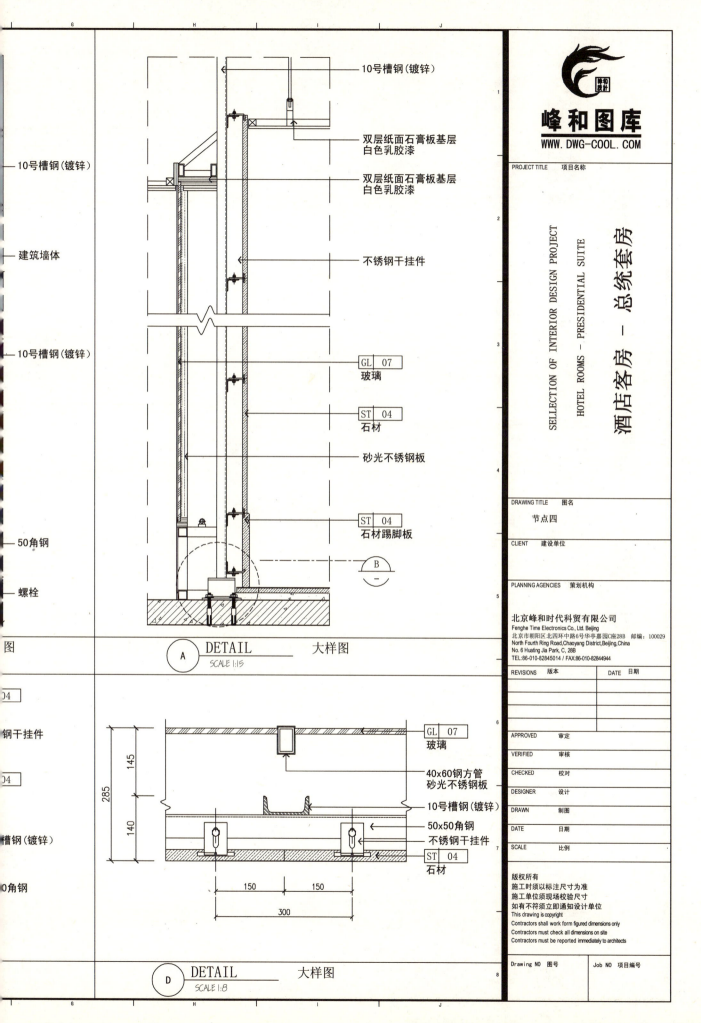

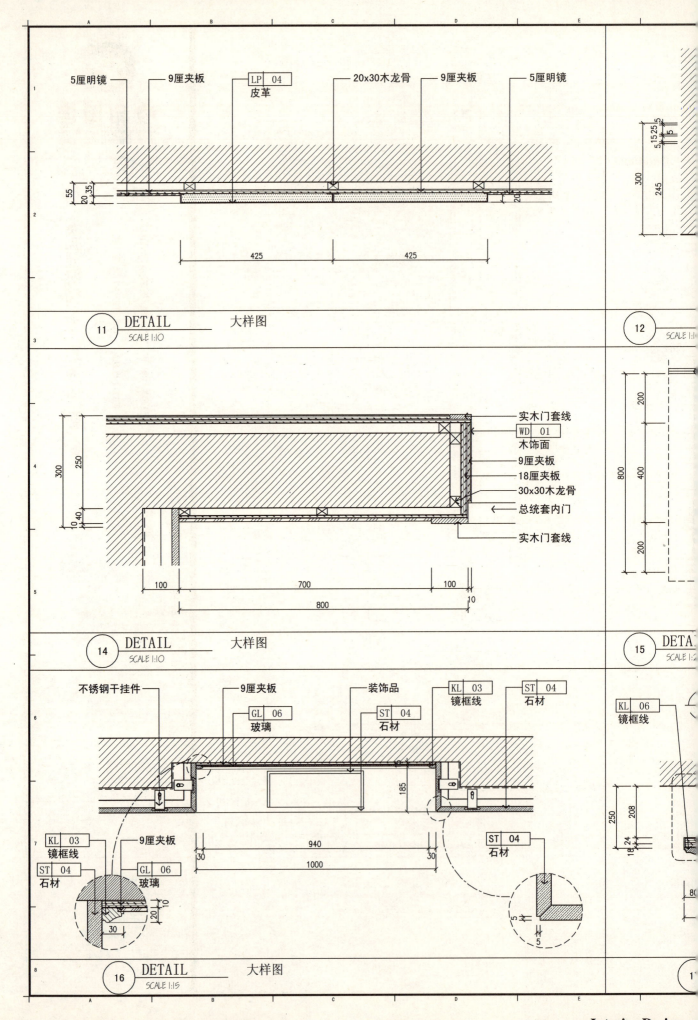

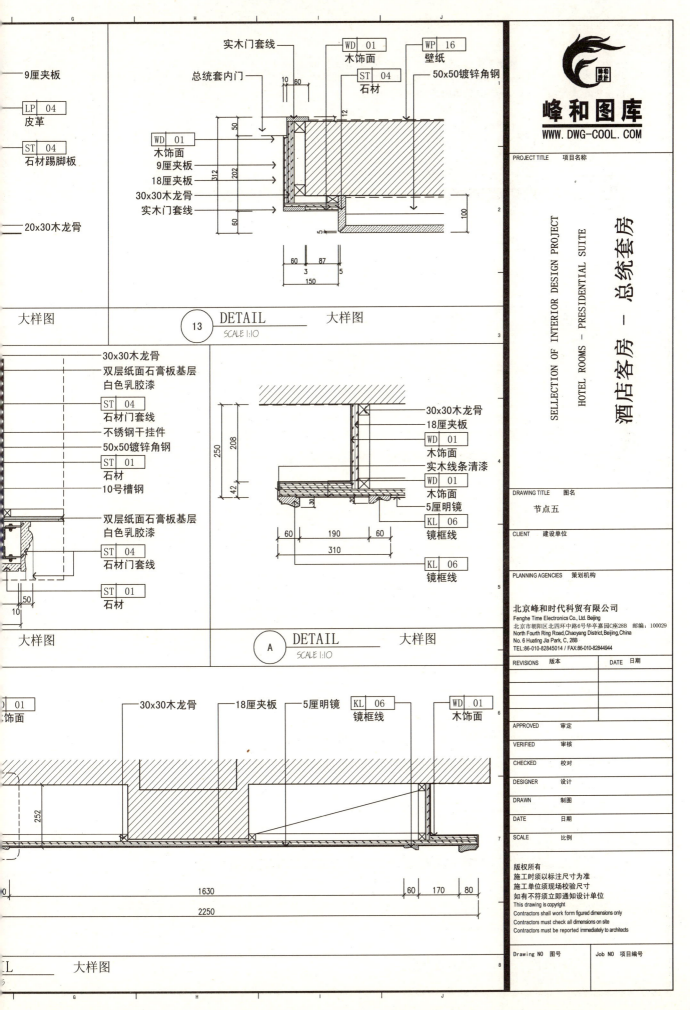

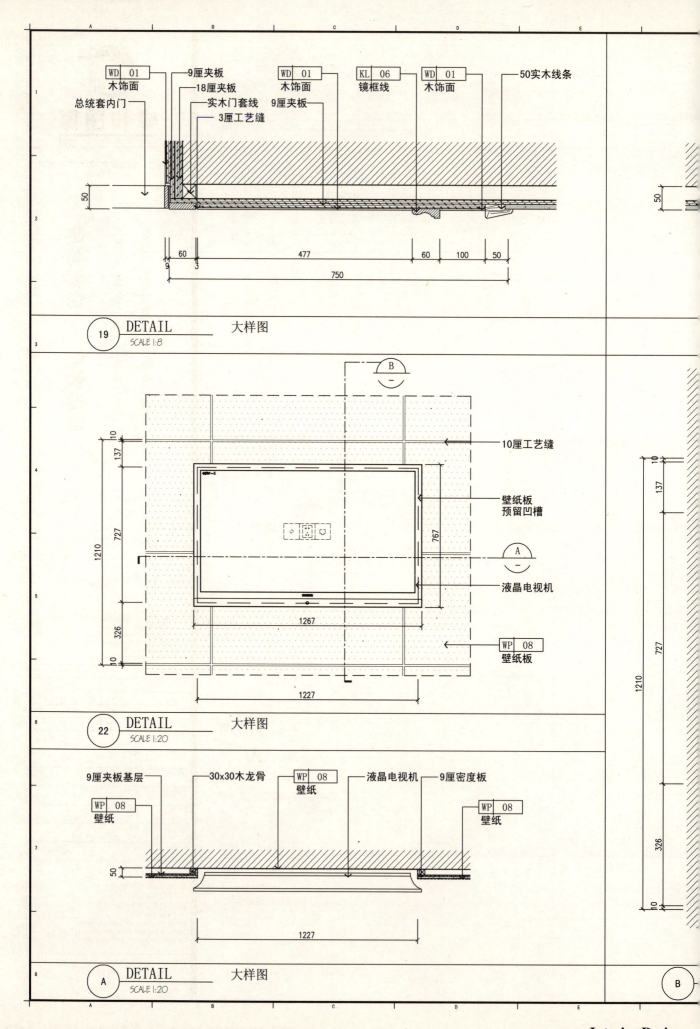

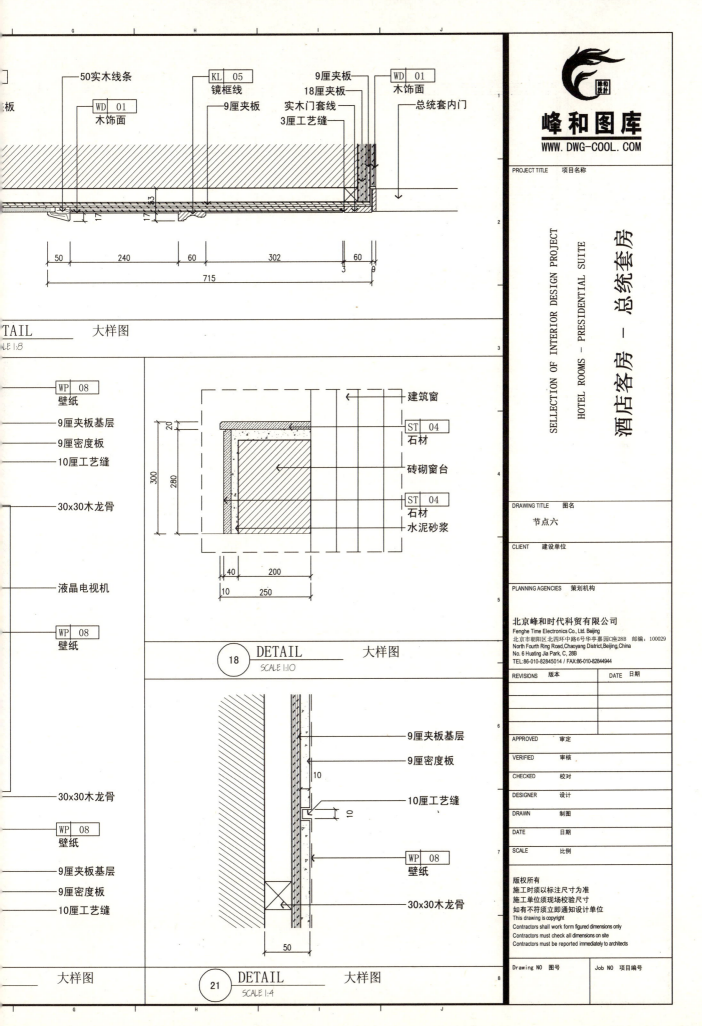

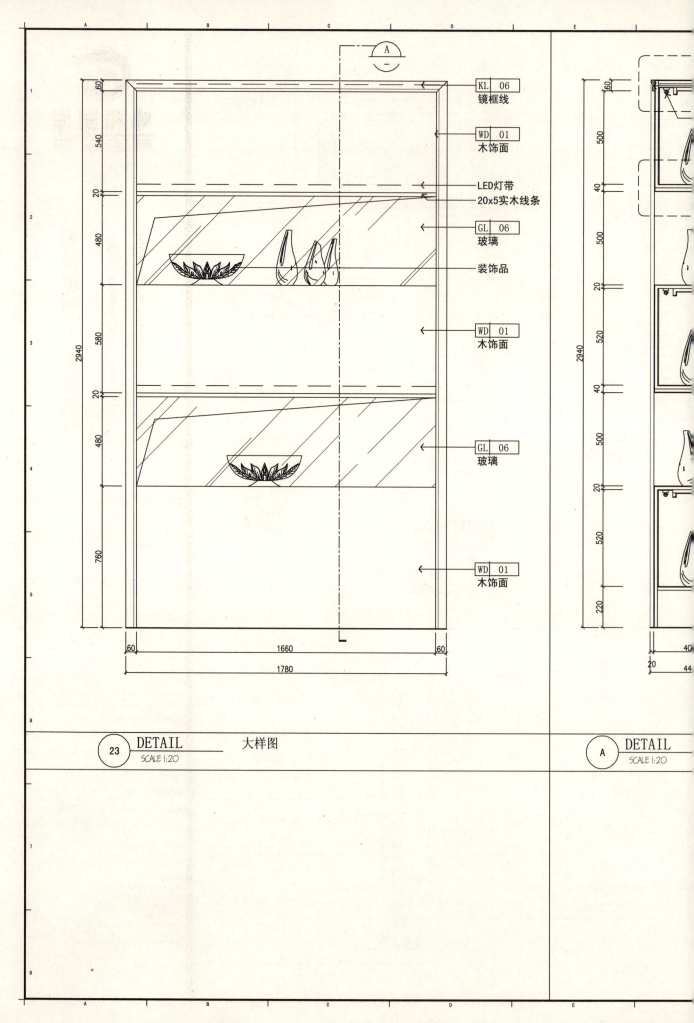

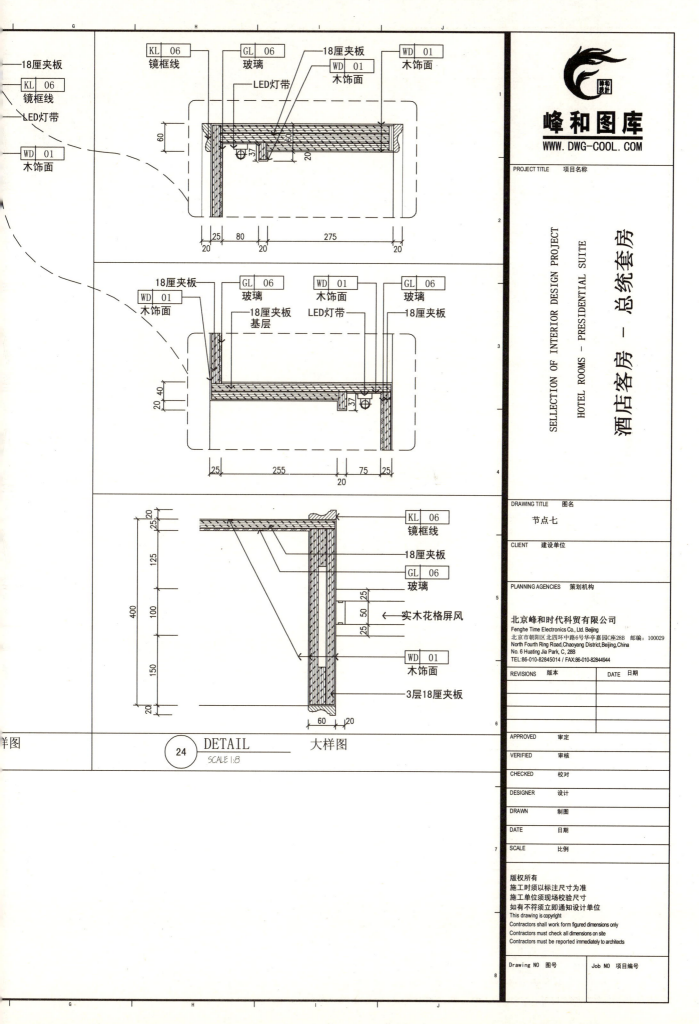

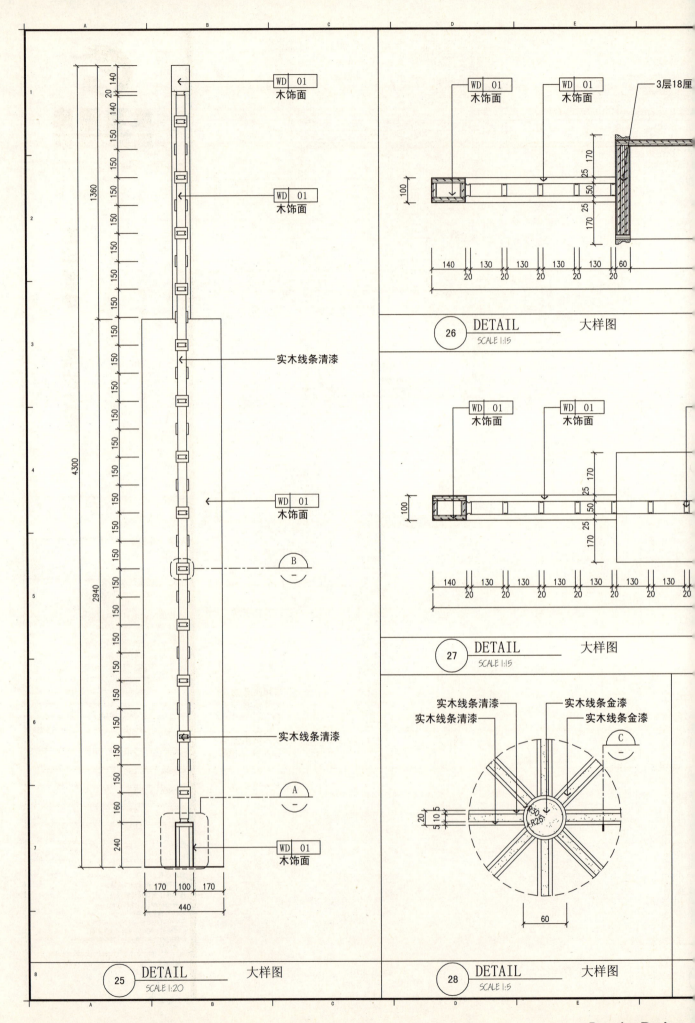

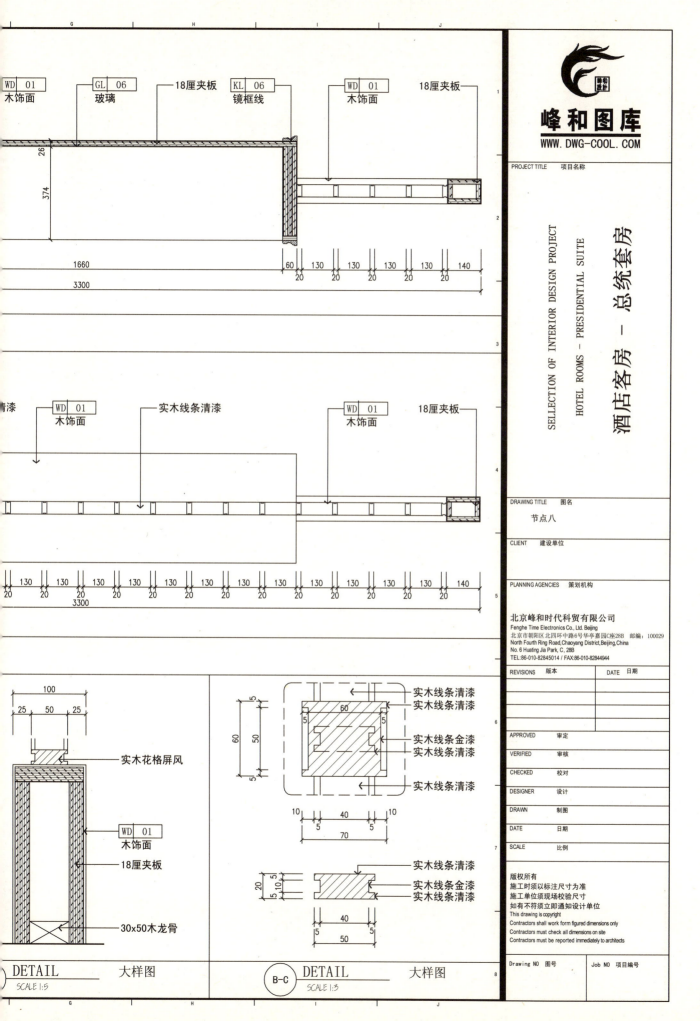

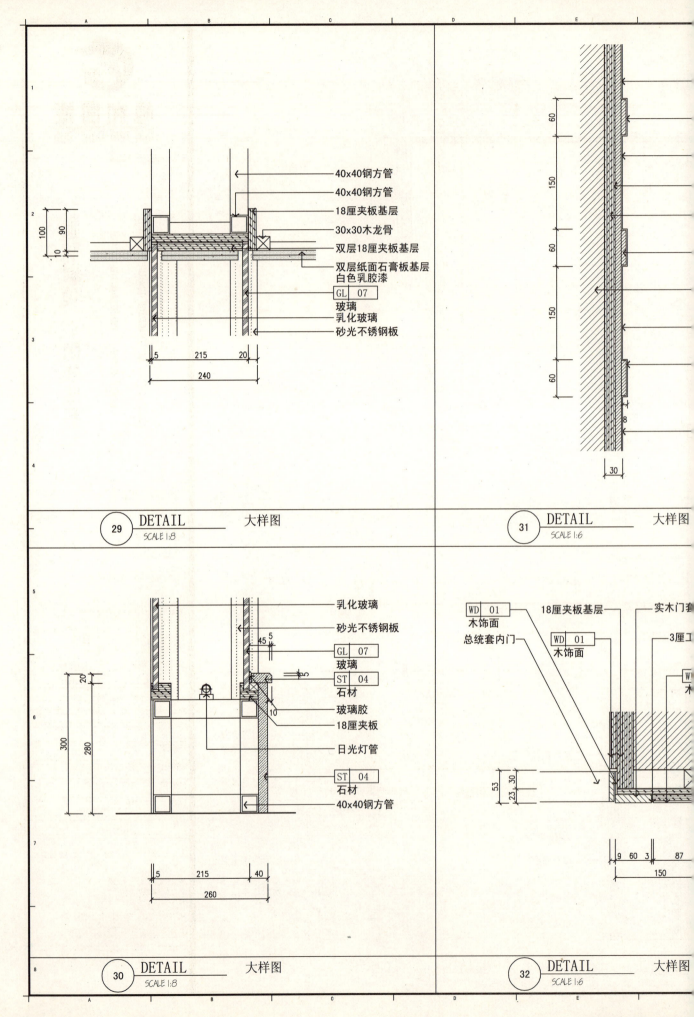

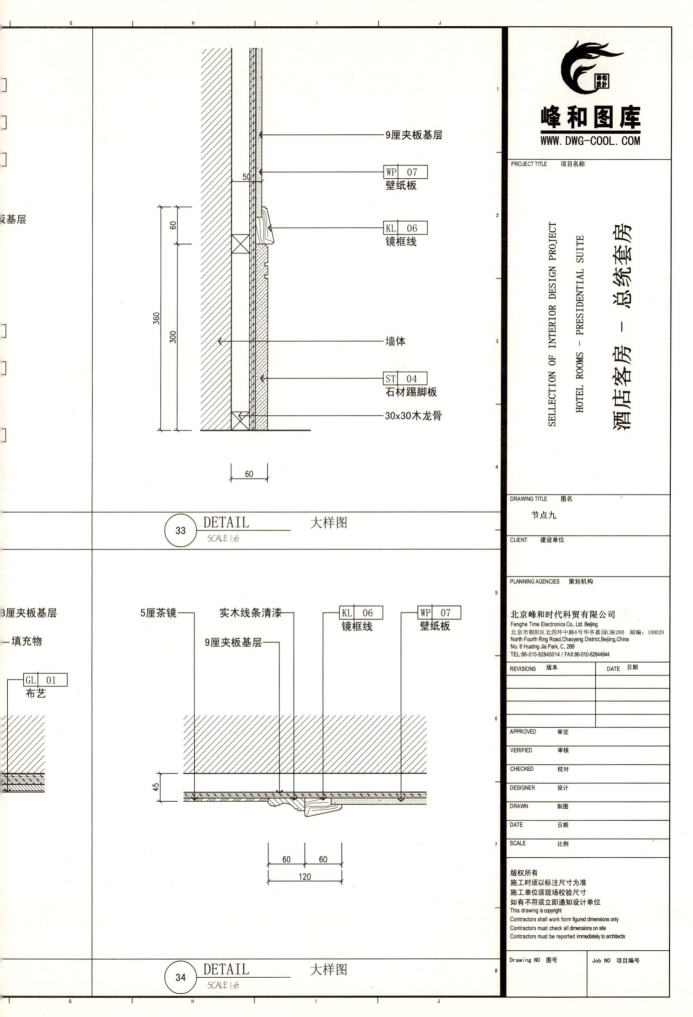

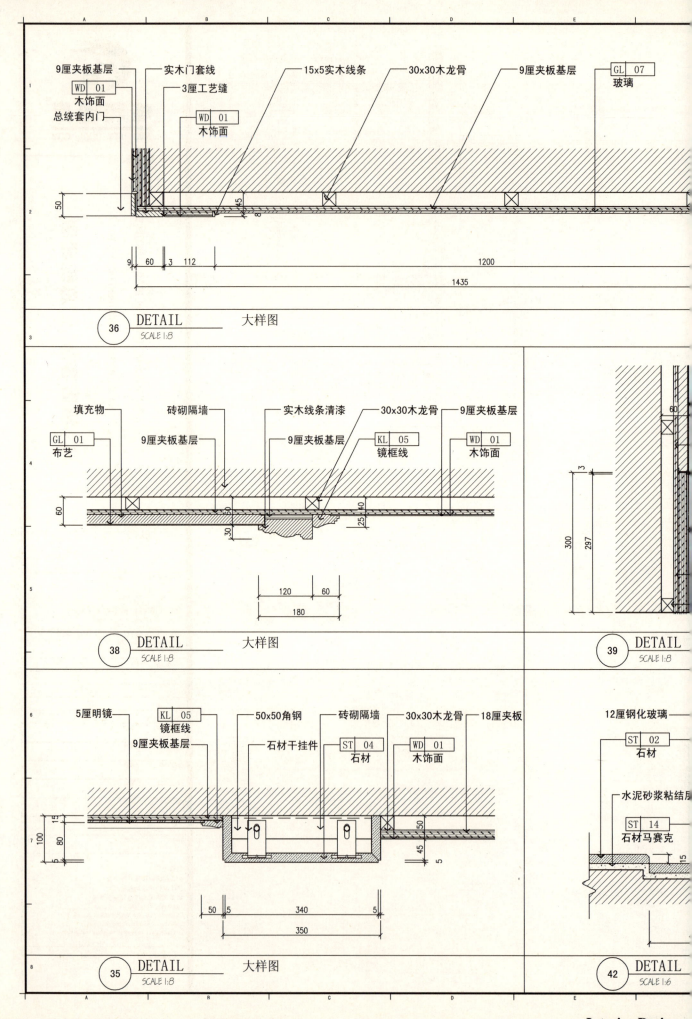

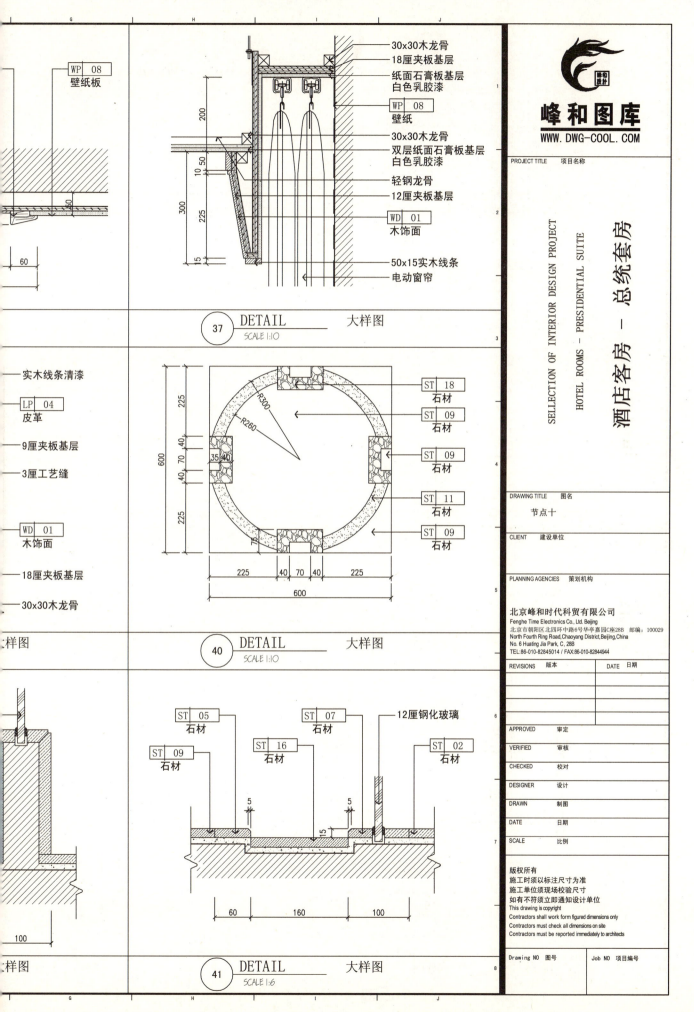

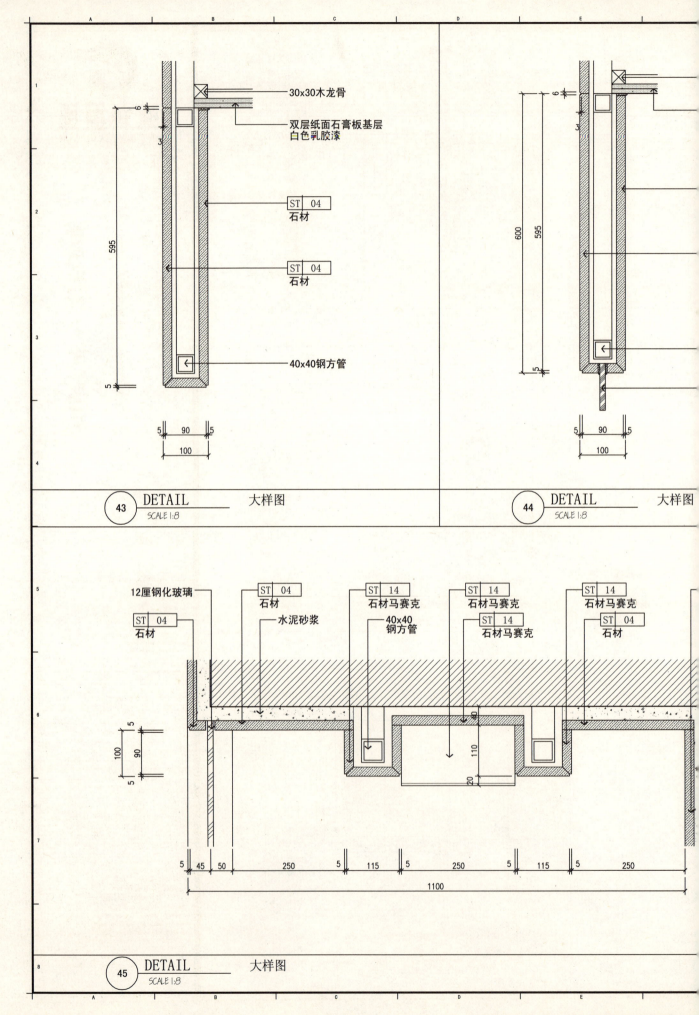

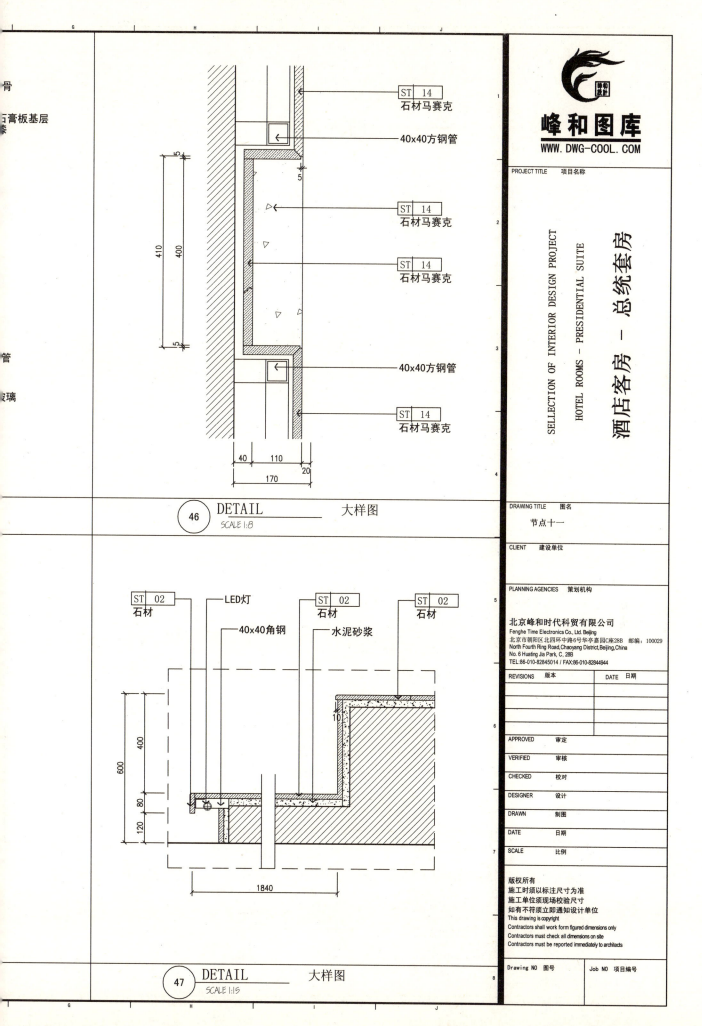

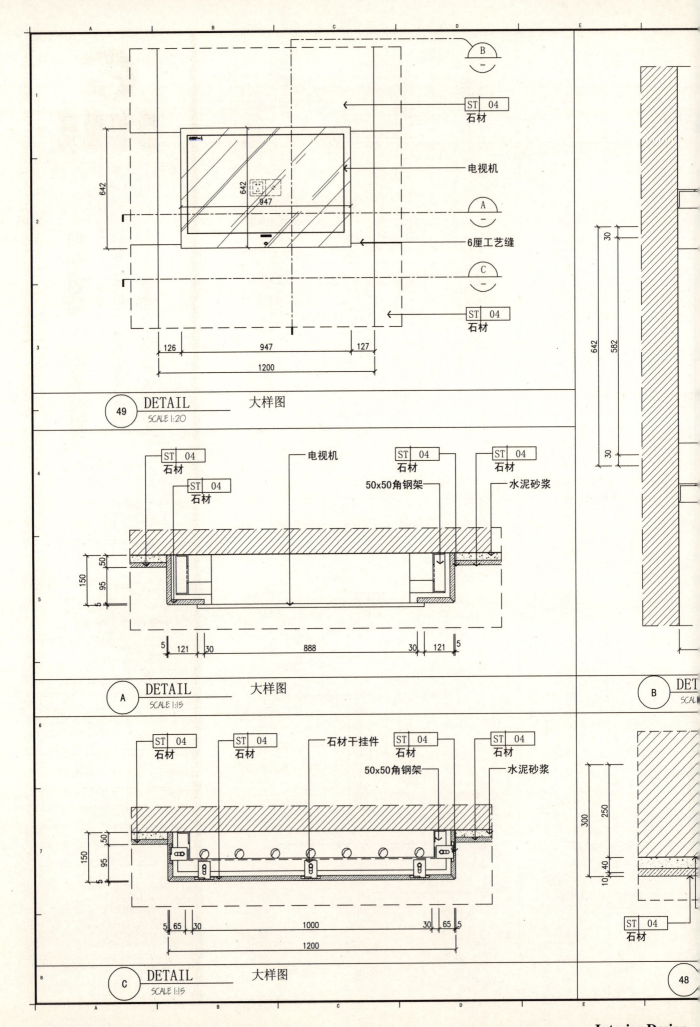

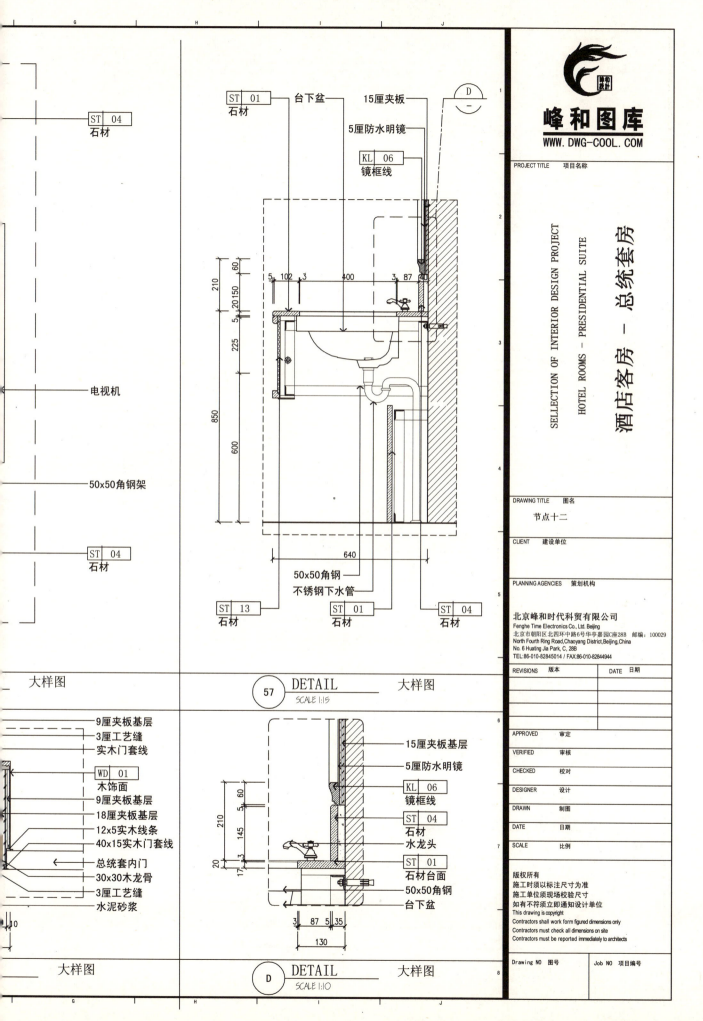

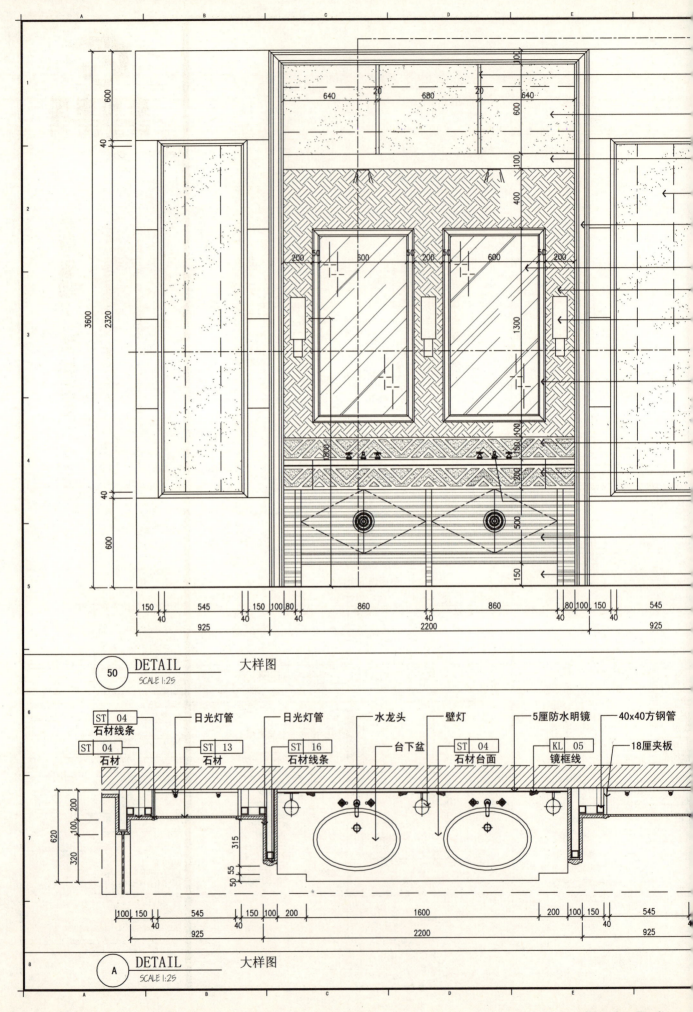

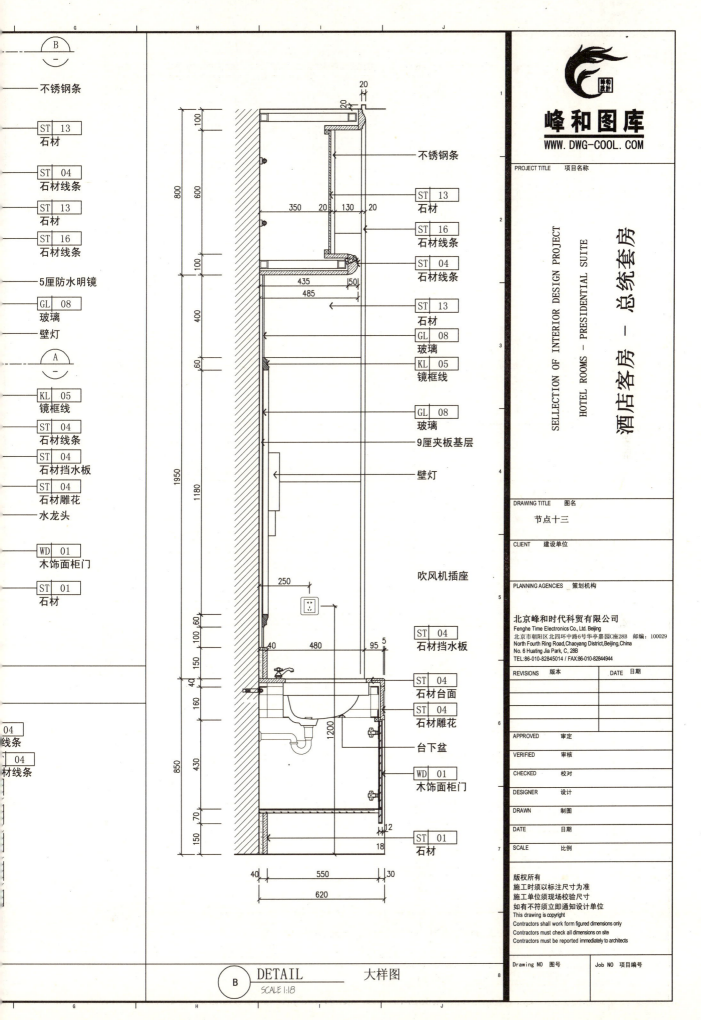

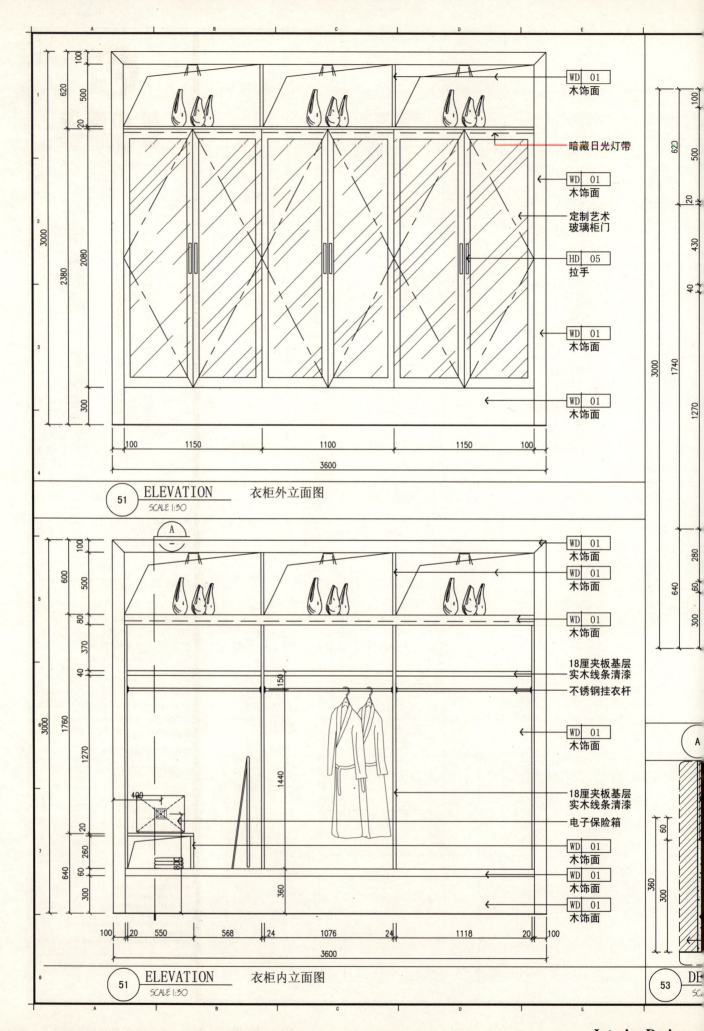

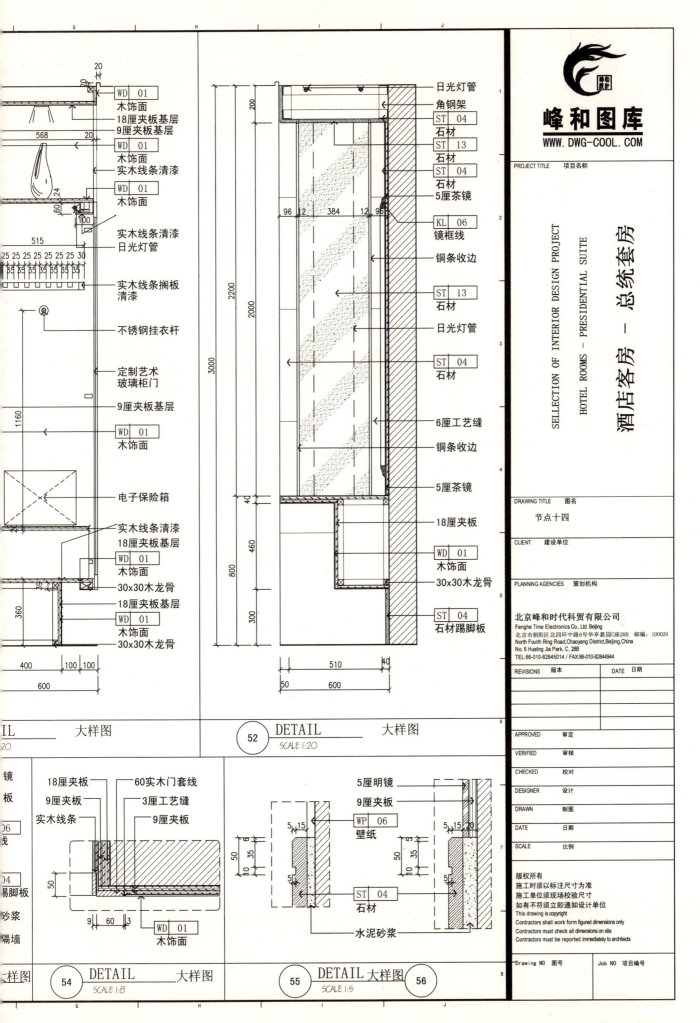

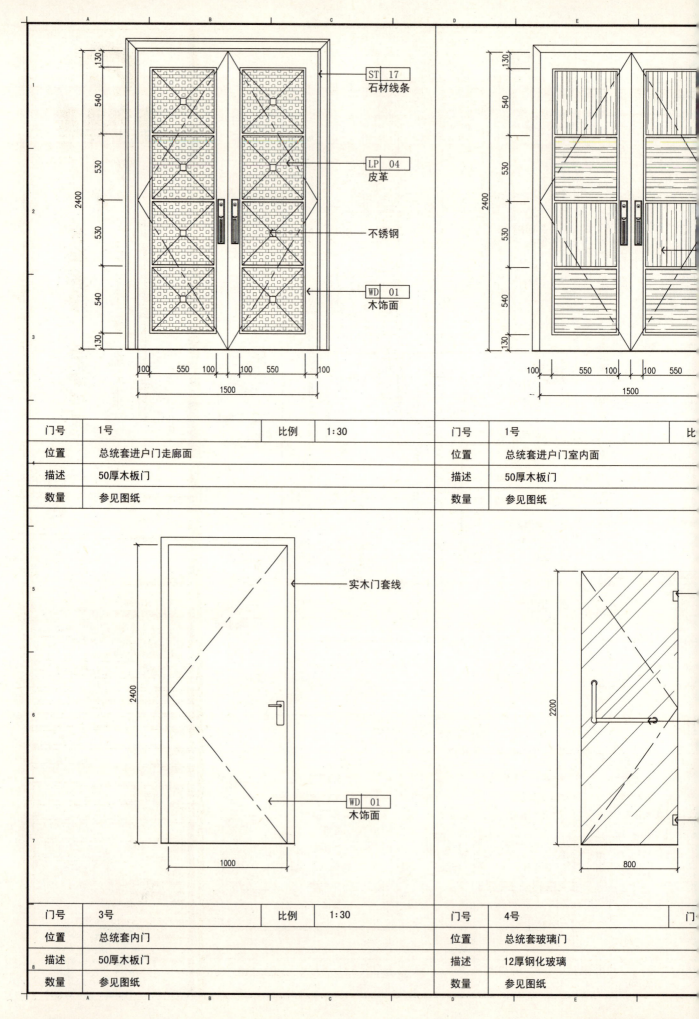

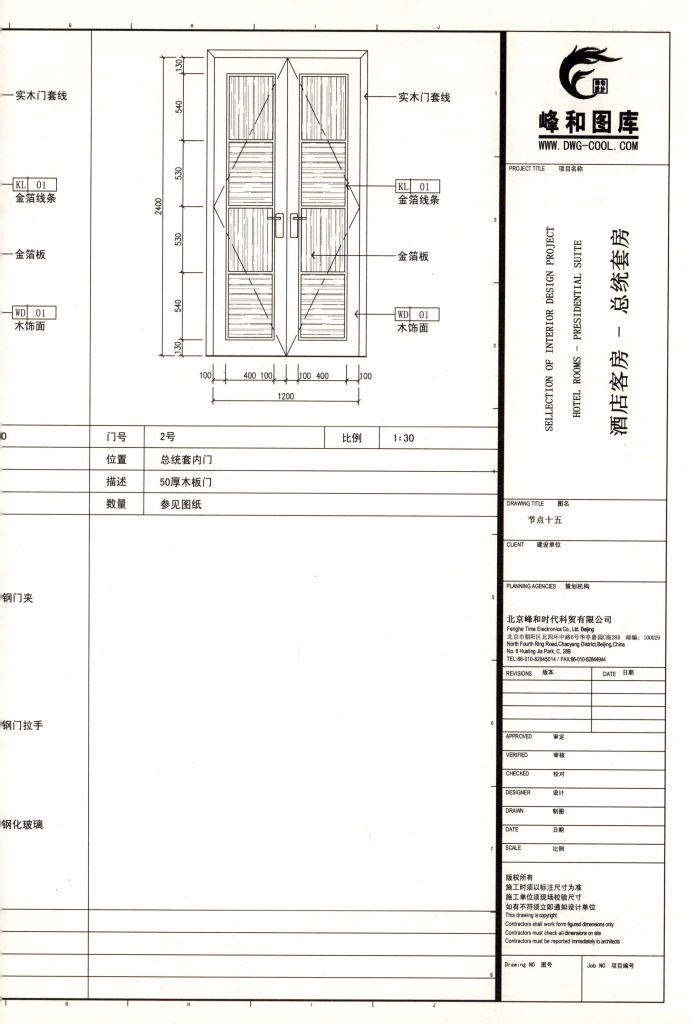

材 料 表

图例	名称	编号	品牌	型号\规格\颜色\材质	供应商	备注	图例
	石材 德国金	ST-1		型号： 尺寸：见图纸 颜色：			
	石材 欧亚米黄	ST-2		型号： 尺寸：见图纸 颜色：			
	石材 月光米黄	ST-3		型号： 尺寸：见图纸 颜色：			
	石材 新雅米黄	ST-4		型号： 尺寸：见图纸 颜色：			
	石材 黑金花	ST-5		型号： 尺寸：见图纸 颜色：			
	石材 皇家金	ST-6		型号： 尺寸：见图纸 颜色：			
	石材 树柳木纹	ST-7		型号： 尺寸：见图纸 颜色：			
	石材 法国金花	ST-8		型号： 尺寸：见图纸 颜色：			
	石材 帝王金	ST-9		型号： 尺寸：见图纸 颜色：			
	石材 雅士白	ST-11		型号： 尺寸：见图纸 颜色：			
	石材 发光云石	ST-13		型号： 尺寸：见图纸 颜色：			
	石材 混色石材马赛克	ST-14		型号： 尺寸：见图纸 颜色：			
	石材 浅啡网	ST-16		型号： 尺寸：见图纸 颜色：			
	石材 西班牙米黄	ST-17		型号： 尺寸：见图纸 颜色：			
	石材 黑金沙	ST-18		型号： 尺寸：见图纸 颜色：			
	木饰面 球形桃花芯	WD-1		型号： 尺寸：见图纸 颜色：			

-Interior Design-

(注：更多供应商信息，请根据项目情况自选或登陆"峰和图库"网站查询)

峰 和 图 库
WWW.DWG-COOL.COM

PROJECT TITLE　项目名称

SELLECTION OF INTERIOR DESIGN PROJECT
HOTEL ROOMS – PRESIDENTIAL SUITE

酒店客房 – 总统套房

称	编号	品牌	型号\规格\颜色\材质	供应商	备注
	LP-4		型号： 尺寸：见图纸 颜色：		
	WP-1		型号： 尺寸：见图纸 颜色：		
	WP-6		型号： 尺寸：见图纸 颜色：		
版	WP-7		型号： 尺寸：见图纸 颜色：		
板	WP-8		型号： 尺寸：见图纸 颜色：		
	WP-16		型号： 尺寸：见图纸 颜色：		
壁纸	WP-17		型号： 尺寸：见图纸 颜色：		
线条	KL-1		型号： 尺寸：见图纸 颜色：		
戈	KL-3		型号： 尺寸：见图纸 颜色：		
戈	KL-5		型号： 尺寸：见图纸 颜色：		
戈	KL-6		型号： 尺寸：见图纸 颜色：		
	GL-1		型号： 尺寸：见图纸 颜色：		
玻璃	GL-5		型号： 尺寸：见图纸 颜色：		
玻璃	GL-6		型号： 尺寸：见图纸 颜色：		
玻璃	GL-7		型号： 尺寸：见图纸 颜色：		
烤漆	GL-8		型号： 尺寸：见图纸 颜色：		

DRAWING TITLE　图名
材料表

CLIENT　建设单位

PLANNING AGENCIES　策划机构

北京峰和时代科贸有限公司
Fenghe Time Electronics Co., Ltd. Beijing
北京市朝阳区北四环中路6号华亭嘉园C座28B　邮编：100029
North Fourth Ring Road, Chaoyang District, Beijing, China
No. 6 Huating Jia Park, C, 28B
TEL:86-010-82845014 / FAX:86-010-82844944

REVISIONS 版本	DATE 日期

APPROVED　审定
VERIFIED　审核
CHECKED　校对
DESIGNER　设计
DRAWN　制图
DATE　日期
SCALE　比例

版权所有
施工时须以标注尺寸为准
施工单位须现场校验尺寸
如有不符须立即通知设计单位
This drawing is copyright
Contractors shall work form figured dimensions only
Contractors must check all dimensions on site
Contractors must be reported immediately to architects

Drawing NO　图号　　Job NO　项目编号

缩写定义

MATERIAL FINISH REFERENCE — 材料缩写代号说明

ARF	ARCHITECTURAL FINISH	建筑完成
CT	CERAMIC TILE	瓷砖
CT	FLOOR TILE	地砖
CP	CARPET	地毯
MT	METAL FINISH	金属料
MT	STAINLESS STEEL	不锈钢
WD	WOOD FINISH	木饰面
ST	STONE	石材、石头
WP	WALL PAPER	壁纸
KL	FRAME LINES	镜框线
GL	GLASS	玻璃
MR	MIRROR	镜子
PT	PAINT	涂料.油漆

MISCELLANEOUS — 其他代号缩写说明

A	ARCHITECTURAL FINISH	艺术品和附件
F	FAMILY PROPERTY	活动家私
L	LAMP AND LANTERNS	灯具
P	HARWARE/FITTINGS	五金配件
P	SANITARY EQUIPMENT	卫生设备
EQ	EQUAL	相等.平分
WD	ICEBOX	木饰面
UP	UPPER	上
BE	BELOW	下
UY	UPHOLSTERY	室内装饰品
AIR	AIR CONDITIONER	空调
FH	FIRE HYDRANT	消防栓

MATERIAL DESIGNATIONS — 材料填充

	STONE	石材、石头
	WALL	砖、加气混泥土墙体结构（平、剖）
	WOOD FINISH	木饰面
	GLASS	玻璃（平面）
	MIRROR	镜子（平面）
	MIRROR&GLASS	玻璃、银镜、灯片（剖）
	PLYWOOD-LARGE SCALE	木夹板
	CARPET	地毯（平面）
	CARPET	地毯（立面）
	WOOD	木地板（平）
		钢筋混凝土墙体结构（平、剖）
	STAINLESS STEEL	拉丝、镜面不锈钢（立）
	GROUND GLASS&ACRYLIC LIGHT	磨砂玻璃、亚克力灯片（立）
	CERAMIC TILE	瓷砖（剖）
	PLASTERBOARD	石膏板（剖）
	WOODEN KEEL	木龙骨（剖）

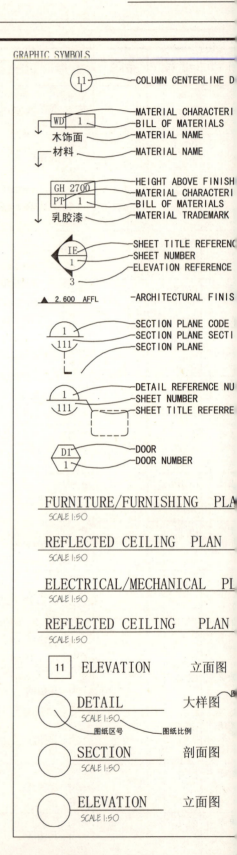

-Interior Design-

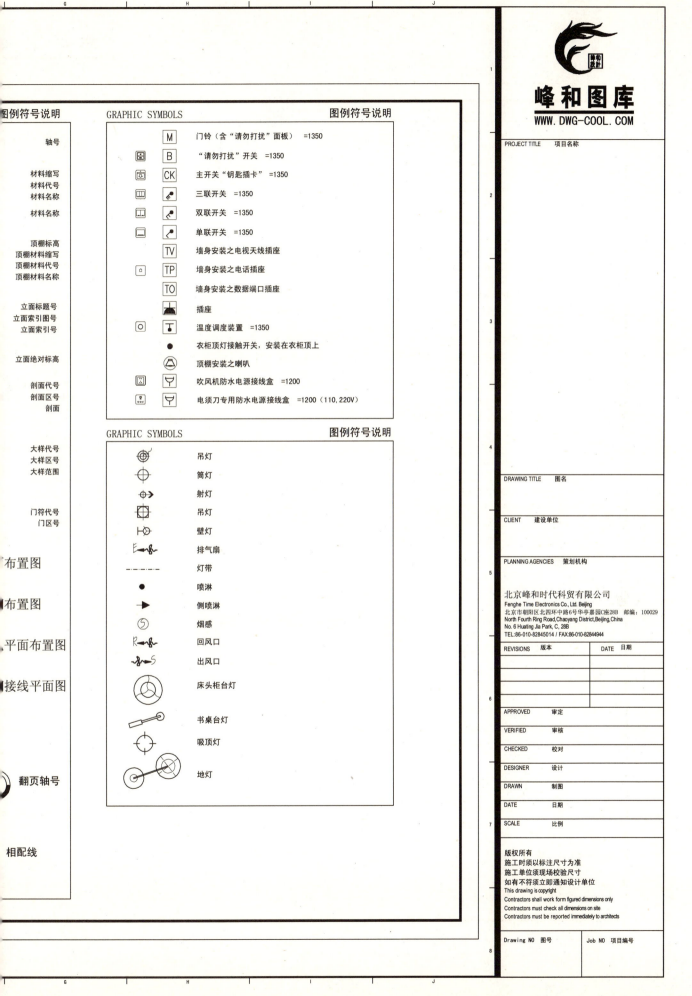